"十二五"职业教育
国家规划教材修订版

Software 国家职业教育软件技术专业
教学资源库配套教材

iCVE 智慧职教 高等职业教育电类课程
新形态一体化规划教材

PHP动态网站开发实例教程

（第2版）

▶主　编　钱兆楼　刘万辉
▶副主编　朱　琳　常村红

高等教育出版社·北京

内容简介

本书采用模块化教学的思路编写，内容分为PHP程序开发基础、PHP函数与数据处理、MySQL数据库、面向对象编程、综合项目实战5个教学单元，包含PHP开发环境搭建、PHP基础知识学习及应用、运用函数实现图形验证码、运用数据处理实现日历应用、运用目录与文件实现投票统计、构建同学录数据库、运用PHP操作数据库实现数据分页、面向对象的图形面积和周长计算器、留言板系统、学生管理系统10个教学任务。各单元通过引例描述引出单元的教学核心内容，明确教学任务。前4个单元中每个任务分为任务陈述、知识准备、任务实施、任务拓展、项目实训5个环节。其中，任务陈述简述任务目标，展示任务实施效果，提高学生的学习兴趣；知识准备详细讲解知识点，通过系列实例实践，边学边做；任务实施通过综合应用所学知识，提高学生系统运用知识的能力；任务拓展强调一些扩展知识、提高知识与技巧交流；项目实训在项目实施的基础上通过“学、仿、做”达到理论与实践统一、知识内化与应用的教学目的。

与本书配套的数字课程已在“智慧职教”（www.icve.com.cn）网站上线，学习者可登录网站进行学习；也可通过扫描书中二维码观看教学视频，也可通过网站下载基本教学资源，详见“智慧职教使用指南”。

本书可作为计算机类相关专业、商务类相关专业的教学用书，也可作为相关从业人员的自学用书。

图书在版编目（CIP）数据

PHP动态网站开发实例教程 / 钱兆楼，刘万辉主编. --2版. --北京：高等教育出版社，2017.9（2019.8重印）
ISBN 978-7-04-048368-0

Ⅰ. ①P… Ⅱ. ①钱… ②刘… Ⅲ. ①网页制作工具-PHP语言-程序设计-教材 Ⅳ. ①TP393.092②TP312

中国版本图书馆CIP数据核字（2017）第201431号

策划编辑 张值胜　责任编辑 张值胜　封面设计 赵 阳　版式设计 于 婕
插图绘制 杜晓丹　责任校对 李大鹏　责任印制 尤 静

出版发行	高等教育出版社	网　址	http://www.hep.edu.cn
社　址	北京市西城区德外大街4号		http://www.hep.com.cn
邮政编码	100120	网上订购	http://www.hepmall.com.cn
印　刷	涿州市星河印刷有限公司		http://www.hepmall.com
开　本	787mm×1092mm 1/16		http://www.hepmall.cn
印　张	20.25	版　次	2014年8月第1版
字　数	440千字		2017年9月第2版
购书热线	010-58581118	印　次	2019年8月第4次印刷
咨询电话	400-810-0598	定　价	39.80元

本书如有缺页、倒页、脱页等质量问题，请到所购图书销售部门联系调换

物 料 号 48368-00

智慧职教服务指南

基于“智慧职教”开发和应用的新形态一体化教材，素材丰富、资源立体，教师在备课中不断创造，学生在学习中享受过程，新旧媒体的融合生动演绎了教学内容，线上线下的平台支撑创新了教学方法，可完美打造优化教学流程、提高教学效果的“智慧课堂”。

“智慧职教”是由高等教育出版社建设和运营的职业教育数字教学资源共建共享平台和在线教学服务平台，包括职业教育数字化学习中心（www.icve.com.cn）、职教云（zjy.icve.com.cn）和云课堂（APP）三个组件。其中：

- 职业教育数字化学习中心为学习者提供了包括“职业教育专业教学资源库”项目建设成果在内的大规模在线开放课程的展示学习。
- 职教云实现学习中心资源的共享，可构建适合学校和班级的小规模专属在线课程（SPOC）教学平台。
- 云课堂是对职教云的教学应用，可开展混合式教学，是以课堂互动性、参与感为重点贯穿课前、课中、课后的移动学习 APP 工具。

“智慧课堂”具体实现路径如下：

1. 基本教学资源的便捷获取

职业教育数字化学习中心为教师提供了丰富的数字化课程教学资源，包括与本书配套的电子课件（PPT）、微课、动画、教学案例、实验视频、习题及答案等。未在 www.icve.com.cn 网站注册的用户，请先注册。用户登录后，在首页或“课程”频道搜索本书对应课程“PHP 动态网站开发实例教程（软件技术资源库）”，即可进入课程进行在线学习或资源下载。

2. 个性化 SPOC 的重构

教师若想开通职教云 SPOC 空间，可将院校名称、姓名、院系、手机号码、课程信息、书号等发至 1548103297@qq.com（邮件标题格式：课程名+学校+姓名+SPOC 申请），审核通过后，即可开通专属云空间。教师可根据本校的教学需求，通过示范课程调用及个性化改造，快捷构建自己的 SPOC，也可灵活调用资源库资源和自有资源新建课程。

3. 云课堂 APP 的移动应用

云课堂 APP 无缝对接职教云，是“互联网+”时代的课堂互动教学工具，支持无线投屏、手势签到、随堂测验、课堂提问、讨论答疑、头脑风暴、电子白板、课业分享等，帮助激活课堂，教学相长。

出版说明

教材是教学过程的重要载体，加强教材建设是深化职业教育教学改革的有效途径，推进人才培养模式改革的重要条件，也是推动中高职协调发展的基础性工程，对促进现代职业教育体系建设，切实提高职业教育人才培养质量具有十分重要的作用。

为了认真贯彻《教育部关于“十二五”职业教育教材建设的若干意见》(教职成〔2012〕9号)，2012年12月，教育部职业教育与成人教育司启动了“十二五”职业教育国家规划教材(高等职业教育部分)的选题立项工作。作为全国最大的职业教育教材出版基地，我社按照“统筹规划，优化结构，锤炼精品，鼓励创新”的原则，完成了立项选题的论证遴选与申报工作。在教育部职业教育与成人教育司随后组织的选题评审中，由我社申报的1 338种选题被确定为“十二五”职业教育国家规划教材立项选题。现在，这批选题相继完成了编写工作，并由全国职业教育教材审定委员会审定通过后，陆续出版。

这批规划教材中，部分为修订版，其前身多为普通高等教育“十一五”国家级规划教材(高职高专)或普通高等教育“十五”国家级规划教材(高职高专)，在高等职业教育教学改革进程中不断吐故纳新，在长期的教学实践中接受检验并修改完善，是“锤炼精品”的基础与传承创新的硕果；部分为新编教材，反映了近年来高职院校教学内容与课程体系改革的成果，并对接新的职业标准和新的产业需求，反映新知识、新技术、新工艺和新方法，具有鲜明的时代特色和职教特色。无论是修订版，还是新编版，我社都将发挥自身在数字化教学资源建设方面的优势，为规划教材开发配备数字化教学资源，实现教材的一体化服务。

这批规划教材立项之时，也是国家职业教育专业教学资源库建设项目及国家精品资源共享课建设项目深入开展之际，而专业、课程、教材之间的紧密联系，无疑为融通教改项目、整合优质资源、打造精品力作奠定了基础。我社作为国家专业教学资源库平台建设和资源运营机构及国家精品开放课程项目组织实施单位，将建设成果以系列教材的形式成功申报立项，并在审定通过后陆续推出。这两个系列的规划教材，具有作者队伍强大、教改基础深厚、示范效应显著、配套资源丰富、纸质教材与在线资源一体化设计的鲜明特点，将是职业教育信息化条件下，扩展教学手段和范围，推动教学方式方法变革的重要媒介与典型代表。

教学改革无止境，精品教材永追求。我社将在今后一到两年内，集中优势力量，全力以赴，出版好、推广好这批规划教材，力促优质教材进校园、精品资源进课堂，从而更好地服务于高等职业教育教学改革，更好地服务于现代职教体系建设，更好地服务于青年成才。

高等教育出版社

2014年7月

编写委员会

总　　序

国家职业教育专业教学资源库建设项目是教育部、财政部为深化高职院校教育教学改革，加强专业与课程建设，推动优质教学资源共建共享，提高人才培养质量而启动的国家级建设项目。2011 年，软件技术专业被教育部、财政部确定为高等职业教育专业教学资源库立项建设专业，由常州信息职业技术学院主持建设软件技术专业教学资源库。

按照教育部提出的建设要求,建设项目组聘请了中国科学技术大学陈国良院士担任资源库建设总顾问，确定了常州信息职业技术学院、深圳职业技术学院、青岛职业技术学院、湖南铁道职业技术学院、长春职业技术学院、山东商业职业技术学院、重庆电子工程职业学院、南京工业职业技术学院、威海职业学院、淄博职业学院、北京信息职业技术学院、武汉软件工程职业学院、深圳信息职业技术学院、杭州职业技术学院、淮安信息职业技术学院、无锡商业职业技术学院、陕西工业职业技术学院 17 所院校和微软（中国）有限公司、国际商用机器（中国）有限公司（IBM）、思科系统（中国）网络技术有限公司、英特尔（中国）有限公司等 20 余家企业作为联合建设单位，形成了一支学校、企业、行业紧密结合的建设团队。依据软件技术专业“职业情境、项目主导”人才培养规律，按照“学中做、做中学”教学思路，较好地完成了软件技术专业资源库建设任务。

本套教材是“国家职业教育软件技术专业教学资源库”建设项目的重要成果之一，也是资源库课程开发成果和资源整合应用实践的重要载体。教材体例新颖，具有以下鲜明特色。

第一，根据学生就业面向与就业岗位，构建基于软件技术职业岗位任务的课程体系与教材体系。项目组在对软件企业职业岗位调研分析的基础上，对岗位典型工作任务进行归纳与分析，开发了“Java 程序设计”、“软件开发与项目管理”等 14 门基于软件企业职业岗位的课程教学资源及配套教材。

第二，立足“教、学、做”一体化特色，设计三位一体的教材。从“教什么，怎么教”、“学什么，怎么学”、“做什么，怎么做”三个问题出发，每门课程均配套课程标准、学习指南、教学设计、电子课件、微课视频、课程案例、习题试题、经验技巧、常见问题及解答等在内的丰富的教学资源，同时与企业开发了大量的企业真实案例和培训资源包。

第三，有效整合教材内容与教学资源，打造立体化、自主学习式的新形态一体化教材。教材创新采用辅学资源标注，通过图标形象地提示读者本教学内容所配备的资源类型、内容和用途，从而将教材内容和教学资源有机整合，浑然一体。通过对“知识点”提供与之对应的微课视频二维码，让读者以纸质教材为核心，通过互联网尤其是移动互联网，将多媒体的教学资源与纸质教材有机融合，实现“线上线下互动，新旧媒体融合”，成为“互联网+”时代教材功能升级和形式创新的成果。

第四，遵循工作过程系统化课程开发理论，打破“章、节”编写模式，建立了“以项目为导向，用任务进行驱动，融知识学习与技能训练于一体”的教材体系，体现高职教育职业化、实践化特色。

第五，本套教材装帧精美，采用双色印刷，并以新颖的版式设计，突出重点概念与技能，仿真再现软件技术相关资料。通过视觉效果搭建知识技能结构，给人耳目一新的感觉。

本套教材是在第一版基础上，几经修改，既具积累之深厚，又具改革之创新，是全国 20 余所院校和 20 多家企业的 110 余名教师、企业工程师的心血与智慧的结晶，也是软件技术专业教学资源库多年建设成果的又一次集中体现。我们相信，随着软件技术专业教学资源库的应用与推广，本套教材将会成为软件技术专业学生、教师、企业员工立体化学习平台中的重要支撑。

国家职业教育软件技术专业教学资源库项目组

2017 年 4 月

第 2 版前言

一、缘起

随着移动互联网的兴起，我国互联网行业进入了高速发展的阶段。PHP 是一种服务器端的、嵌入 HTML 的脚本语言。通过它，用户可以快速、高效地开发出动态的 Web 服务器应用程序。凭借运行效率高、性能稳定、开源等特点，PHP 已经成为主流 Web 开发语言。PHP 作为非常优秀的、简便的 Web 开发语言，满足了最新的互动式网络开发应用，PHP 开源技术正在成为网络应用的主流。

通过 PHP 动态网站开发实例教程的学习，读者可逐步建立和掌握 Web 服务器端动态页面设计的思想方法，具备分析问题和解决问题的能力，能够使用 PHP 脚本语言编写 Web 动态页面解决实际问题。

Web 技术分为前台与后台两类，本书只针对服务器端技术 PHP 进行详细的讲解。

二、结构

本书从后台服务器端研发人员的角度进行选材，重点阐述 PHP 语言、MySQL 数据库、PHP 面向对象编程、开源 PHP 框架等方面的知识。编写过程基于模块化的思路，根据软件技术专业大一学生小王在企业实习的全过程，将教学内容分为基础模块、数据处理模块、数据库模块、面向对象模块以及实战模块。

从学生认知规律的角度将教学内容分为 5 个教学单元：PHP 程序开发基础、PHP 函数与数据处理、MySQL 数据库、面向对象编程、综合项目实战。

单元 1 PHP 程序开发基础主要讲解 PHP 的发展历史、语言特性、开发环境的搭建过程、项目创建、编辑、运行及测试方法、数据类型、常量和变量、运算符、流程控制语句等。

单元 2 PHP 函数与数据处理是 PHP 语言的重要组成部分，主要从函数、数组的定义入手，讲解 PHP 中函数的调用、数组应用、字符串应用、文件与目录等知识。通过几个实例逐步培养学习者的信心与学习能力。

单元 3 MySQL 数据库主要讲解 MySQL 数据库的发展历史及特点、MySQL 服务器的启动、连接和关闭、MySQL 数据库的基本操作、数据库图形管理工具的安装与使用、PHP 操作 MySQL 数据库等相关的知识。培养学习者熟练掌握 SQL 查询语句以及系统应用 PHP 和 MySQL 数据库中的各种知识。

单元 4 面向对象编程主要讲述面向对象的概念、常用关键字、面向对象的继承、重载与封装三大特性、类的抽象与接口技术等内容。通过求图形的面积与周长的任务培养学习者使用面向对象思想解决问题的能力与习惯。

单元 5 综合项目实战通过留言板系统和学生管理系统，综合考查学习者对本书内容的掌握程度及融会贯通能力。

各单元通过引例描述引出单元的教学核心内容，明确教学任务。前 4 个单元中任务的编写分为任务陈述、知识准备、任务实施、任务拓展、项目实训 5 个环节。

任务陈述：简述任务目标，展示任务实施效果，提高学生学习兴趣；

知识准备：详细讲解知识点，通过系列实例实践，边学边做；

任务实施：通过综合应用所学知识，提高学生系统运用知识的能力；

任务拓展：强调一些扩展知识、提高知识与技巧交流。

项目实训：在项目实施的基础上通过“学、仿、做”达到理论与实践统一、知识内化与应用的教学目的。

三、特点

1. 针对性适用性强，教学内容安排遵循学生职业能力培养的基本规律

本书以社会调查、企业调查和对高职生源的充分了解为基础，从网站后台服务器端程序开发人员的角度进行选材。在编写中，本着“学生能学，教师好用，企业需要”的原则，注意理论与实践一体化，并注重实效性。注重培养学习者的学习自信心、自主性与自学能力，从而提高学习者对知识的理解及分析问题、解决问题的能力。

2. 精心设计，将教学内容与资源库有机整合

本教程综合 PHP 脚本语言、MySQL 数据库、面向对象、PHP 框架 4 个方面的知识，将教学内容分为 5 个教学单元和 10 个教学任务，每个教学任务配套系列微课视频。以教学内容为主线将资源库中的文本、图片、源代码、网页特效等资源进行有机整合。

立体化的数字教学资源包含 3 个方面内容：课程本身的基本信息，包括课程简介、学习指南、课程标准、整体设计、单元设计、考核方式等；教学内容的全程视频教学资源，既方便课内教学，又方便学生课外预习与学习；课程拓展资源：包含课程的重难点剖析、循序渐进的综合项目开发、相关培训、认证、案例、素材资源等。

四、使用

1. 教学内容课时安排

本书建议授课 60 学时，教学单元与课时安排见表 1。

表 1　教学单元与课时安排

单　元	单元名称	学　时
单元 1	PHP 程序开发基础	8
单元 2	PHP 函数与数据处理	12
单元 3	MySQL 数据库	16
单元 4	面向对象编程	8
单元 5	综合项目实战	16
合　计		60

2. 课程资源一览表

本书教学资源丰富，可使用的教学资源见表 2。

表 2 课程教学资源一览表

序 号	资源名称	资源类型	数 量
1	课程简介	Word 文档	1
2	学习指南	Word 文档	1
3	课程标准	Word 文档	1
4	整体设计	Word 文档	1
5	单元设计	Word 文档	5
6	电子教程	Word 文档	1
7	教学 PPT 课件	PPT 文档	109
8	微课视频	MP4 文件	109
9	课程考核方案	Word 文档	3

3. 使用范围

本书适合作为软件技术专业、计算机类相关专业、通信类专业、商务类专业的教学用书，也适合 PHP 开发爱好者自学使用。

五、致谢

在此，感谢参加教材编写的所有教师，是他们对课程标准、课程内容进行了多次审订，并提出了修改意见，感谢书后参考文献的所有作者，感谢他们的资料给予本书的引导作用。

本书由钱兆楼、刘万辉任主编，负责教材总体设计及统稿。单元 1、单元 5 由钱兆楼编写，单元 2 由刘万辉编写，单元 3 由朱琳编写，单元 4 由常村红编写。

由于作者的水平有限，错误和疏漏之处在所难免，恳请各位读者给予指正。

主 编

2017 年 4 月

第 1 版前言

一、缘起

随着移动互联网的兴起，中国互联网行业已进入高速发展的阶段。PHP 是一种服务器端的、嵌入 HTML 的脚本语言。通过它，用户可以快速、高效地开发出动态的 Web 服务器应用程序。凭借运行效率高、性能稳定、开源等特点，PHP 已经成为主流 Web 开发语言。PHP 作为非常优秀的、简便的 Web 开发语言，满足了最新的互动式网络开发的应用，PHP 开源技术正在成为网络应用的主流。

通过 PHP 动态网站开发实例教程的学习，读者能逐步建立和掌握 Web 服务器端动态页面设计的思想方法，提高分析问题和解决问题的能力，能够使用 PHP 脚本语言编写 Web 动态页面，以解决实际问题。

俯瞰 Web 技术，它可以分为前台与后台两类（图 1），这些技术内部又包含众多小的技术或者二次开发的技术。对于 Web 技术这个“庞然大物”，本系列教材将进行详细讲解。

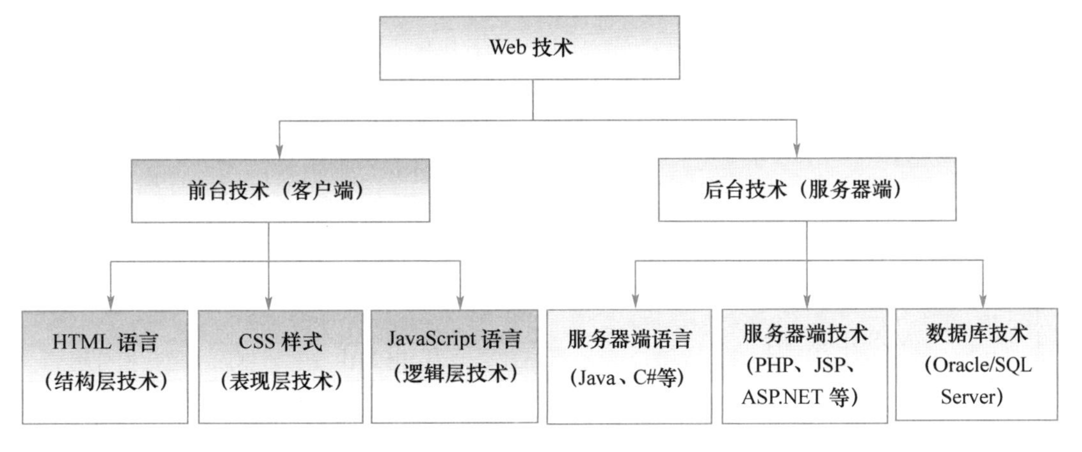

图 1　Web 技术结构图

所以，在了解了 Web 技术的大致轮廓之后，以够用为原则进行学习，抓重点而不面面俱到，从而精通一技之长。基于这种思路，本书针对服务器端技术 PHP 进行详细讲解。

二、结构

本书从后台服务器端研发人员的角度进行选材，重点阐述 PHP 语言、MySQL 数据库、PHP 面向对象编程 3 方面的知识，编写过程基于模块化的思路，以学生小王欲进企业实习的全过程将教学内容分为基础模块、数据处理模块、数据库模块、面向对象模块及实战模块。模块结构如图 2 所示。

从学生认知规律的角度将教学内容分为了 5 个教学单元：PHP 程序开发基础、PHP 函数与数据处理、MySQL 数据库、面向对象编程和综合项目实战。

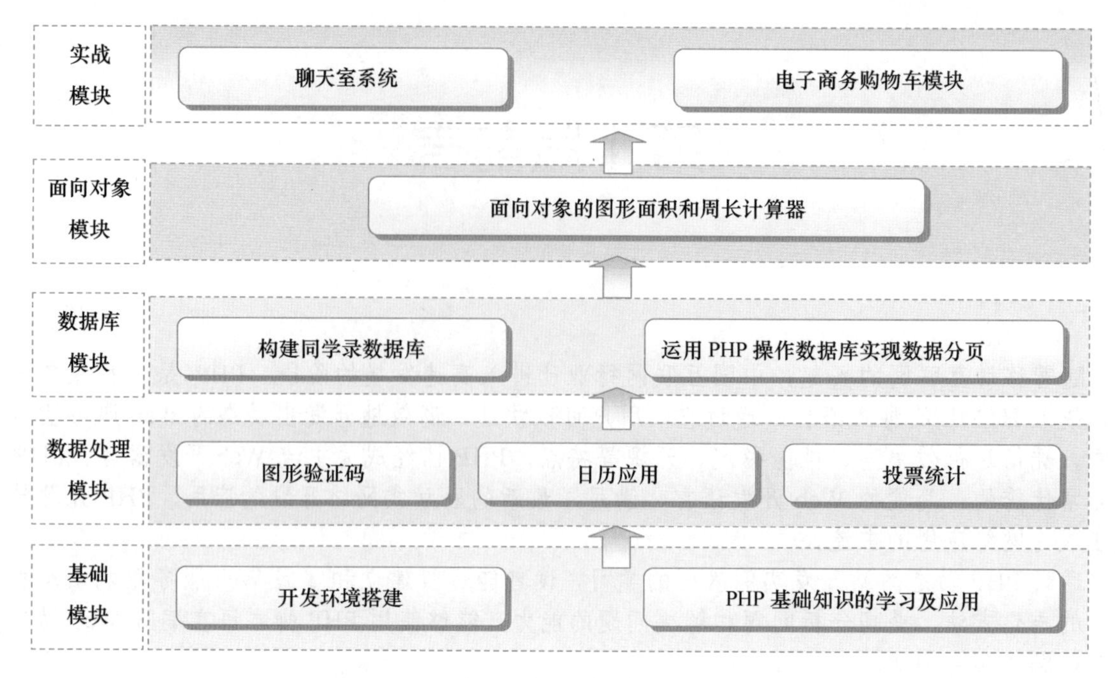

图 2 模块结构图

教学单元与子任务结构如表 1 所示。

表 1 教学单元与子任务结构

序号	单元名称	子任务
1	PHP 程序开发基础	PHP 开发环境搭建
		PHP 基础知识的学习及应用
2	PHP 函数与数据处理	运用函数实现图形验证码
		运用数据处理实现日历应用
		运用目录与文件实现投票统计
3	MySQL 数据库	构建同学录数据库
		运用 PHP 操作数据库实现数据分页
4	面向对象编程	面向对象的图形面积和周长计算器
5	综合项目实战	聊天室系统
		电子商务购物车模块

单元 1“PHP 程序开发基础”是个引子，如同唱戏前的闹场，主要讲解 PHP 发展历史，语言特性，PHP 开发环境的搭建过程，PHP 项目的创建、编辑、运行及测试方法，PHP 数据类型、常量和变量、运算符、流程控制语句等。希望学习者能够快速进入学习环境，提高学习的兴趣。

单元 2“PHP 函数与数据处理”是 PHP 语言的重要组成部分，主要从函数、数组的定义入手，进而讲解 PHP 中函数的调用、数组应用、字符串应用、文件与目录等知识。通过几个实例逐步培养学习者的信心与学习动力。

单元 3“MySQL 数据库”主要讲解 MySQL 数据库的发展历史及特点，MySQL 服务器的启动、连接和关闭，MySQL 数据库的基本操作，数据库图形管理工具的安装与使用，PHP 操作 MySQL 数据库等相关的知识，以培养学习者熟练掌握 SQL 查询语句，以及系统应用 PHP

和 MySQL 数据库中的各种知识。

单元 4“面向对象编程”主要讲述面向对象的概念、常用关键字、面向对象的三大特性（继承、重载与封装）、类的抽象与接口技术等内容。本单元通过求图形的面积与周长培养学习者使用面向对象思想解决问题的能力与习惯。

单元 5“综合项目实战”通过聊天室系统和电子商务购物车模块，综合考察学习者对本书内容的掌握程度及融会贯通的能力。

每个单元通过引例引出单元的教学核心内容，明确教学任务。前 4 个单元中的任务的编写分为**任务陈述**、**知识准备**、**任务实施**、**任务拓展**、**项目实训** 5 个环节。

任务陈述：简述任务目标，展示任务实施效果，提高学生学习兴趣。

知识准备：详细讲解知识点，通过系列实例实践，边学边做。

任务实施：通过任务综合应用所学知识，提高学生运用知识的能力。

任务拓展：强调一些扩展知识。

项目实训：在任务实施的基础上，通过“学、仿、做”达到理论与实践的统一及知识的内化与应用的教学目的。

三、特点

1. 针对性、适用性强，教学内容安排遵循学生职业能力培养的基本规律

本书以社会调查、企业调查和对高职生源的充分了解为基础，从网站后台服务器端程序开发人员的角度进行选材，重点阐述 PHP 语言、MySQL 数据库、面向对象编程 3 方面的知识，将内容分为 PHP 程序开发基础、PHP 函数与数据处理、MySQL 数据库、面向对象编程、综合项目实战 5 个教学单元，包含 PHP 开发环境搭建、PHP 基础知识的学习及应用、运用函数实现图形验证码、运用数据处理实现日历应用、运用目录与文件实现投票统计、构建同学录数据库、运用 PHP 操作数据库实现数据分页、面向对象的图形面积和周长计算器、聊天室系统、电子商务购物车模块的实现共 10 个教学任务。

在本书的编写中，本着“学生能学，教师好用，企业需要”的原则，注重理论与实践一体化，并注重实效性。不断地培养学习者的学习自信心、自主性与自学能力，从而提高学生对知识的理解及分析问题、解决问题的能力。这样，将知识理解与实际应用有机地融为一体。

2. 精心设计，将教学内容与资源库有机整合

本书综合 PHP、MySQL 数据库、PHP 面向对象编程 3 方面的知识将教学内容分为 5 个单元和 10 个任务，每个任务配套系列教学资源。以教学内容为主线将资源库中的文本、图片、网站模块、源代码、网页特效等资源有机整合。

立体化的数字教学资源包含 2 个方面的内容：第一，课程本身的基本信息，包括课程简介、学习指南、课程标准、整体设计、单元设计、考核方式等；第二，课程拓展资源，包含课程的重点和难点剖析，综合项目开发、案例、素材资源等。

四、使用

1. 教学内容课时安排

本书建议授课 60 学时，根据实际情况，可以附加综合案例。教学单元与课时安排如表 2 所示。

表 2 教学单元与课时安排

单 元	单元名称	学 时
单元 1	PHP 程序开发基础	8
单元 2	PHP 函数与数据处理	12
单元 3	MySQL 数据库	16
单元 4	面向对象编程	8
单元 5	综合项目实战	16
合 计		60

2. 课程资源一览表

本书教学资源丰富，可使用的教学资源如表 3 所示。

表 3 教学资源一览表

序 号	资源名称	资源类型	数 量
1	课程简介	Word 文档	1
2	学习指南	Word 文档	1
3	课程标准	Word 文档	1
4	整体设计	Word 文档	1
5	单元设计	Word 文档	5
6	电子教程	Word 文档	1
7	教学 PPT 课件	PPT 文档	5
8	课堂、课外实践报名册	Word 文档	2
9	课程综合教学案例	Word 与 RAR 压缩文档	6
10	课程考核方案	Word 文档	3

3. 使用范围

本书不仅适合软件技术专业、计算机类相关专业、通信类专业、商务类专业的教学，而且适合其他专业的学生自学。

五、致谢

在此，感谢参加编写的所有老师，是他们对课程标准进行了多次审订，并提出了修改意见；感谢书后参考文献的所有作者，感谢他们的资料给予本书的引导作用。

本书由刘万辉任主编，负责总体设计及统稿。钱兆楼、贾如春、蔡文锐、李红日、李静等参与了本书的编写工作或相关资料的收集工作。

本书结构的组织是一种新的尝试，能否得到同行的认可，能否给教学带来新的感受，都要经过实践的检验。由于作者水平有限，错误之处在所难免，恳请各位读者给予指正。

编 者

2014 年 3 月

目　录

单元 1

PHP 程序开发基础

学习目标

【知识目标】

- 了解 PHP 发展历史、语言特性。
- 了解 PHP 的岗位需求及应用领域。
- 了解 ASP、PHP、JSP 和 ASP.NET。
- 掌握 PHP 开发环境的搭建过程。
- 掌握 PHP 项目创建、编辑、运行及测试方法。
- 掌握 PHP 数据类型、常量和变量、运算符、流程控制语句。

【技能目标】

- 能区分各种不同的动态开发语言。
- 能选择合适的 PHP 开发环境和集成开发工具。
- 能搭建 PHP 开发环境并熟悉服务器的启动步骤。
- 能使用编辑工具编辑、运行、测试 PHP 程序。
- 能根据掌握的 PHP 基础知识构建九九乘法表。

章节设计 PHP 程序开发基础

PPT PHP 程序开发基础

引例描述

软件技术专业大二学生小王想将来从事 PHP 动态网站开发工作，于是在网上搜索并查看了岗位要求。之后，他咨询了软件公司的表哥张经理应如何学习 PHP 技术。其电话联系过程如图 1-1 所示。

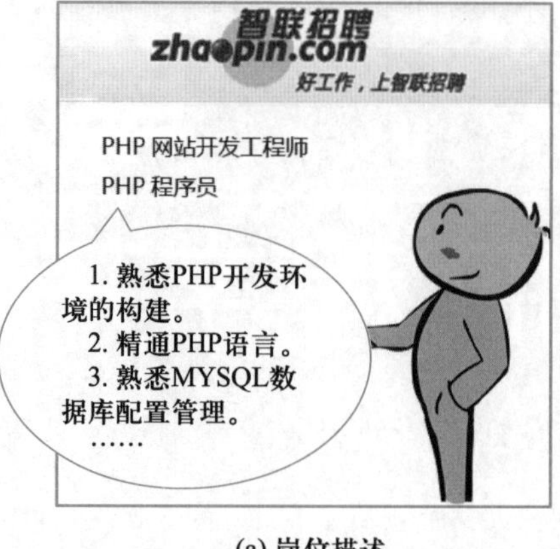

(a) 岗位描述

(b) 学习安排

图 1-1 电话指导学习内容

结合小王上网搜索到的一些相关岗位要求，张经理安排小王从 PHP 开发环境的构建开始，然后学习相关基础知识，掌握 PHP 的相关概念，最后通过运用 PHP 基础知识解决一些日常生活中的实际问题。

小王明白“万丈高楼平地起”，学习要循序渐进、由易到难的道理，制订了具体的学习计划。学习分为两步完成。

第①步：熟悉 PHP 开发环境的搭建。

第②步：学习 PHP 基本语法，完成九九乘法表实例。

任务 1.1 PHP 开发环境搭建

任务陈述

PHP（PHP：Hypertext Preprocessor，超文本预处理器）是一种在服务器端执行的多用途脚本语言。PHP 开放源代码，可嵌入到 HTML 中，尤其适合动态网站的开发，现在已被很多网站编程人员广泛运用。

“工欲善其事，必先利其器”。要想成为一名合格的 PHP 程序员，除了掌握扎实的语言基本功外，还必须掌握如何搭建 PHP 开发环境，这样才能为后期的开发测试打下一个良好的基础。

本任务详细描述了 PHP 开发环境的搭建过程。

知识准备

1.1 PHP 简介

1.1.1 PHP 发展历史

PHP 最初由 Lerdorf 于 1994 年创建。刚开始，它只是一个简单的用 Perl 语言编写的程序，用来统计他自己网站的访问者。后来又用 C 语言重新编写，包括可以访问数据库。

1995 年，以 Personal Home Page Tools（PHP Tools）开始对外发表第 1 个版本。Lerdorf 写了一些介绍此程序的文档，并且发布了 PHP1.0。

1995 年，PHP 2.0 发布了，第 2 版定名为 PHP/FI（Form Interpreter）。

1996 年底，有 15 000 个网站使用 PHP/FI。时间到了 1997 年中，使用 PHP/FI 的网站数字超过了 5 万个。而在 1997 年中，开始了第 3 版的开发计划，并定名为 PHP 3。2000 年，PHP 4.0 问世。

微课 1-1
PHP 发展的历史

2004 年 7 月 13 日，PHP 5.0 发布。该版本使用 Zend 引擎 II，并且加入了一些新功能，如 PHP Data Objects（PDO）。2008 年，PHP 5 成为了 PHP 唯一维护中的稳定版本。

2013 年 6 月 20 日，PHP 开发团队自豪地宣布立即推出 PHP 5.5。此版本包含了大量的新功能和 bug 修复。

2014 年 10 月 16 日，PHP 开发团队宣布 PHP 5.6 可用。

2015 年 6 月 11 日，PHP 官网发布消息，正式公开发布 PHP 7 第 1 版的 alpha 版本。

2016 年 1 月 6 日，PHP 7.0.2 正式版发布。

PHP 7 使用新版的 ZendEngine 引擎，带来了许多新的特性：

- PHP 7 比 PHP 5.6 性能提升了 2 倍。
- 全面一致的 64 位支持。
- 以前的许多致命错误，现在改成了抛出异常。
- 删除了一些老的不再支持的 SAPI（服务器端应用编程端口）和扩展。
- 新增了空接合操作符。
- 新增加了结合比较运算符。
- 新增加了函数的返回类型声明。
- 新增加了标量类型声明。
- 新增加了匿名类。

1.1.2 PHP 语言特性

微课 1-2
PHP 的语言特性

PHP 语言流行的主要原因是其具备以下众多的优秀特性。

1. 免费开源，自由获取

PHP 是一种免费开源的语言，用户可以自由获取最新的 PHP 核心引擎和扩展组件，甚至可以得到 PHP 核心引擎的源代码，并根据需求部署适合的 PHP 环境。

2. 移植性强，组件丰富

PHP 的扩展移植性非常强大，甚至可以部署在用户可以想到的所有操作系统的环境上，如 Windows/Linux/Mac/Android/OS2 等。它还拥有非常强大的组件支持功能，开发一个普通的项目几乎不再需要收集和查找，只需在 PHP 的引擎中开启即可。

3. 语言简单，开发效率高

PHP 之所以在全球迅速推广开来，最重要的一个因素是它的语法简单，结构图清晰，可让没有专业编程基础的人轻松地掌握 PHP 的编程。PHP 在编译和开发过程中既保留了传统的混编模式，也提供了 MVC 的三层架构风格，这让 PHP 在开发和部署项目时的效率非常高，而不需要太多的周边知识来完成它。

4. PHP 功能强大的函数库

PHP 拥有非常多的功能处理函数，包括强大的数组与字符串函数、目录文件函数、对不同文件类型的处理函数、支持所有的数据库函数、对不同网络协议的支持等。

微课 1-3
动态网站开发
语言特点分析

1.1.3 PHP 与其他语言的比较

主流的 Web 开发语言不仅有 PHP，还包括很多其他的语言，但它们与 PHP 之间的区别是什么，PHP 的优势和劣势又在哪里？下面对其进行比较，也为用户在今后的开发中如何发挥 PHP 的优势提供更好的帮助，从而制作出优秀的产品和软件。

ASP、PHP、JSP 和.NET 是当前比较流行的 4 种 Web 网络编程语言。现在做网站大部分都是使用这几种语言之一。

① ASP 是基于 Windows 平台的，简单易用，但移植性不好，不能跨平台运行，国内之前大部分的网站都是使用它来开发。但因为微软公司已经放弃了对 ASP 原始版本的升级，并已经全面转向了.NET 的研发，所以 ASP 已经不在用户考虑之中。

② PHP 是当前兴起备受推崇的一种 Web 编程语言，开源且跨平台，在欧美都比较流行，近些年在国内也很受网站开发者的欢迎。使用它开发效率高，成本低。

③ JSP 是 SUN 公司推出的一种网络编程语言，跨平台运行。安全性比较高，运行效率也比较快。它的开发语言主要是 Java，门槛相对较高。

④ .NET 从某种意义上说应该是 ASP 版本的升级，但是它又不完全是从 ASP 上升级来的，ASP.NET 只是微软公司为了抵御 SUN 公司的 JSP 在网络上的迅猛发展而推出的。

3 种语言的对比见表 1-1。

表 1-1　PHP、JSP 和.NET 三种语言的对比

比较指标	PHP	JSP	.NET
操作系统	Windows/Linux/Max/…	Windows/Linux/Max/…	Windows
Web 服务器	Apache/Nginx/IIS	Apache/Nginx/IIS	IIS
执行效率	高	很高	高
稳定性	佳	佳	佳
开发时间	很短	长	短
学习难度	易	难	中
函数库/插件	丰富	丰富	一般
核心升级	快	一般	一般
开发工具	丰富	一般	一般
HTML 结合	好	差	好
开发成本	低	高	中

1.1.4　PHP 岗位需求及应用领域

微课 1-4
PHP 的岗位需求
及应用领域

1.　PHP 岗位需求

国内主要的招聘网站有“中华英才网”(http://www.chinahr.com/)、“智联招聘”(http://sou.zhaopin.com)等。以“中华英才网”为例，在搜索栏中输入 PHP 进行查询，与之相关岗位的招聘信息有很多，如图 1-2 所示。

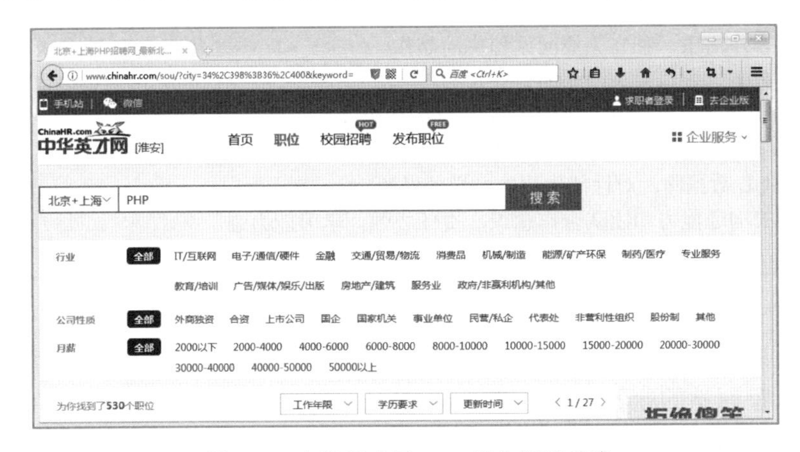

图 1-2　中华英才网 PHP 岗位招聘搜索

在招聘页面中，职位名称有“PHP 程序员”“PHP 开发工程师”“PHP 项目经理”等，具体信息见表 1-2。

表 1-2　PHP 招聘岗位的具体工作描述

岗　位	工作描述
PHP 程序员	1．有 PHP 实际项目编程经验。 2．精通 HTML 源代码，熟悉 Dreamweaver 和 Photoshop 等软件。 3．有较强的数据库基础，熟悉 MySQL 和基本的数据库优化。 4．有良好的编程风格和编码习惯，思路清晰。 5．有较强的团队合作意识。 6．主要工作为对公司网络平台产品的开发、升级等。 7．对电子商务网站有一定了解者优先

续表

岗位	工作描述
PHP 开发工程师	1. 精通 PHP 语言，5 年以上 PHP 开发经验。 2. 熟悉 MySQL 等数据库配置管理、性能优化等技术。 3. 熟悉 linux 系统，略懂 C++和 VC 的优先考虑。 4. 良好的团队合作精神，工作认真负责，积极主动，善于学习新技术、新知识
PHP 项目经理	1. 负责 PHP 项目需求分析、设计、开发、实施。 2. 具有较好的团队建设及写作能力。 3. 执行研发任务工作安排，按质按量按时完成产品代码设计实现及技术文档撰写。 4. 负责产品的维护开发与升级，参与新产品的研发项目

在网站页面上可以查看对应职位的具体要求，如招聘人数、学历要求、工作地点、薪资待遇及职位的具体描述等信息，见表 1-3。

表 1-3 PHP 开发工程师详情一览表

企业名称：卓新智趣（北京）科技股份有限公司上海分公司		
公司规模：500 人以上	公司类型：股份制	公司行业：计算机软件
性别要求：不限 雇佣形式：全职 薪资待遇：6000～12000 元/月	招聘人数：10 人 招聘日期：2016-11-26 工作经验：1 年	年龄要求：不限 学历要求：大专 工作地点：上海市普陀区
职位描述	1. 全面负责网站程序的编写。 2. 能够按照客户需求，独立完成网站程序的制作。 3. 配合网站美工，完成复杂网站的设计及制作	
任职条件	1. 熟悉 PHP 开发，有一定的架构能力和良好的代码规范。 2. 熟悉 Web 开发技术，了解 HTML、JavaScript、XML、CSS、Ajax 等技术。 3. 熟悉 MySQL 数据库，对性能优化有一定的经验。 4. 具有良好的沟通能力和团队合作意识，责任心强，学习能力强。 5. 有外包网站后台开发经验者或 CRM 软件开发经验者优先	

2. PHP 的应用领域

在互联网高速发展的今天，PHP 的应用领域非常广泛，包括中小型网站的开发、大型网站的业务逻辑结果展示、Web 办公系统、硬件管控软件的 GUI、电子商务应用、Web 应用系统开发、多媒体系统开发、企业级应用开发等。

（1）Web 办公系统

天生创想 OA 办公系统是适用于中小型企业的通用型客户管理软件，融合了天生创想长期从事管理软件开发的丰富经验与先进技术。该系统采用领先的 B/S（浏览器 / 服务器）操作方式，使得网络办公不受地域限制。

主页地址：http://www.515158.com/index.html，如图 1-3 所示。

（2）PHP 电子商务系统

友邻 B2B 网站系统（PHPB2B）是一款基于 PHP 程序和 MySQL 数据库，以 MVC 架构为基础的开源 B2B 行业门户电子商务网站建站系统，系统代码完整、开源，功能全面，架构优秀，提供良好的用户体验、多国语言化及管理平台，是目前搭建 B2B 行业门户网站最好的程序。

主页网址为 http://www.phpb2b.com，如图 1-4 所示。

图 1-3　OA 办公系统主页

图 1-4　友邻 B2B 主页

（3）Web 应用系统开发

据最新统计，全世界有超过 2 200 万家的网站和 1.5 万家公司在使用 PHP 语言，包括百度、新浪、雅虎、Google、YouTube 等著名的网站。PHP 已成为了最热门的开发语言之一。PHP 语言自 2004 年就成为了四大主流开发语言之一。IBM、Oracle、Cisco、Adobe 等国际公司均在普遍推广 PHP 技术。如今，PHP 语言已经成为市场上的主流语言。

Web 应用系统如图 1-5 和图 1-6 所示。

图 1-5　百度主页

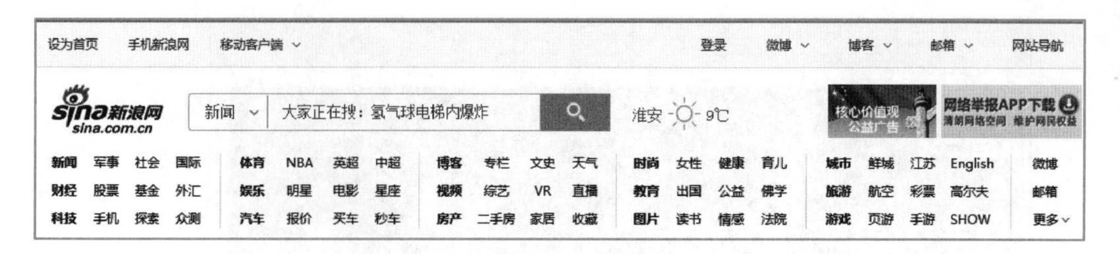

图 1-6 新浪主页

随着 Web 2.0 的升温，互联网的发展迎来了新一轮的热潮。由于互联网本身的快速发展、不断创新的特点，决定了只有以最快开发速度和最低成本才能取胜，才能始终保持一个网站的领先性和吸引更多的网民。PHP 技术和相关的人才，正是迎合目前互联网的发展趋势，PHP 作为非常优秀的、简便的 Web 开发语言，和 Linux、Apache、MySQL 紧密结合，形成了 LAMP 的开源黄金组合，不仅降低了使用成本，还提升了开发速度，满足最新的互动式网络开发的应用。因此，在 IT 业和互联网的超速发展时代，企业对 PHP 程序员的需求也大量增加。PHP 具有广阔的发展前景。

微课 1-5
PHP 开发环境介绍

1.2 PHP 开发环境与工具

1.2.1 PHP 开发环境

PHP 是一种服务器脚本语言，虽然可以独立运行，但像学习任何一门编程语言之前一样，开始都必须搭建和熟悉开发环境。进行网络程序开发，除了安装一个 PHP 程序库外，还需要安装 Web 服务器、数据库系统以及一些扩展。PHP 能够运行在绝大多数主流的操作系统上，包括 Linux、UNIX、Windows 以及 Mac OS 等。作为一种轻便的网络编程语言，PHP 支持 Apache、IIS、Nginx 等网络服务器。

1. LAMP 环境介绍

LAMP 环境是指 Linux+Apache+MySQL+PHP 相关环境的简称。LAMP 这个特定名词最早出现在 1998 年，是指 Linux 操作系统、Apache 网页服务器、MySQL 数据库管理系统和 PHP 脚本 4 种技术。其本身都是各自独立的软件，但是因为常被结合在一起使用，并拥有越来越高的兼容度，所以共同组成了一个强大的 Web 应用程序平台。

Linux 是一种自由和开放源代码的类 UNIX 操作系统。目前存在着许多不同的 Linux 版本，但是它们都使用 Linux 内核，所以统称为 Linux。现在常见的 Linux 有 Ubuntu、Fedora、openSUSE、CenOS、Red Hat 和红旗 Linux 等。因为 Linux 的稳定性和高负载性，所以很多公司会选择它作为系统上线运营的正式环境。不可否认，Linux 的安全性相对 Windows 更胜一筹。

2. WAMP 环境介绍

WAMP 环境是指 Windows+Apache+MySQL+PHP 相关环境的简称，即 Windows 操作系统、Apache 网页服务器、MySQL 数据库管理系统和 PHP 脚本。其实，它的组合最早还是起源于 LAMP 组合。Windows 给用户带来的最大便捷就是图形化操作，WAMP 环境最大的优势在于它的图形化操作与安装。与此同时，开发 PHP 过程中经常会用到一些相关工具，因 Windows 多年的市场占有率，所以相关工具是比较丰富的。因此，在开发和调试的过程中使用 WAMP 环境是非常有优势的。当然，WAPM 环境也不是仅适合调试开发，微软公司也注意到了 PHP 突飞迅猛的发展趋势，在新版 Windows 中 PHP 也得到了很好的支持，包括微软公司开发的 IIS7 服务器软件。

WAMP 和 LAMP 的最大差异只在于其操作系统。因为 Apache、PHP 和 MySQL 都是由同一厂商发行的不同环境的版本，所以差异很小。如果在本地开发和调试可以选择 WAMP 环境，因为在 Windows 下用户更加熟悉相关工具的使用，而且调试和解决问题也比较方便。

3. Apache 服务器

Apache 是一款开放源代码的 Web 服务器，其平台无关性使得 Apache 服务器可以在任何操作系统上运行，包括 Windows。强大的安全性和其他优势，使得 Apache 服务器即使运行在 Windows 操作系统上也可以与 IIS 服务器媲美，甚至在某些功能上远远超过了 IIS 服务器。在目前所有的 Web 服务器软件中，Apache 服务器以绝对优势占据了市场份额的 70%，遥遥领先于排名第 2 位的 Microsoft IIS 服务器。

4. MySQL 数据库

MySQL 数据库是一个开放源代码的小型关系数据库管理系统。由于其体积小、速度快、总体成本低等优点，目前被广泛用于 Internet 的中小型网站。MySQL 是一个真正的多用户、多线程的 SQL 数据库服务器。由于 MySQL 源代码的开放性和稳定性，并且可与 PHP 完美结合，很多站点使用它进行 Web 开发。

5. PHP 脚本语言

目前，主流的 PHP 版本是 PHP 5。该版本的最大特点是引入了面向对象的全部机制，并且保留了向下的兼容性。程序员不必再编写缺乏功能性的类，并且能够以多种方法实现类的保护。另外，在对象的集成等方面也不再存在问题。使用 PHP 5 引进的类型提示和异常处理机制，能更有效地处理和避免错误的发生。PHP 5 成熟的 MVC 开发框架使其能适应企业级的大型应用开发，再加上它天生强大的数据库支持能力，PHP 5 将会得到更多 Web 开发者的青睐。

本书中的 PHP 所有代码均在开发环境 WAMP 下完成。

1.2.2 PHP 集成开发工具

PHP 有多种开发工具，既可以单独安装 Apache、MySQL 和 PHP 这 3 个软件并进行配置，也可以使用集成开发工具。和其他动态网站技术相比，PHP 的安装与配置相对比较复杂。

微课 1-6
PHP 集成开发环境

下面以 Windows 版本为例，简单说明 PHP 优秀的集成开发环境及相关信息。

1. XAMPP

XAMPP 是一个易于安装且包含 MySQL、PHP 和 Perl 的 Apache 发行版，只需根据提示操作，即可安装成功。而不必对 PHP、Apache、MySQL 配置文件进行修改及相当烦琐的操作，大大节省了初学者在配置运行环境时的时间，真正意义上做到一键安装、开发运行的理念。

下载地址为 http://www.apachefriends.org，如图 1-7 所示。

图 1-7 XAMPP 主页

2. AppServ

AppSev 将 Apache、PHP、MySQL 和 phpMyAdmin 等服务器软件和工具安装配置完成后打包处理，同 XAMPP 一样，安装简单。

下载地址为 http://www.appserv.org，如图 1-8 所示。

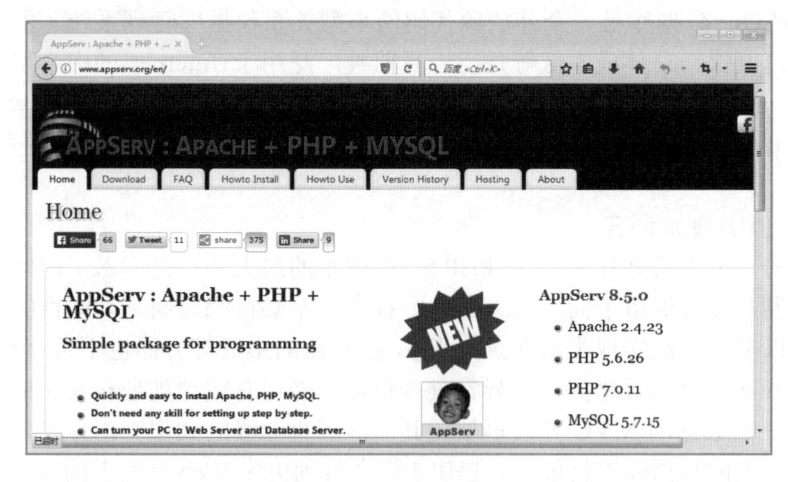

图 1-8 AppServ 主页

微课 1-7
PHP 代码编辑工具

1.2.3 PHP 代码编辑工具

选择 PHP 的代码编辑工具，应该考虑以下 4 方面的因素。

① 语法的高亮显示。应用语法的高亮显示，可以对代码中的不同元素采用不同的颜色进行显示，例如关键字用蓝色，对象方法用红色标识等。

② 格式排版功能。该功能可以使程序代码的组织结构清晰易懂，并且易于程序员进行程序调试，排除程序的错误异常。

③ 代码提示功能。该功能可以在程序员编写某个函数时，提供这个函数的语法信息，甚至可以在程序员输入某个字符时，给出这个字符相关的函数信息，从而帮助程序员编写正确的函数，使用正确的语法。

④ 界面设计功能。利用该功能不但可以编写 PHP 代码，还可以进行界面设计。

以上是在选择代码编辑工具时，用户应考虑的问题。需要注意的是，这 4 方面的因素不可能都完全满足，用户应根据自己的实际情况进行选择。

以下介绍几款常用的代码编辑工具。

（1）Adobe Dreamweaver

Adobe Dreamweaver 是一款专业的网站开发编辑器。它将可视布局工具、应用程序开发功能和代码编辑支持组合在一起，其功能强大，使得各个层次的开发人员和设计人员都能够快速创建出吸引人的、标准的网站和应用程序。Adobe Dreamweaver 采用了多种先进的技术，能够快速、高效地创建极具表现力和动感效果的网页，使网页创作过程简单无比。同时，它还提供了代码自动完成功能，不但可以提高编写速度，而且还减少了错误代码出现的概率。Adobe Dreamweave 既适用于初学者制作简单的网页，也适用于网站设计师、网站程序员开发各类大型应用程序，极大地方便了程序员对网站的开发和维护。

Adobe Dreamweave 从 MX 版本开始支持 PHP+MySQL 的可视化开发，对于初学者是比较好的选择。

下载地址为 http://www.adobe.com/downloads/。

（2）ZendStudio

ZendStudio 是目前公认的最强大的 PHP 开发工具。其具备功能强大的专业编辑工具和调试工具，包括编辑、调试，配置 PHP 程序所需要的客户机及服务器组件，支持 PHP 语法加亮显示，尤其是功能齐全的调试功能，能够帮助程序员解决在开发中遇到的很多问题。

下载地址为 http://www.zend.com/store/products/zend-studio.php。

（3）NetBeans

NetBeans IDE 是一个屡获殊荣的集成开发环境，可以方便地在 Windows、Mac、Linux 和 Solaris 中运行。NetBeans 包括开源的开发环境和应用平台，NetBeans IDE 可以使开发人员利用 Java 平台快速创建 Web、企业、桌面以及移动的应用程序。NetBeans IDE 目前支持 PHP、Ruby、JavaScript、Ajax、Groovy、Grails 和 C/C++等开发语言。

官方网址为 https://netbeans.org，如图 1-9 所示。

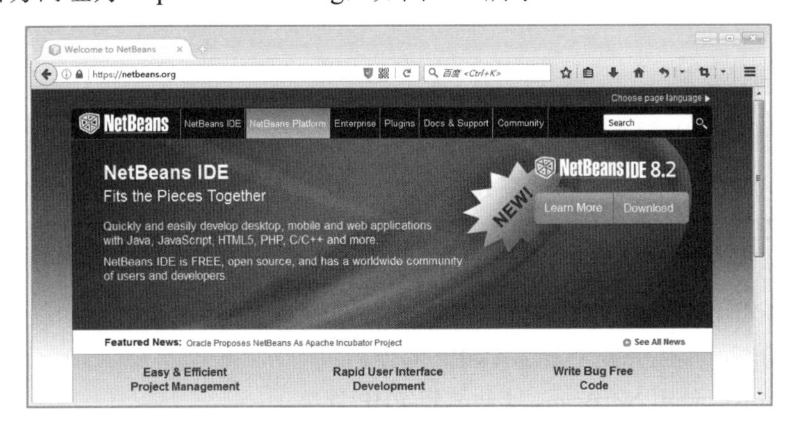

图 1-9 NetBeans 主页

1.2.4 浏览器

浏览器是访问网站必备的工具。目前流行的浏览器有 IE(Internet Explorer)、Google Chrome、火狐（FireFox）、Safari 等。由于浏览器的种类和版本众多，网站开发人员应对各类常见浏览器进行测试，避免出现兼容问题而影响用户体验。

在网站开发阶段，建议使用对 Web 标准执行比较严格的火狐浏览器。目前，该浏览器的新版本集成了非常实用的开发者工具，可以很方便地对网页进行调试。用户可以通过 F12 功能键启动开发者工具，如图 1-10 所示。

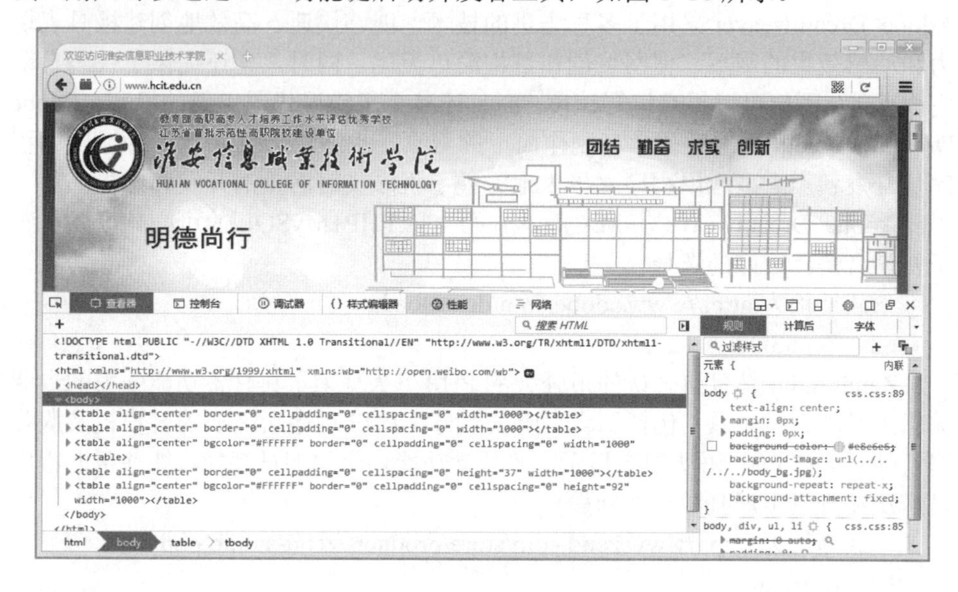

图 1-10 火狐浏览器开发者工具

从图 1-10 可以看出，火狐浏览器提供了查看器、控制台、样式编辑器等多种工具。

本书选用的集成开发工具是 XAMPP，代码编辑工具是 NetBeans，浏览器为火狐（FireFox）。广大读者也可以根据个人爱好与习惯选择不同的开发与编辑工具。

微课 1-8
PHP 开发环境搭建

任务实施

1. 实施思路与方案

要完成 PHP 开发环境的搭建，选择合适的开发工具与 PHP 代码编辑软件是十分必要的，本任务将为读者呈现完整的 PHP 开发环境的搭建过程及步骤，并讲解 PHP 代码释疑与编辑技巧。

任务实施步骤如下：

第①步：集成开发工具 XAMPP 的使用。

第②步：使用 NetBeans 软件编辑 PHP 程序。

第③步：PHP 代码释疑与编辑技巧。

2. 集成开发工具 XAMPP 的使用

Windows 系统下集成开发工具 XAMPP 的使用操作步骤如下：

（1）XAMPP 下载与服务启动

在 XAMPP 的官方网站 http://www.apachefriends.org 下载集成开发包，下载的包在服务器上解压到任意目录，如 C 盘根目录，如图 1-11 所示。

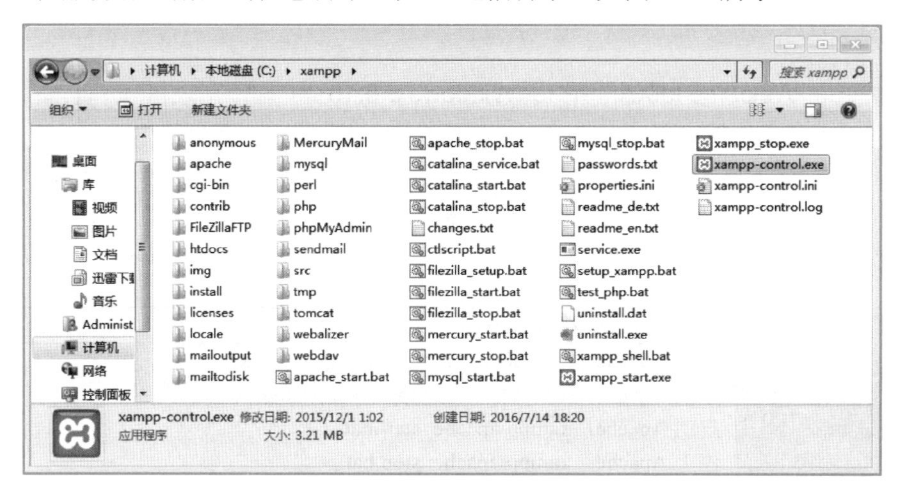

图 1-11　XAMPP 集成开发文件包

双击运行目录内的 setup_xampp.bat 初始化 XAMPP，然后运行 xampp-control.exe 可以启动或停止 Apache、MySQL 等各个模块并可将其注册为服务，如图 1-12 所示。

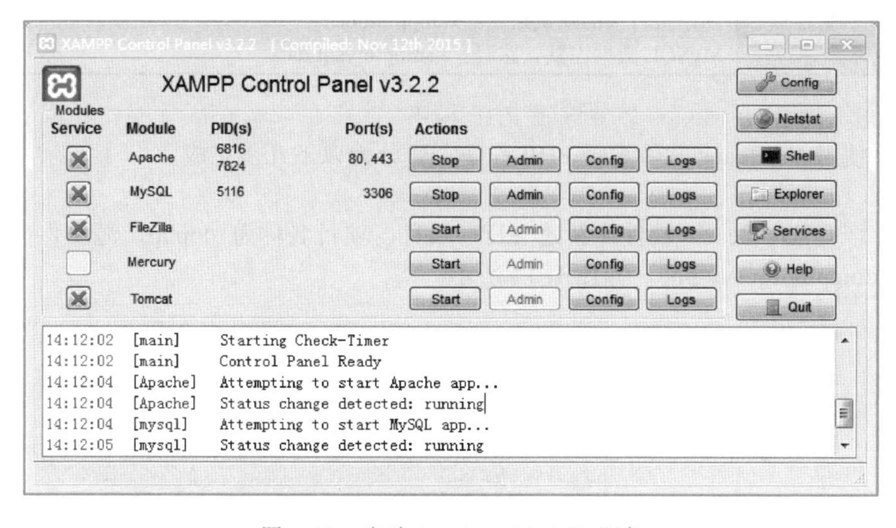

图 1-12　启动 Apache、MySQL 服务

打开浏览器，在地址栏中输入网址 http://localhost/，页面效果如图 1-13 所示。

（2）XAMPP 的使用

XAMPP 集成开发工具容易安装和使用。其常用的使用方法及文件路径见表 1-4。

图 1-13 XAMPP 启动页面

表 1-4 XAMPP 使用方法及文件路径

XAMPP 的启动路径	xampp\xampp-control.exe
XAMPP 服务的启动和停止脚本路径	启动 Apache 和 MySQL：xampp\xampp_start.exe 停止 Apache 和 MySQL：xampp\xampp_stop.exe 启动 Apache：xampp\apache_start.bat 停止 Apache：xampp\apache_stop.bat 启动 MySQL：xampp\mysql_start.bat 停止 MySQL：xampp\mysql_stop.bat
XAMPP 的配置文件路径	Apache 基本配置：xampp\apache\conf\httpd.conf PHP：xampp\php\php.ini MySQL：xampp\mysql\bin\my.ini phpMyAdmin：xampp\phpMyAdmin\config.inc.php
XAMPP 的其他常用路径	网站根目录的默认路径：xampp\htdocs MySQL 数据库默认路径：xampp\mysql\data

3. 使用 NetBeans 软件编辑 PHP 程序

使用 NetBeans 软件编辑 PHP 程序主要分为以下几步完成。

（1）新建项目

打开 NetBeans 软件，新建 PHP 项目，项目名称为 dophp，源文件夹为 C:\xampp\htdocs\dophp，如图 1-14 所示。

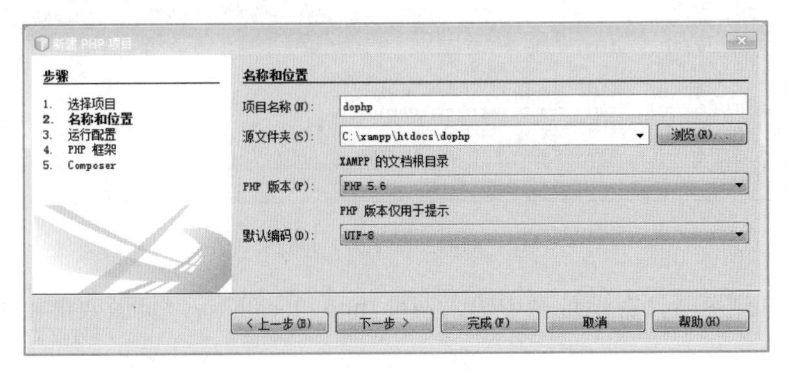

图 1-14 新建项目

（2）新建文件

在 dophp 项目下，新建文件夹 chapter1，在文件夹里新建 PHP 文件 myfirst.

php，如图 1-15 所示。

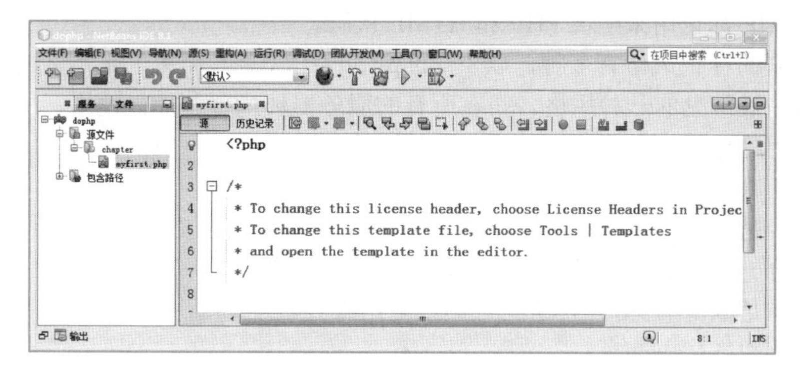

图 1-15　新建 PHP 文件

（3）编辑页面

打开 myfirst.php 页面，输入 PHP 代码，如图 1-16 所示。

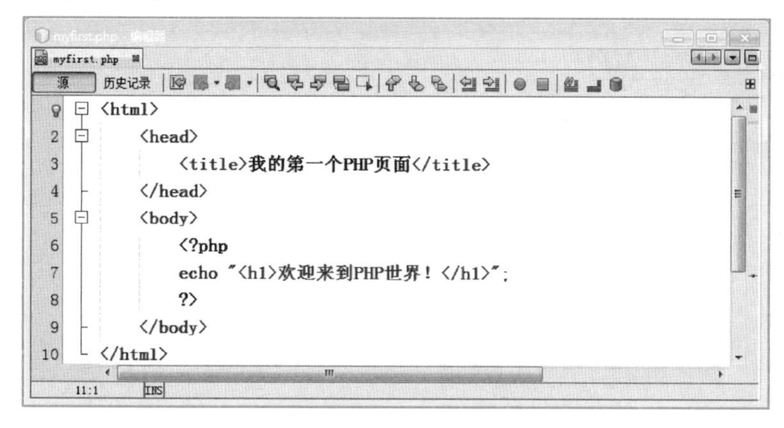

图 1-16　myfirst.php 编辑页面

（4）运行 PHP 程序

PHP 代码输入完成后，必须被 Web 服务器编译后才能正确地显示在客户端的浏览器中。在浏览器地址栏中输入 http://localhost/dophp/chapter1/myfirst.php。页面效果如图 1-17 所示。

图 1-17　PHP 页面效果

至此，就完成了 PHP 开发环境的搭建。

4. PHP 代码释疑与编辑技巧

（1）PHP 标记风格

在页面中出现的“<?php”和“?>”标志符，是 PHP 标记。PHP 告诉 Web

服务器 PHP 代码何时开始、结束。这两个标记之间的代码都将被解释成 PHP 代码。PHP 标记用来隔离 PHP 和 HTML 代码。

PHP 的标记风格有多种，以“<?php”开始，“?>”结束，是本书的标记风格，也是最常见的一种风格。它在所有的服务器环境下都能被使用，所以推荐用户使用这种标记风格。

（2）PHP 注释

注释是对 PHP 代码的解释和说明，PHP 解释器将忽略注释中的所有文本。PHP 注释一般分为多行注释和单行注释。多行注释是以“/*”开始，“*/”结束。单行注释是以“//”开始，所在行结束时结束。

（3）智能代码补全

智能代码补全工具是一个编程辅助工具，其功能是实现编程的关键字提示。在 NetBeans 软件中使用 Ctrl+\快捷键实现代码智能提示功能。

如图 1-18 所示，显示了在 NetBeans 编辑环境下输入 exi 字符后，使用 Ctrl+\快捷键后的效果。

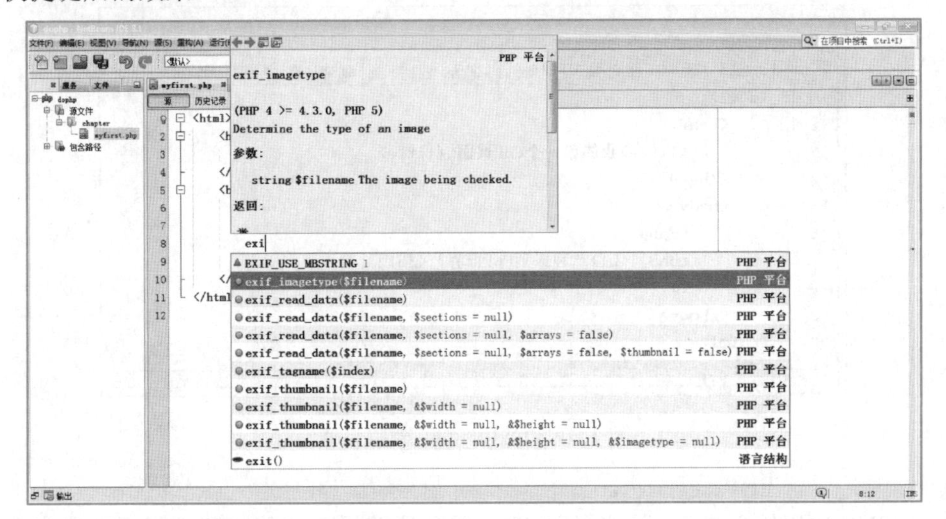

图 1-18 智能代码提示

（4）代码格式化

代码格式化，主要是整理源代码的缩进，以及运算符的间隔等。目的是使代码缩进清晰，更容易阅读。在 NetBeans 软件中使用 Alt+Shift+F 快捷键来实现代码的格式化功能，效果如图 1-19 所示。

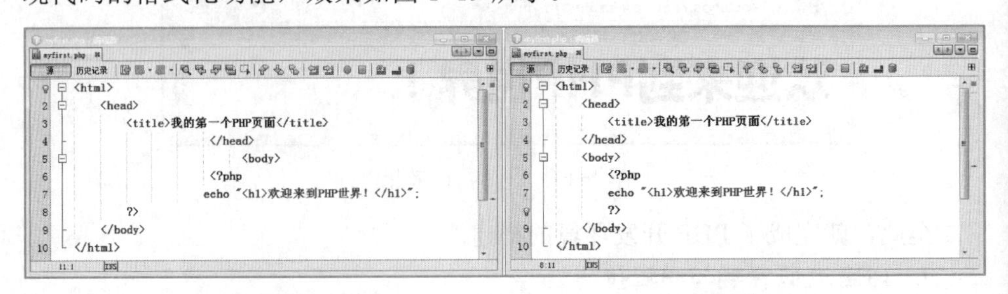

(a) 格式化前　　(b) 格式化后

图 1-19 代码格式化

任务拓展

商品计费打折

综合所学 PHP 程序的创建过程，通过一个简单的“商店计费打折”小程序来加深理解。该小程序能通过表单输入商品的原价、折扣，并计算出促销后的价格。

① 参考代码如下。

```
1.  <?php
2.  //商场打折小程序
3.  $Original_price = 500;                                    //原价为 500 元
4.  $discount = 85;                                           //促销期间 85 折
5.  $Current_price = $Original_price * $discount / 100;       //促销后价格
6.  echo "商品原价是:" . $Original_price . "元<br>";
7.  echo "打" . $discount . "折后促销价是:" . $Current_price . "元";
8.  ?>
```

② 页面效果如图 1-20 所示。

图 1-20　商品计费打折效果图

③ 表单输入参考代码如下。

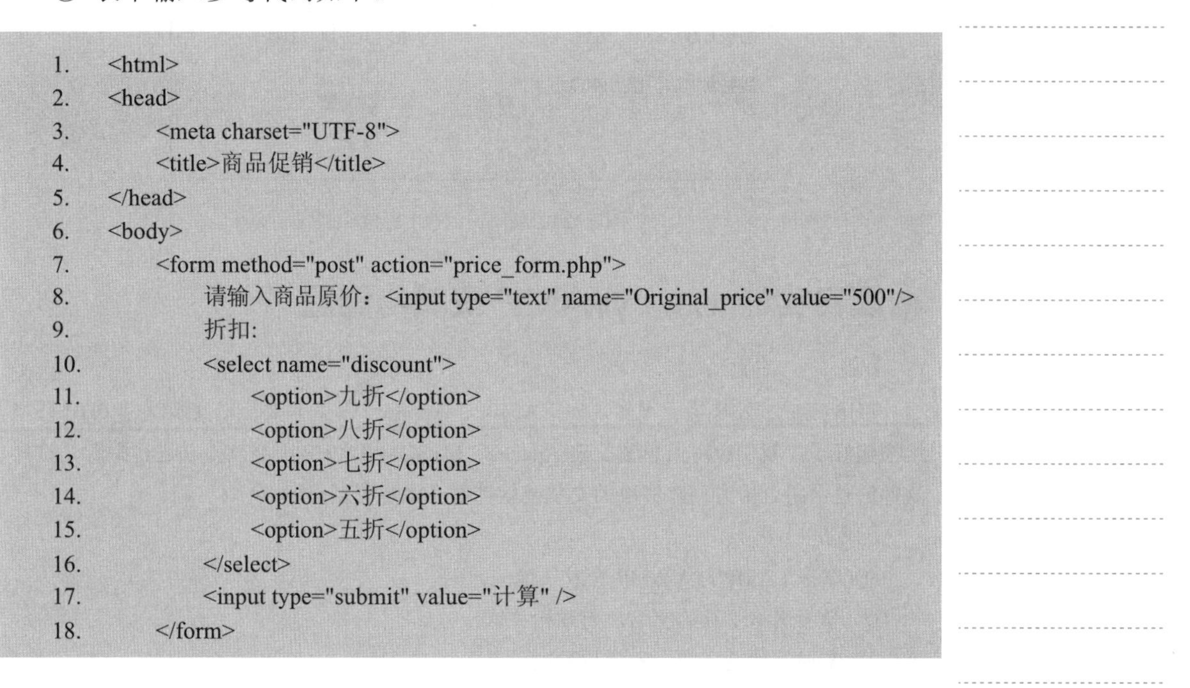

```
1.  <html>
2.  <head>
3.      <meta charset="UTF-8">
4.      <title>商品促销</title>
5.  </head>
6.  <body>
7.      <form method="post" action="price_form.php">
8.          请输入商品原价：<input type="text" name="Original_price" value="500"/>
9.          折扣:
10.         <select name="discount">
11.             <option>九折</option>
12.             <option>八折</option>
13.             <option>七折</option>
14.             <option>六折</option>
15.             <option>五折</option>
16.         </select>
17.         <input type="submit" value="计算" />
18.     </form>
```

```
19.         <?php
20.         $Original_price = $_POST['Original_price']; //在文本框输入商品原价
21.         $discount = $_POST['discount'];              //商品折扣
22.         switch ($discount) {                         //在下拉列表中选择不同的折扣
23.             case "九折": $discount = 0.9;
24.                 break;
25.             case "八折": $discount = 0.8;
26.                 break;
27.             case "七折": $discount = 0.7;
28.                 break;
29.             case "六折": $discount = 0.6;
30.                 break;
31.             case "五折": $discount = 0.5;
32.                 break;
33.             default :$discount = 1.0;
34.                 break;
35.         }
36.         $Current_price = $Original_price * $discount;        //商品打折后的价格
37.         echo "商品促销后价格是:" . $Current_price . "元"; //输出折扣价
38.         ?>
39.     </body>
40.     </html>
```

④ 页面效果如图 1-21 所示。

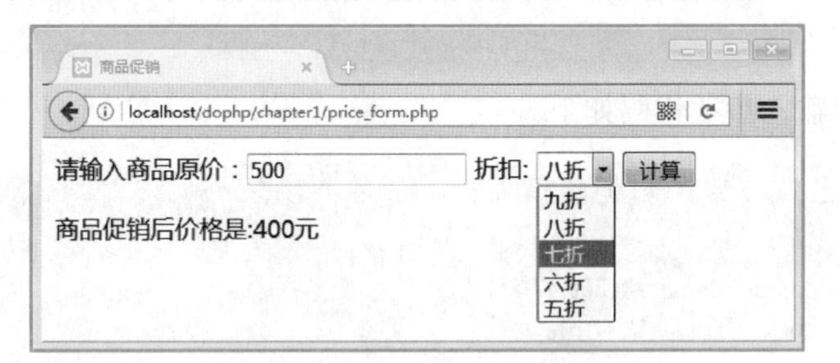

图 1-21　商品打折计算效果图

项目实训 1.1　WAMP 安装与配置

【实训介绍】

PHP 集成开发环境有很多，如 XAMPP、AppServ 等，只要一键安装就把 PHP 环境给搭建好了。我们也可以单独安装 Apache、MySQL 和 PHP 三个软件并进行配置。这样软件的自由组合更方便，模块的安装及软件的升级更灵活。

【实训目的】

① 掌握 LAMP 与 WAMP 开发环境的异同。

② 学会网络工具的使用，下载相关软件。

③ 掌握软件的安装、配置与测试。

【实训内容】

（1）Apache 的获取与安装

① 获取 Apache。Apache 在官方网站（http://httpd.apache.org）上提供了软件源代码的下载，但没有提供编译后的软件下载。用户可以从 Apache 公布的其他网站中获取编译后的软件。以 Apache Haus 网站为例，该网站提供了 VC10、VC11、VC14 等编译版本的软件下载，如图 1-22 所示。

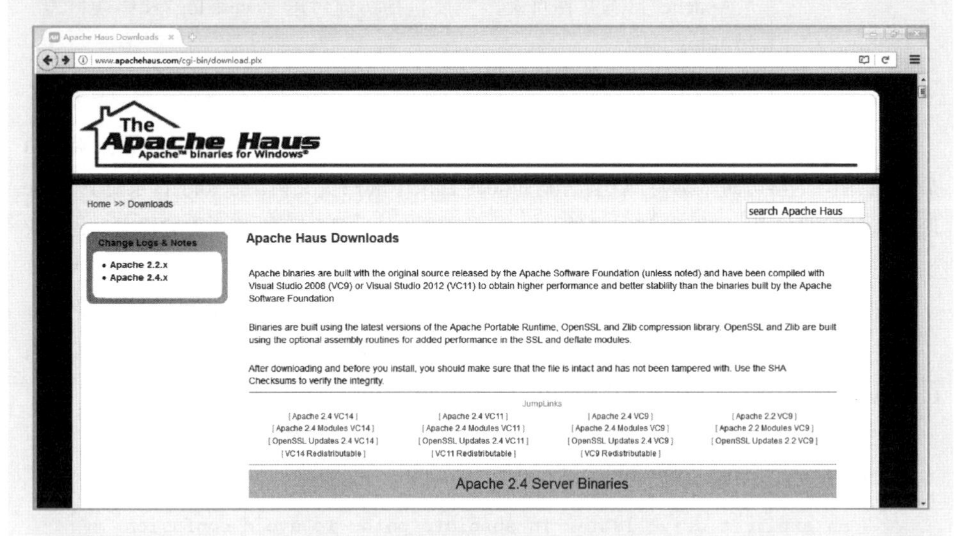

图 1-22 Apache 服务器软件下载

在网站中找到 httpd-2.4.18-x86-r2.zip 版本进行下载。VC14 是指该软件使用 Microsoft Visual C++ 2015 进行编译，在安装 Apache 前需要先在 Windows 系统中安装 Microsoft Visual C++ 2015 运行库。

② 解压文件。首先创建 C:\mywamp\Apache24 作为 Apache 的安装目录，然后打开 httpd-2.4.18-x86- r2.zip 压缩包，将里面的 Apache24 目录中的文件解压到 C:\mywamp\Apache24 路径下，如图 1-23 所示。

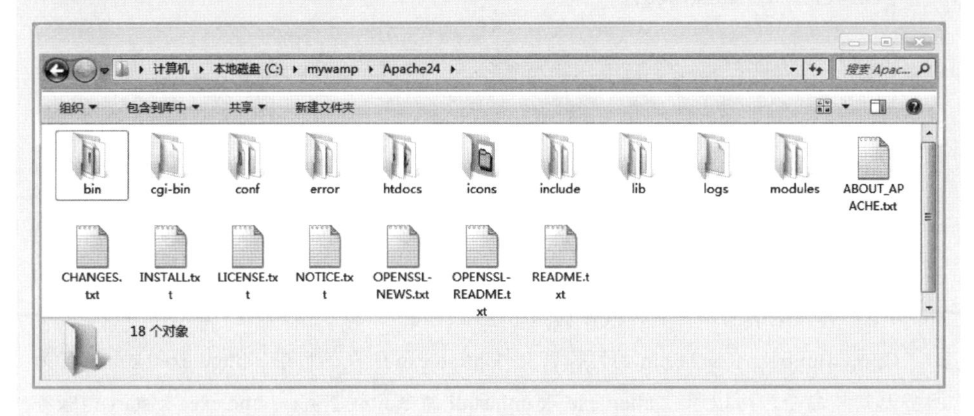

图 1-23 Apache 安装目录

表 1-5 列出了 Apache 的常用目录。

表 1-5 Apache 目录说明

目录名	说 明
bin	Apache 可执行文件目录，如 httpd.exe、ApacheMonitor.exe 等
cig-bin	CGI 网页程序目录
conf	Apache 配置文件目录
htdocs	默认站点的网页文档目录
logs	Apache 日志文件目录，主要包括访问日志 access.log 和错误日志 error.log
modules	Apache 动态加载模块目录

在表 1-5 中，htdocs 和 conf 是需要重点关注的两个目录。当 Apache 服务器启动后，通过浏览器访问本机时，就会看到 htdocs 目录中的网页文档。而 conf 目录是 Apache 服务器的配置目录，包括主配置文件 httpd.conf 和 extra 目录下的若干辅配置文件，默认情况下辅配置文件是没有开启的。

③ 配置 Apache。在安装 Apache 前，需要先进行文件配置。Apache 的配置文件位于 conf\httpd.conf，使用文本编辑器可以打开它。在配置文件中将/Apache24 替换为 C:/mywamp/Apache24。具体操作如图 1-24 所示。

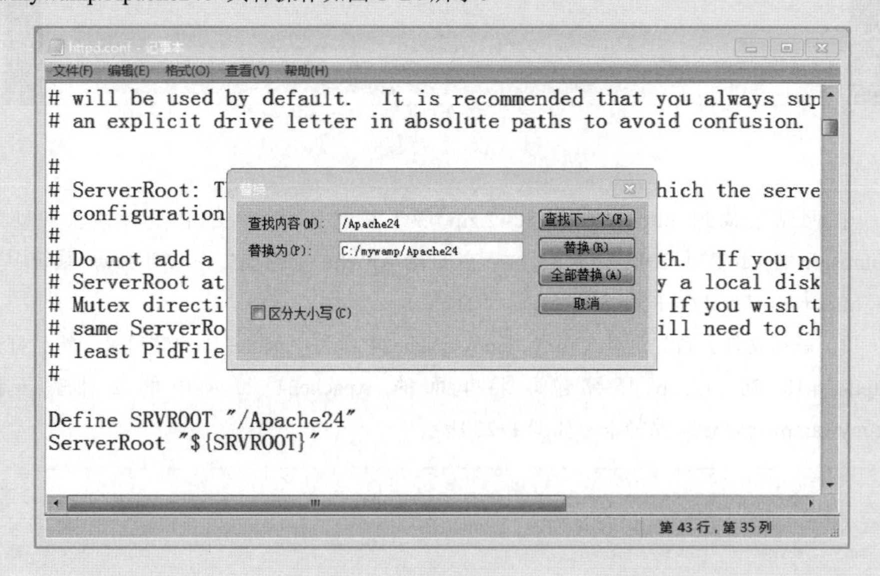

图 1-24 编辑 Apache 配置文件

④ 开始安装。Apache 的安装是指将 Apache 安装为 Windows 系统的服务项。可以通过 Apache 的服务程序 httpd.exe 进行安装。在命令模式下，切换到 Apache 安装目录下的 bin 目录，输入安装命令，具体操作如图 1-25 所示。

C:\mywamp\Apache24\bin\为可执行文件 httpd.exe 所在的目录。httpd.exe -k install 为服务器安装命令，可以通过 httpd.exe -k uninstall 命令卸载服务。httpd.exe –k start 为服务器的启动命令，可以通过 httpd.exe –k stop 命令来关闭服务器。

打开浏览器，在地址栏中输入 http://localhost，出现如图 1-26 所示内容，则表明服务器安装成功。

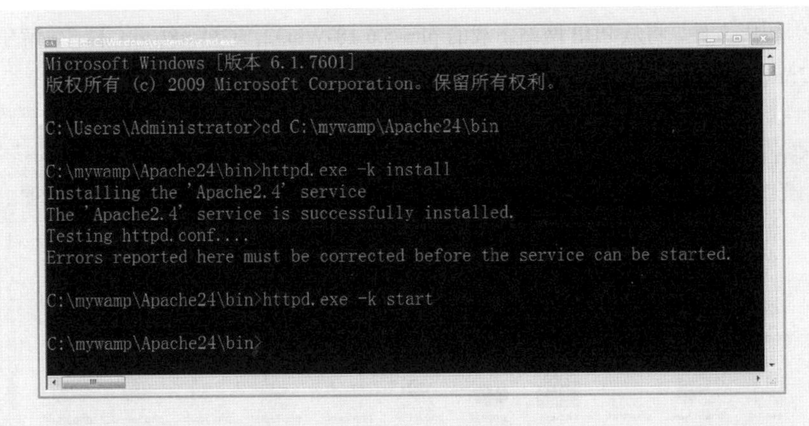

图 1-25　Apache 服务器安装

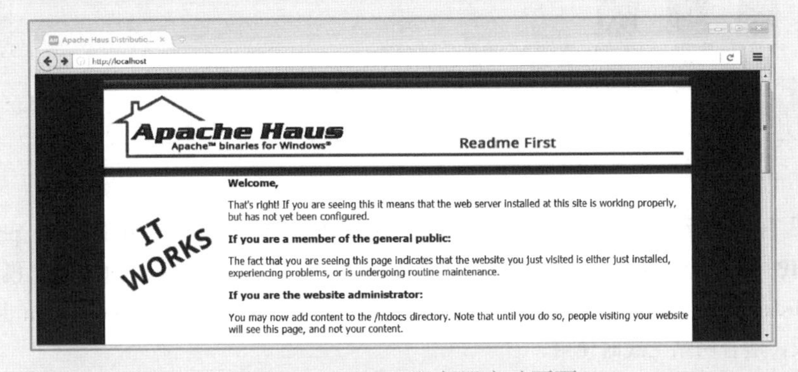

图 1-26　Apache 服务器启动页面

（2）PHP 的获取与安装

安装 Apache 之后，开始安装 PHP 模块。它是开发和运行 PHP 脚本的核心。

① 获取 PHP。PHP 的官方网站（http://php.net）提供了 PHP 最新版本的下载，如图 1-27 所示。

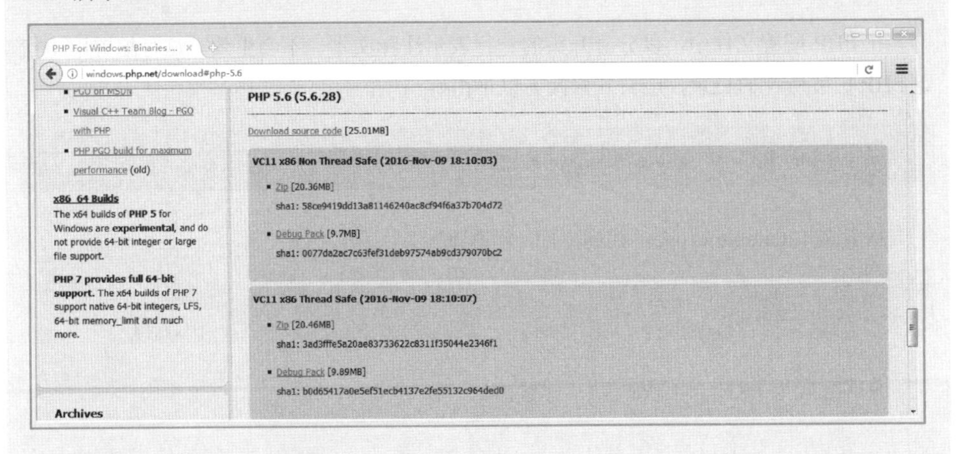

图 1-27　PHP 下载页面

现在最新的 PHP 版本为 7.1.0。本书选择较稳定版本 PHP 5.6.18 进行讲解。需要注意的是，PHP 提供了 Thread Safe（线程安全）与 Non ThreadSafe（非线程安全）两种选择，在与 Apache 搭配时，应选择 Thread Safe 版本。

② 解压文件。将从 PHP 网站下载的 php-5.6.18-Win32-VC11-x86.zip 压缩包解压，保存到 C:\mywamp\php5.6 目录中，如图 1-28 所示。

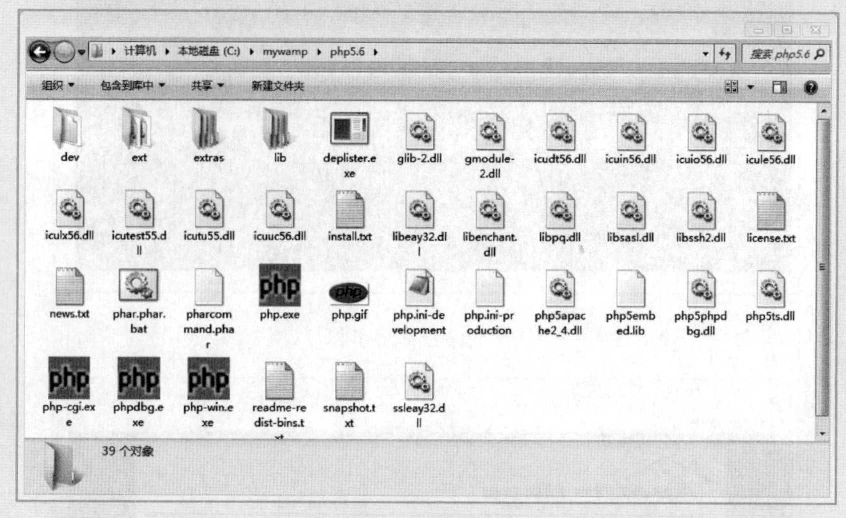

图 1-28 PHP 安装目录

图 1-28 所示是 PHP 的目录结构。其中，ext 是 PHP 扩展文件所在的目录；php.exe 是 PHP 的命令行应用程序；php5apache2_4.dll 是用于 Apache 的 DLL 模块。php.ini-development 是 PHP 预设的配置模板，适用于开发环境，php.ini-production 也是配置模板，适合网站上线时使用。

③ 配置 PHP。复制一份 php.ini-development 文件，并命名为 php.ini。该文件将作为 PHP 的配置文件。

使用文本编辑器打开 php.ini，搜索文本 extension_dir 找到下面一行配置：

```
;extension_dir = "ext"
```

在 PHP 配置文件中，以分号开头的一行表示注释文本，不会生效。这行配置用于指定 PHP 扩展所在的目录，应将其修改为以下内容：

```
extension_dir = "C:\mywamp\php5.6\ext"
```

搜索文本 date.timezone，找到下面一行配置：

```
;date.timezone =
```

时区配置为 PRC（中国时区）。配置后如下：

```
date.timezone = PRC
```

④ 在 Apache 中引入 PHP 模块。打开 Apache 配置文件 C:\mywamp\Apache24\conf\httpd.conf，添加对 Apache 2.x 的 PHP 模块的引入，具体代码如下：

```
# php5 support
LoadModule php5_module C:/mywamp/php5.6/php5apache2_4.dll
AddType application/x-httpd-php .php .html .htm
# configure the path to php.ini
PHPIniDir "C:/mywamp/php5.6"
```

在上述代码中，先将 PHP 作为 Apache 的模块来加载；接着添加对 PHP 文件的解析，告诉 Apache 将以.php 为扩展名的文件交给 PHP 处理，最后配置 php.ini 文件的位置。配置代码添加后，如图 1-29 所示。

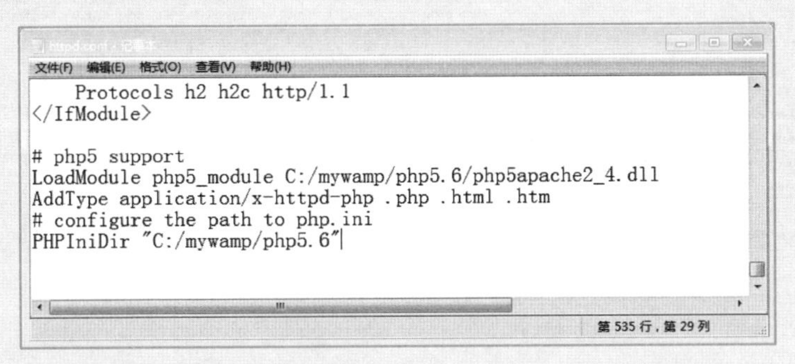

图 1-29　在 Apache 中引入 PHP 模块

⑤ 测试 PHP 模块。已经将 PHP 安装为 Apache 的一个扩展模块，并随 Apache 服务器一起启动。如果想检查 PHP 是否安装成功，可以在 Apache 服务器的 Web 站点目录 C:\mywamp\Apache24\htdocs 下，使用文本编辑器创建一个名为 test.php 的文件，并在文件中写入以下内容。

```
1. <?php
2. phpinfo();
3. ?>
```

上述代码用于将 PHP 的配置信息输出到网页中。将代码编写完成后保存为 PHP 文件，如图 1-30 所示。

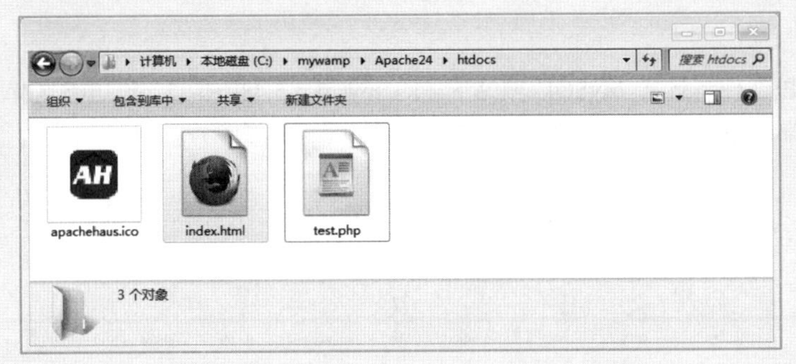

图 1-30　新建 PHP 文件

在浏览器地址栏中输入 http://localhost/test.php，如果出现如图 1-31 所示的 PHP 配置信息，说明配置成功。

（3）MySQL 的获取与安装

① 获取 MySQL。MySQL 的官方网站（www.mysql.com）提供了软件的下载，如图

1-32 所示。有 MSI（安装版）和 ZIP（压缩包）两种打包的下载版本。本书以压缩版本为例进行讲解。

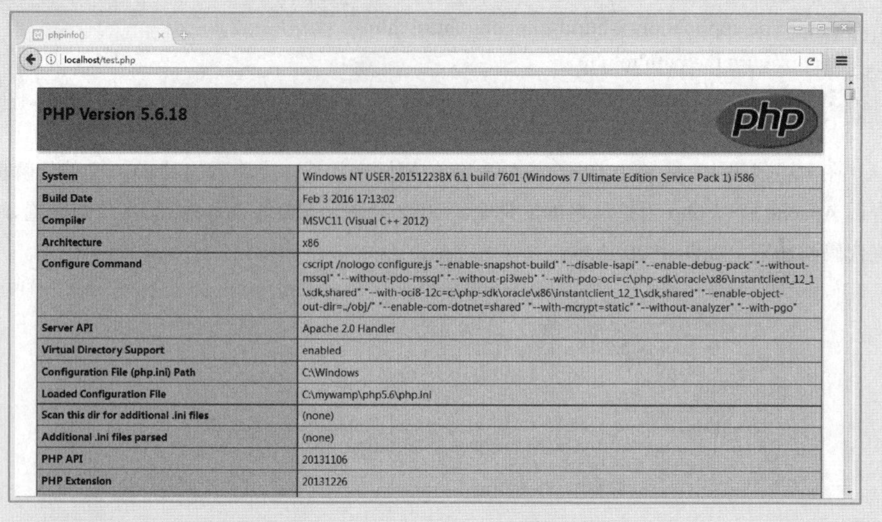

图 1-31 测试 PHP 模块

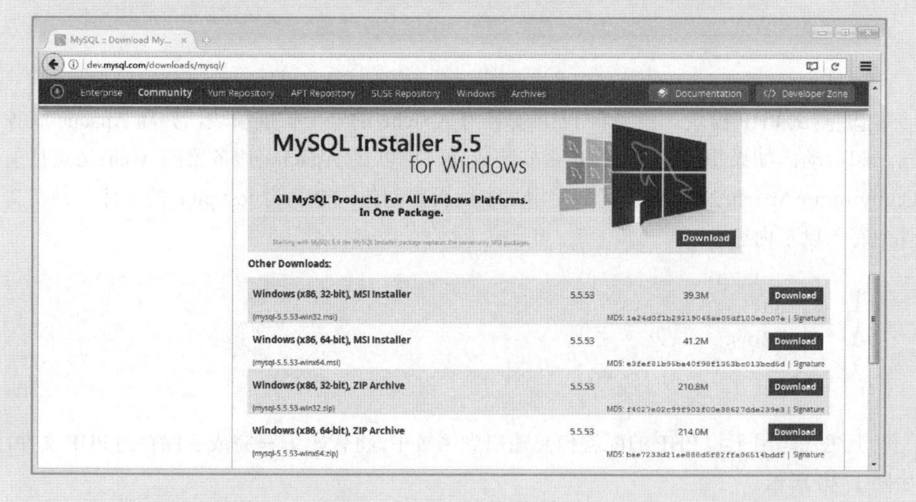

图 1-32 MySQL 下载页面

② 解压文件。将从 MySQL 网站下载的 mysql-5.5.48-win32.zip 压缩包解压，保存到 C:\mywamp\mysql-5.5 目录中，如图 1-33 所示。

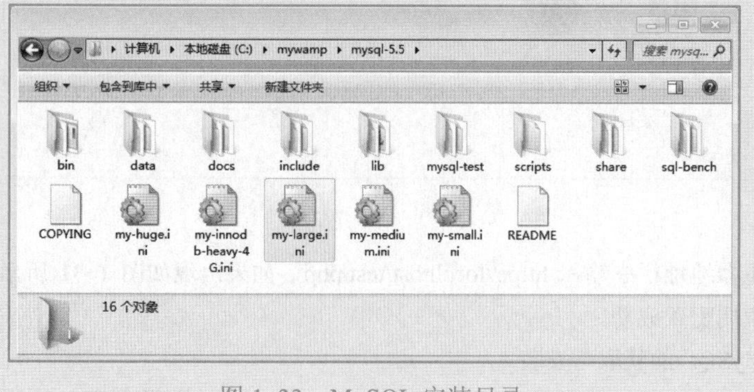

图 1-33 MySQL 安装目录

③ 安装 MySQL 服务。

在命令模式下，切换到 MySQL 安装目录下的 bin 目录，输入安装、启动命令，具体操作如图 1-34 所示。

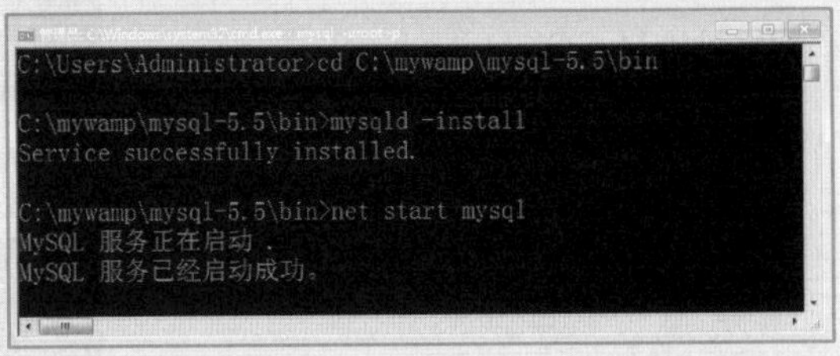

```
C:\Users\Administrator>cd C:\mywamp\mysql-5.5\bin

C:\mywamp\mysql-5.5\bin>mysqld -install
Service successfully installed.

C:\mywamp\mysql-5.5\bin>net start mysql
MySQL 服务正在启动 .
MySQL 服务已经启动成功。
```

图 1-34 MySQL 服务安装、启动

C:\mywamp\mysql-5.5\bin\为可执行文件 mysqld.exe 所在的目录。mysqld install 为服务器安装命令，可以通过 mysqld remove 命令卸载服务。net start mysql 为服务器的启动命令，可以通过 net stop mysql 关闭服务器。

MySQL 服务器启动后，输入 mysql –hlocalhost -uroot –p 命令，默认是没有密码的，按 Enter 键后可以进入 MySQL 命令行，如图 1-35 所示。

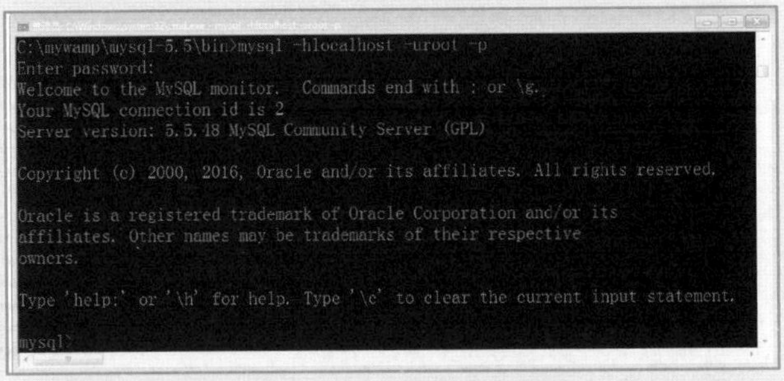

```
C:\mywamp\mysql-5.5\bin>mysql -hlocalhost -uroot -p
Enter password:
Welcome to the MySQL monitor.  Commands end with ; or \g.
Your MySQL connection id is 2
Server version: 5.5.18 MySQL Community Server (GPL)

Copyright (c) 2000, 2016, Oracle and/or its affiliates. All rights reserved.

Oracle is a registered trademark of Oracle Corporation and/or its
affiliates. Other names may be trademarks of their respective
owners.

Type 'help;' or '\h' for help. Type '\c' to clear the current input statement.

mysql>
```

图 1-35 MySQL 命令行窗口

在上述命令中，mysql 是启动 MySQL 命令行工具的命令，它表示运行 C:\mywamp\mysql-5.5\bin\mysql.exe 这个程序；-h localhost 表示登录的服务器主机地址为 localhost（本地服务器），也可以换成服务器的 IP 地址，如 127.0.0.1；-u root 表示以 root 用户的身份登录；-p 表示该用户需要输入密码才能访问。

当成功登录 MySQL 数据库后，就可以通过 SQL 语句管理数据，对数据库进行添加、删除、修改、查询等操作。

如果在命令行中退出 MySQL 服务器，输入 exit 和 quit 命令即可。

（4）phpMyAdmin 软件的下载与安装。

① 获取 phpMyAdmin。phpMyAdmin 就是一种 MySQL 数据库的管理工具。安装该工具后，即可以通过 Web 形式直接管理 MySQL 数据库，而不需要通过执行系统命令来管理。phpMyAdmin 网站（https://www.phpmyadmin.net/）提供了软件的下载，如图 1-36 所示。

② 解压文件。将从 phpMyAdmin 网站下载的 phpMyAdmin-4.6.5.2-all-languages.zip 压缩包解压，保存到 C:\mywamp\Apache24\htdocs\phpMyAdmin 目录中，如图 1-37 所示。

图 1-36 phpMyAdmin 下载页面

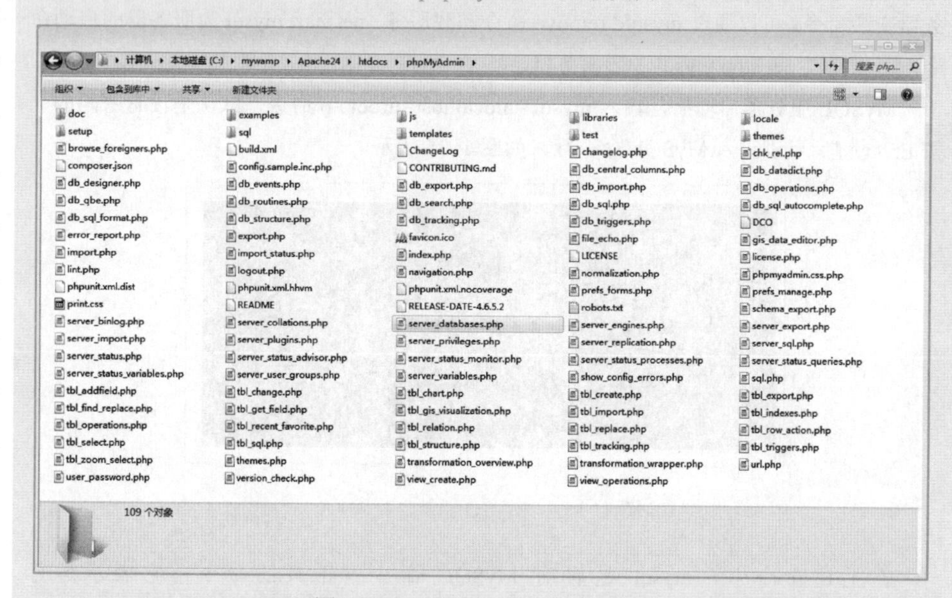

图 1-37 phpMyAdmin 安装目录

③ 配置 phpMyAdmin。进入 phpMyAdmin 安装目录的\libraries 中，找到 config.default.php 文件。使用文本编辑器打开 php.ini，搜索文本$cfg['Servers'][$i]['AllowNoPassword']找到下面一行配置：

```
$cfg['Servers'][$i]['AllowNoPassword'] = false;
```

phpMyAdmin 以 root 身份登录 MySQL 服务器，默认需提供密码。如想免密码登录，只需将 false 修改为 true。设置后为：

```
$cfg['Servers'][$i]['AllowNoPassword'] = true;
```

④ 测试 phpMyAdmin。在浏览器地址栏中输入 http://localhost/phpMyAdmin/index.php，出现如图 1-38 所示的登录页面，输入用户名 root，密码为空。登录后进入如图 1-39 所示页面，则说明 phpMyAdmin 安装成功。

图 1-38　phpMyAdmin 登录页面

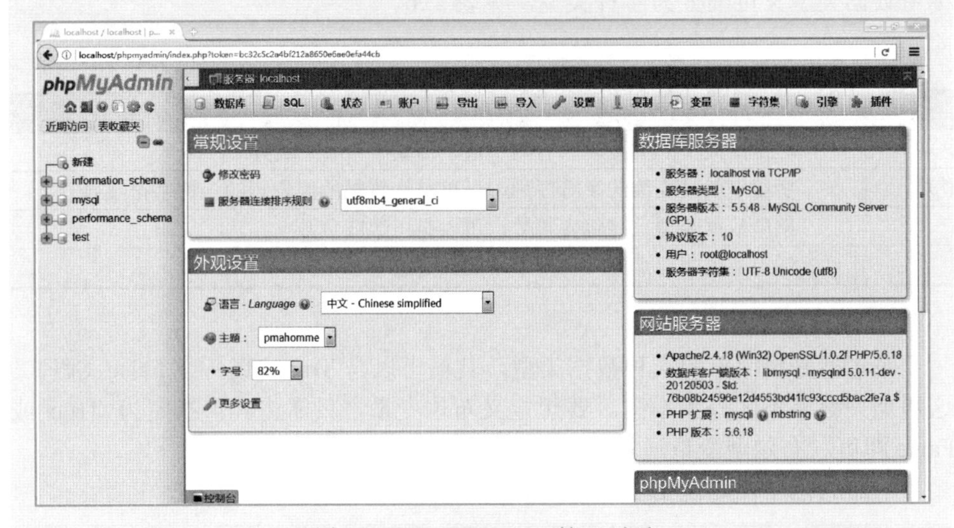

图 1-39　phpMyAdmin 管理页面

任务 1.2　PHP 基础知识学习及应用

任务陈述

学习一门程序设计语言，首先要学习这门语言的语法基础，PHP 也不例外。PHP 的语法基础是 PHP 的核心内容，不论是网站制作，还是应用程序开发，没有扎实的基本功是行不通的。开发一个功能模块，如果一边查手册一边写程序代码，大概需要 15 天的时间，但基础好的人只要 3～5 天，甚至更少的时间。为了将来应用 PHP 语言开发 Web 程序能节省时间，现在就要认真地从基础学起，牢牢掌握 PHP 的基础知识。只有做到这一点，才能在以后的开发过程中事半功倍。

本任务将综合运用所学 PHP 语法基础知识，编写一个用户比较熟悉的九九乘法表应用程序。

1.3 数据类型

在计算机的世界中，计算机操作的对象是数据，而每一个数据都有其类型，只有具备相同类型的数据才可以彼此操作。

PHP 的数据类型可以分为 3 种，即标量数据类型、复合数据类型和特殊数据类型。

微课 1-9
标量数据类型

1.3.1 标量数据类型

标量数据类型是数据结构中最基本的单元，只能存储一个数据。PHP 中的标量数据类型又可细分为 4 种类型，见表 1-6。

表 1-6 标量数据类型

类型	说明
Boolean（布尔型）	这是最简单的类型。只有两个值，即真（True）或假（False）
String（字符串型）	字符串就是连续的字符序列，可以是计算机所能表示的一切字符集合
Integer（整型）	整型数据类型只能包含整数，可以是正数或负数
Float（浮点型）	浮点型也叫浮点数，和整型不同的是它有小数位

1. 布尔型

布尔型是最简单的一种数据类型，其值可以是 True（真）或 False（假）。这两个关键字不区分大小写。要想定义布尔变量，只需将其值指定为 True 或 False 即可。布尔型变量通常用于流程控制。

下面的程序代码说明了布尔型的含义和作用。

```
1.  <?php
2.  header("Content-type:text/html;charset=utf-8");
3.  $a = true;
4.  $b = false;
5.  $username = "Mike";
6.  //使用字符串进行逻辑控制
7.  if ($username == "Mike") {
8.      echo "Hello,Mike!<br>";
9.  }
10. //使用布尔值进行逻辑控制
11. if ($a == true) {
12.     echo "a  为真<br>";
13. }
14. //单独使用布尔值进行逻辑控制
15. if ($b) {
```

```
16.         echo "b 为真<br>";
17.     }
18.     ?>
```

需要注意的是，在某些特殊情况下，不仅 true 和 false 可以表示 boolean 值，其他类型的数据也可以表示 boolean 值。例如，可以用 0 表示 false，用非 0 表示 true。

2. 字符串型

字符串是连续的字符序列，由数字、字母和符号组成。字符串中的每个字符只占用 1 字节。在 PHP 中，定义字符串主要使用单引号和双引号两种方式。

（1）单引号

定义字符串最简单的方法是用单引号“'”括进来。如果要在字符串中表示单引号，则需要用转义符“\”将单引号转义之后才能输出。和其他语言一样，如果在单引号之前或字符串结尾出现一个反斜线“\”，就要使用两个反斜线来表示。

下面的程序代码说明了单引号的含义和作用。

```
1.  <?php
2.  echo '输出\'单引号';          //输出：输出'单引号
3.  echo '反斜线\\';              //输出：反斜线\
4.  ?>
```

（2）双引号

使用双引号“"”将字符串括起来同样可以定义字符串。如果要在定义的字符串中表示双引号，则同样需要用转义符转义。另外，还有一些特殊字符的转义序列，见表 1-7。

表 1-7 特殊字符转义序列表

转 义 符	功 能
\n	换行符号（LF）
\r	回车符（CR）
\t	水平制表符（HR）
\\	反斜线
\$	美元符
\"	双引号
\NNN	用八进制符号表示的字符（N 表示一个 0~7 的数字）
\xNN	用十六进制符号表示的字符（N 表示一个 0～9、A～F 的字符）

注意：如果使用“\”试图转义其他字符，则反斜线本身也会被显示出来。

使用双引号和单引号的主要区别是，单引号定义的字符串出现的变量和转义序列不会被变量的值替代，而双引号中使用的变量名在显示时会显示变量的值。

下面的程序代码说明了其含义和作用。

```
1.  <?php
2.  $a = 10;
3.  echo 'The a value is $a<br>';       //输出：The a value is $a
4.  echo "The a value is $a<br>";       //输出：The a value is 10
5.  echo "Tom's age is 10<br>";         /./输出：Tom's age is 10
6.  //echo 'Tom's name is 10';
7.  echo 'Tom\'s age is 10<br>';        //输出：Tom's age is 10
8.  ?>
```

使用字符串连接符“.”可以将几个文本连接成一个字符串。通常，使用 echo 命令向浏览器输出内容时，使用这个连接符以避免编写多个 echo 命令。

下面的程序代码说明了其含义和作用。

```
1.  <?php
2.  $str = "PHP 变量";
3.  echo "连接成" . "字符串";   //字符串与字符串连接
4.  echo $str . "连接字符串";   //变量和字符串连接
5.  ?>
```

3. 整型

整型值可以使用十进制、十六进制、八进制或二进制表示，前面可以加上可选的符号（- 或者 +）。

二进制表达的 integer 自 PHP 5.4.0 起可用。

要使用八进制表达，数字前必须加上 0（零）；要使用十六进制表达，数字前必须加上 0x；要使用二进制表达，数字前必须加上 0b。

下面的程序代码说明了其含义和作用。

```
1.  $n1 = 123;        //十进制数
2.  $n2 = 0;          //零
3.  $n3 = -36;        //负数
4.  $n4 = 0123;       //八进制数（等于十进制数的 83）
5.  $n5 = 0x1b;       //十六进制数（等于十进制数的 27）
6.  $n6=0b1010;       //二进制数（等于十进制数的 10）
```

4. 浮点型

浮点类型也称为浮点数、双精度数或实数。

下面的程序代码说明了其含义和作用。

```
1.  $pi=3.1415926;      //十进制浮点数
2.  $width=3.3e4;       //科学记数法浮点数
3.  $var=3e-5;          //科学记数法浮点数
```

浮点数的数值只是一个近似值，所以要尽量避免在浮点型之间比较大小，因为最后的结果往往是不准确的。

1.3.2 复合数据类型

微课 1-10
复合数据类型

复合数据类型包括数组（array）和对象（object）两种。

1. 数组

数组是一组数据的集合，它把一系列数据组织起来，形成一个操作的整体。数组中可以包括很多数据，如标量数据、数组、对象、资源以及 PHP 中支持的其他语法结构等。

PHP 中的数组实际上是一个有序映射。映射是一种把 values（值）关联到 keys（键名）的类型。数组通过函数 array()定义，其值使用“key=>value”的方式设置，多个值通过逗号分隔。当然也可以不使用键名，默认是 0、1、2、3、…。

下面的程序代码说明了其含义和作用。

```
1.  $arr1 = array(1, 2, 3, 4, 5, 6, 7, 8, 9);            //直接为数组赋值
2.  $arr2 = array("animal" => "tiger", "color" => "red", "number" => "12");
                                                         //为数组指定键名和值
3.  echo $arr1[2];                                       //输出：3
4.  echo $arr2['color'];                                 //输出：red
```

2. 对象

目前的编程语言用到的方法有面向过程和面向对象两种。在 PHP 中，用户可以自由使用这两种方法。

对象是一种高级的数据类型。任何事物都可以被看作一个对象。一个对象由部分属性值和方法构成，属性表明对象的一种状态，方法通常是用来实现功能的。

下面的程序代码说明了其含义和作用。

```
1.  class Animal {
2.      public $name;    //动物名称
3.      public $age;     //动物年龄
4.      public $weight;  //动物体重
5.      public $sex;     //动物性别
6.      public function run() {   //方法：会跑
7.          echo "Haha.I can run!";
8.      }
9.      public function eat() {   //方法：能吃
10.         echo "I can eat!";
11.     }
12. }
13. $dog = new Animal;
14. $dog->run();   //输出：Haha.I can run!
```

面向对象的具体内容将在后面章节中详细讲解。

微课 1-11
特殊数据类型

1.3.3 特殊数据类型

特殊数据类型包括资源（resource）和空值（null）两种。

1. 资源

资源是一种特殊变量，保存了到外部资源的一个引用。资源是通过专门的函数来建立和使用的。资源类型变量有打开文件、数据库连接、图形画布区域等特殊句柄。

例如，打开文件的函数为 fopen，数据库连接函数为 mysql_connect，创建画布的函数为 imagecreate，它们返回的都是一个资源类型的变量。

下面的程序代码说明了其含义和作用。

```
1.    <?php
2.    $conn = mysql_connect("localhost", "root", "");
3.    $image = imagecreate(100, 100);
4.    var_dump($conn);      //resource(3) of type (mysql link)
5.    var_dump($image);     //resource(4) of type (gd)
6.    ?>
```

2. 空值

空值，顾名思义，表示没有为该变量设置任何值。另外，空值不区分大小写，如 null 和 NULL 的效果是一样的。被赋予空值的情况有以下 3 种。

① 没有赋任何值。

② 被赋值为 null。

③ 被函数 unset()处理过的变量。

下面的程序代码说明了其含义和作用。

```
1.    <?php
2.    $a;              //没有赋值的变量
3.    $b=NULL;         //被赋空值的变量
4.    $c=3;
5.    unset($c);       //使用函数 unset()处理后，$c 的值为空
6.    ?>
```

微课 1-12
数据类型的
转换与检测

1.3.4 数据类型转换与检测

在 PHP 的实际应用中，经常要使用不同类型的变量以满足各种程序接口的需求，因此需要对变量进行类型识别和转换。

1. 数据类型转换

PHP 数据类型之间的转换有隐式类型转换（自动类型转换）和显式类型转换（强制类型转换）两种。

（1）隐式类型转换

PHP 中隐式数据类型转换很常见。

下面的程序代码说明了其含义和作用。

```
1.    <?php
2.    $a = 10;
3.    $b = "string";
4.    echo $a . $b;    //输出：10string
5.    ?>
```

在上面的代码中，字符串连接操作将使用自动数据类型转换。连接操作前，$a 是整数类型，$b 是字符串类型。连接操作后，$a 隐式（自动）地转换为字符串类型。

PHP 隐式类型转换的另一个例子是加号“+”。如果一个数是浮点数，则使用加号后其他的所有数都被当作浮点数，结果也是浮点数；否则，参与“+”运算的运算数都将被解释成整数，结果也是一个整数。

下面的程序代码说明了其含义和作用。

```
1.    <?php
2.    $str1 = "1";                //$str1 为字符串类型
3.    $str2 = "ab";               //$str2 为字符串类型
4.    $num1 = $str1 + $str2;      //$num1 的结果是整型（1）
5.    $num2 = $str1 + 5;          //$num2 的结果是整型（6）
6.    $num3 = $str1 + 2.56;       //$num3 的结果是浮点型（3.56）
7.    ?>
```

（2）显式类型转换

PHP 还可以使用显式类型转换，也叫作强制类型转换。它将一个变量或值转换为另一种类型，这种转换与 C 语言类型的转换是相同的，只需在要转换的变量前面加上用括号括起来的目标类型即可。PHP 中允许转换的类型见表 1-8。

表 1-8　强制类型转换

转换函数	转换类型	示　例
(boolean)，(bool)	将其他数据类型强制转换成布尔型	$a=1;$b=(boolean)$a;$b=(bool)$a;
(string)	将其他数据类型强制转换成字符串型	$a=1;$b=(string)$a;
(integer)，(int)	将其他数据类型强制转换成整型	$a=1;$b=(integer)$a;$b=(int)$a;
(float)，(double)，(real)	将其他数据类型强制转换成浮点型	$a=1;$b=(float)$a;$b=(double)$a;$b=(real)$a;
(array)	将其他数据类型强制转换成数组	$a=1;$b=(array)$a;
(object)	将其他数据类型强制转换成对象	$a=1;$b=(object)$a;

在进行类型转换的过程中，应该注意以下几点：

① 转换成 boolean 型。

null、0 和未赋值的变量或数组，会被转换成 False，其他转换为 True。

② 转换成整型。

布尔型的 False 转换为 0，True 转换 1。

浮点型的小数部分会被舍去。

字符串型如果以数字开头，就截取到非数字位，否则输出 0。

当字符串转换为整型或浮点型时，如果字符串是以数字开头的，则会先把数字部分转换为整型，再舍去后面的字符串；如果数字中含有小数点，则会取到小数点前一位。

③ 强制转换成整型还可以使用函数 intval()，转换成字符串还可以使用函数 strval()。

2. 数据类型检测

PHP 提供了很多检测数据类型的函数，可以对不同类型的数据进行检测，以判断其是否属于某个类型。检测数据类型的函数见表 1-9。

表 1-9 检测数据类型的函数

函数	检测类型	示例
is_bool	检查变量是否为布尔类型	is_bool($a);
is_string	检查变量是否为字符串类型	is_string($a)
is_float/is_double	检查变量是否为浮点类型	is_float($a);is_double($a);
is_integer/is_int	检查变量是否为整型	is_integer($a);is_int($a);
is_null	检查变量是否为 null	is_null($a);
is_array	检查变量是否为数组类型	is_array($a);
is_object	检查变量是否为一个对象类型	is_object($a);
is_numeric	检查变量是否为数字或数字组成的字符串	is_numeric($a);

下面的程序代码说明了数据类型检测的含义和作用。

```
1.  <?php
2.  $a = true;
3.  $b = "你好世界！";
4.  $c = 123456;
5.  echo "1.变量是否为布尔型：" . is_bool($a) . "<br>";   //检测变量是否为布尔型
6.  echo "2.变量是否为字符串型：". is_string($b) . "<br>";//检测变量是否为字符串型
7.  echo "3.变量是否为整型：" . is_int($c) . "<br>";      //检测变量是否为整型
8.  echo "4.变量是否为浮点型：" . is_float($c) . "<br>";  //检测变量是否为浮点型
9.  ?>
```

运行结果如图 1-40 所示。

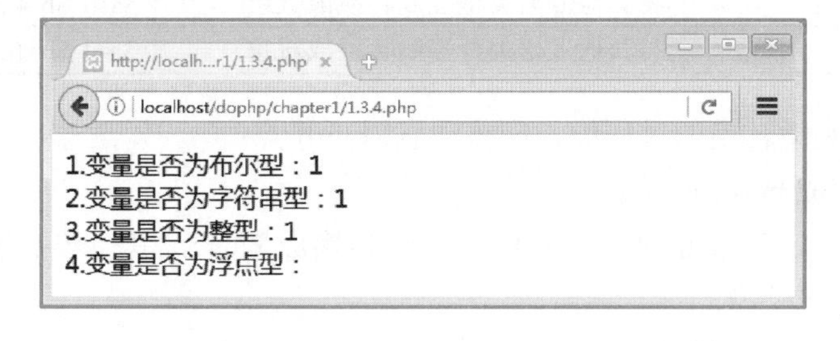

图 1-40 变量类型检测效果图

由于变量$c 不是浮点型，所以第 4 个判断的返回值为 False，即空值。

如果要获得变量或表达式的信息，如类型、值等，可以使用函数 var_dump()。下面的程序代码说明了函数 val_dump()的含义和作用。

```
1.  <?php
2.  $var1 = var_dump(123);
3.  $var2 = var_dump((int) False);
4.  $var3 = var_dump((bool) NULL);
5.  echo $var1;    //输出结果：int(123)
6.  echo $var2;    //输出结果：int(0)
7.  echo $var3;    //输出结果：bool(false)
8.  ?>
```

在输出结果中，前面的变量是数据类型，括号内是变量的值。

1.4　常量与变量

常量和变量是 PHP 中基本的数据存储单元，可以存储不同类型的数据。由于 PHP 是一种弱类型语言，常量或变量的数据类型由程序的执行顺序决定。

1.4.1　常量

微课 1-13
常量

常量是在程序执行期间无法改变的数据。常量的作用域是全局的。一般，在 PHP 中常量都为大写字母，而且又分为自定义常量和预定义常量。

1. 自定义常量

自定义常量使用函数 define()定义，语法格式如下。

```
define($name, $value, $case_insensitive);
```

函数有 3 个参数，其中$name 定义常量的名称；$value 定义常量的值；$case_insensitive 可选（常量名是否对大小写敏感）。若设置为 true，则对大小写不敏感；默认是 false，即大小写敏感。

常量一旦被定义，就不能再改变或取消定义，而且值只能是标量，数据类型只能是布尔型、整型、浮点型或字符串。和变量不同，常量定义时不需要加“$”。

下面的程序代码说明了常量的含义和作用。

```
1.  <?php
2.  define("PI", 3.1415926);
3.  define("CONSTANT", "Hello World!");
4.  echo CONSTANT;        //输出结果：Hello World!
5.  ?>
```

2. 预定义常量

预定义常量也称为魔术常量，PHP 提供了大量的预定义常量。但是很多常量是由不同的扩展库定义的，只有加载了这些扩展库以后才能使用。预定义常量的使用方法和常量相同，但它们的值会根据情况的不同而不同，这些特殊的常量是不区分大小写的，见表1-10。

表1-10 PHP的预定义常量

名称	作用
__LINE__	默认常量，所在文件的行数
__FILE__	默认常量，所在文件的完整路径和文件名
__FUNCTION__	默认常量，所在函数名称
__CLASS__	默认常量，所在类的名称
__METHOD__	默认常量，所在类的方法名
PHP_VERSION	内建常量，PHP程序的版本
PHP_OS	内建常量，执行PHP解析器的操作系统名称

注意：__LINE__、__FILE__、__FUNCTION__等预定义常量中的__是指两个下画线。

下面的程序代码说明了部分PHP预定义常量的含义和作用。

```
1.  <?php
2.  header("Content-Type:text/html;charset=utf-8");
3.  //系统常量
4.  echo "文件路径为：" . __FILE__ . "<br>";
5.  echo "行数为：" . __LINE__ . "<br>";
6.  echo "PHP版本信息为：" . PHP_VERSION . "<br>";
7.  echo "操作系统为：" . PHP_OS;
8.  ?>
```

运行结果如图1-41所示。

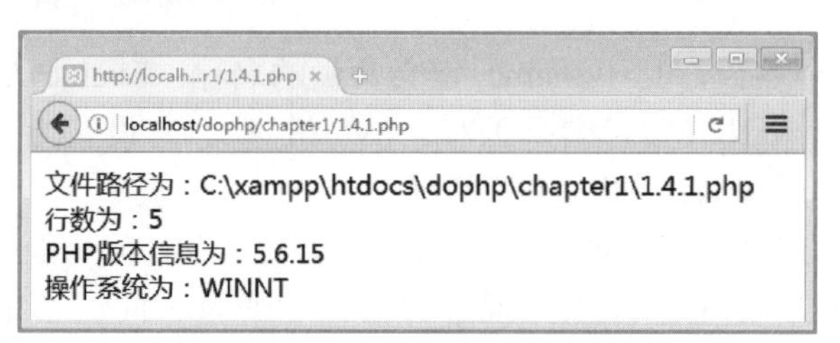

图1-41 预定义常量运行效果图

微课1-14
变量

1.4.2 变量

变量是指在程序运行过程中值可以改变的量。变量的作用就是存储数值。一个变量具有一个地址，这个地址存储变量的数值信息。

1. 变量的定义

变量的名称由一个美元符号“$”和其后面的字符组成，字符是区分大小写的。一个有效的变量名由字母或下画线“_”开头，后面跟任意数量的字母、数字或下画线。

下面的程序代码说明了变量定义的含义和作用。

```
1.  <?php
2.  //合法变量名
3.  $a = 1;
4.  $a12_3 = 1;
5.  $_abc = 1;
6.  //非法变量名
7.  $123 = 1;
8.  $12Ab = 1;
9.  $*a = 1;
10. ?>
```

2. 变量的命名

在命名变量时，其名称一般都是有意义的，而不是随意地去取名，目的是减少编程人员代码编写的语法错误，并通过增强代码的通读性和易懂性，使得代码修改和维护相对简单。一般使用简单的英文单词或拼音命名变量。如果有多个单词或拼音组合，可以参考以下几种命名格式：

$titlekeyword：单词之间直接连接。

$title_keyword：单词之间用下画线连接。

$titleKeyword：单词的首字母大写。

1.4.3 变量的赋值

变量的赋值有直接赋值、传值赋值和引用赋值 3 种方式。

1. 直接赋值

直接赋值就是使用“=”直接将值赋给某变量。

下面的程序代码说明了其含义和作用。

```
1.  <?php
2.  $name = "Mike";
3.  $age = 30;
4.  echo $name;   //输出结果：Mike
5.  echo $age;    //输出结果：30
6.  ?>
```

2. 传值赋值

传值赋值就是使用“=”将一个变量的值赋给另一个变量。

下面的程序代码说明了其含义和作用。

```
1.  <?php
2.  $a = 10;
3.  $b = $a;
4.  echo $a;  //输出结果：10
5.  echo $b;  //输出结果：10
```

```
6.  ?>
```

3. 引用赋值

引用赋值是指一个变量引用另一个变量的值。

下面的程序代码说明了引用赋值的含义和作用。

```
1.  <?php
2.  $a = 10;
3.  $b = &$a;
4.  $b = 20;
5.  echo $a;    //输出结果：20
6.  echo $b;    //输出结果：20
7.  ?>
```

仔细观察一下，“$b=&$a”中多了一个“&”符号，这就是引用赋值。当执行“$b=&$a”语句时，变量$b 将指向变量$a，并且和变量$a 共用一个值。

当执行“$b=20”时，变量$b 的值发生了变化，此时，由于变量$a 和变量$b 共用一个值，所以当变量$b 的值发生变化时，变量$a 也将随之发生变化。

1.4.4 变量的作用域

变量的使用范围，也叫作变量的作用域。从技术上来讲，作用域就是变量定义的上下文的有效范围。根据变量使用范围的不同，可以把变量分为局部变量、全局变量和静态变量。

1. 局部变量

局部变量只在程序的局部有效，它的作用域分为两种。

在当前文件主程序中定义的变量，其作用域限于当前文件的主程序，不能在其他文件或当前文件的局部函数中起作用。

在局部函数或方法中定义的变量仅限于局部函数或方法，在文件的主程序、其他函数、其他文件中无法引用。

下面的程序代码说明了其含义和作用。

```
1.  <?php
2.  $my_var = "good";                              //$my_var 的作用域仅限于当前主程序
3.  function my_fun() {
4.      $local_val = 1234;                         //$local_var 的作用域仅限于当前函数
5.      echo '$local_var=' . $local_val . "<br>";  //调用函数时输出结果值为 1234
6.      echo '$my_var=' . $my_var . "<br>";        //调用函数时输出结果值为空
7.  }
8.  my_fun();                                      //调用 my_fun()函数
9.  echo '$local_var=' . $local_val . "<br>";      //输出结果值为空
10. echo '$my_var=' . $my_var . "<br>";            //输出结果值为"good"
```

```
11.  ?>
```

2. 全局变量

与局部变量相反，全局变量可以在程序的任何地方访问，但是在用户自定义函数内部是不可用的。若想在用户自定义函数内部使用全局变量，只需在变量前面加上关键字 global 声明。

下面的程序代码说明了其含义和作用。

```
1.  <?php
2.  $my_global = 1;                                          //定义变量$my_global
3.  function my_fun1() {                                     //函数 my_fun1()
4.      global $my_global;                                   //声明$my_global 为全局变量
5.      global $two_global;                                  //声明$tow_global 为全局变量
6.      echo '$my_global=' . $my_global . "<br>";            //调用该函数时输出结果值为 1
7.      $two_global = 2;                                 //将全局变量$two_global 赋值为 2
8.  }
9.  function my_fun2() {                                     //函数 my_fun2()
10.     global $two_global;                                  //声明$two_global 为全局变量
11.     echo '$two_global=' . $two_global . "<br>";          //调用该函数时输出结果值为 2
12.     $two_global = 3;
13. }
14. my_fun1();                                               //调用函数 my_fun1()，输出 1
15. my_fun2();                                               //调用函数 my_fun2()，输出 2
16. echo $two_global;
17. ?>
```

3. 静态变量

通过局部变量的定义可以知道，在函数内部定义的变量，在函数调用结束后，其变量将会失效。但有时仍然需要该函数内的变量有效，此时就需要将变量声明为静态变量。声明静态变量只需在变量前加 static 关键字即可。

下面的程序代码说明了其含义和作用。

```
1.  <?php
2.  function fun1() {
3.      static $a = 10;     //定义静态变量
4.      $a+=1;
5.      echo "静态变量 a 的值为：" . $a . "<br>";
6.  }
7.  function fun2() {
8.      $b = 10;            //定义局部变量
9.      $b+=1;
```

```
10.        echo "局部变量 b 的值为：" . $b . "<br>";
11.    }
12.    fun1();                    //第 1 次调用函数 fun1()，输出结果值：11
13.    fun1();                    //第 2 次调用函数 fun1()，输出结果值：12
14.    fun1();                    //第 3 次调用函数 fun1()，输出结果值：13
15.    fun2();                    //第 1 次调用函数 fun2()，输出结果值：11
16.    fun2();                    //第 2 次调用函数 fun2()，输出结果值：11
17.    fun2();                    //第 3 次调用函数 fun2()，输出结果值：11
18.    ?>
```

1.5 运算符

运算符是用来对变量、常量或数据进行计算的符号，它对一个值或一组值执行一个指定的操作。PHP 运算符包括算术运算符、字符串运算符、赋值运算符、位运算符、递增或递减运算符、逻辑运算符、比较运算符以及三元运算符等。

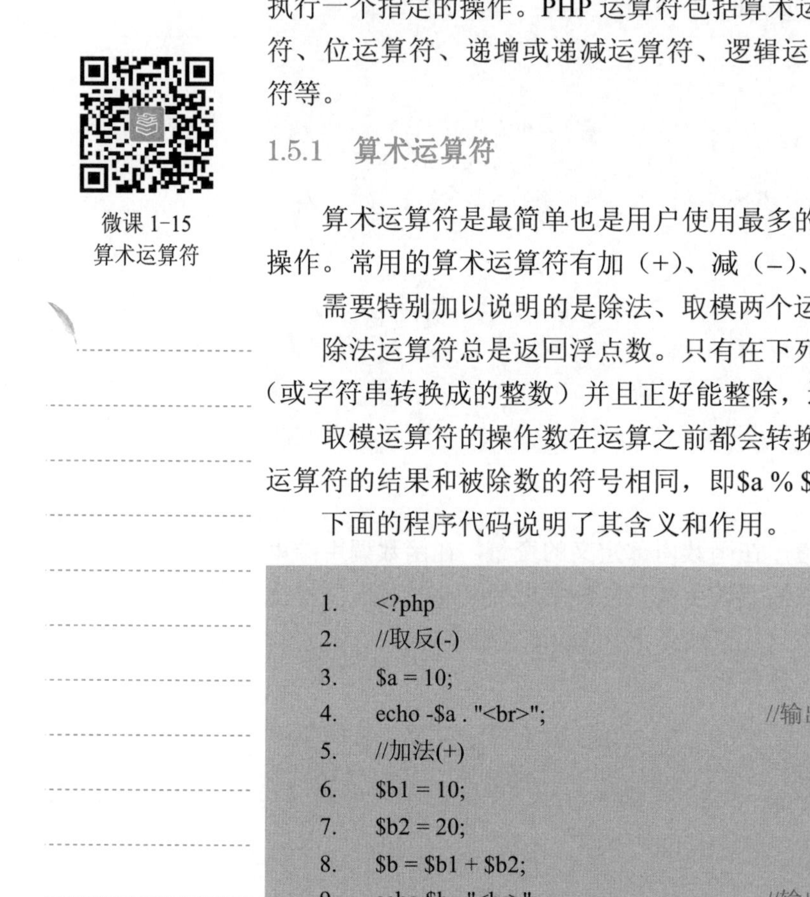

微课 1-15
算术运算符

1.5.1 算术运算符

算术运算符是最简单也是用户使用最多的运算符，主要用来处理算术运算操作。常用的算术运算符有加（+）、减（–）、乘（*）、除（/）、取模（%）。

需要特别加以说明的是除法、取模两个运算符。

除法运算符总是返回浮点数。只有在下列情况例外：两个操作数都是整数（或字符串转换成的整数）并且正好能整除，这时它返回一个整数。

取模运算符的操作数在运算之前都会转换成整数（除去小数部分）。取模运算符的结果和被除数的符号相同，即$a % $b 的结果与$a 的符号相同。

下面的程序代码说明了其含义和作用。

```
1.    <?php
2.    //取反(-)
3.    $a = 10;
4.    echo -$a . "<br>";                    //输出结果：-10
5.    //加法(+)
6.    $b1 = 10;
7.    $b2 = 20;
8.    $b = $b1 + $b2;
9.    echo $b . "<br>";                     //输出结果：30
10.   //乘法(*)
11.   $c1 = 10;
12.   $c2 = 20;
13.   echo $c = $c1 * $c2 . "<br>";         //输出结果：200
14.   //除法(/)
```

```
15.  $d1 = 123;
16.  $d2 = 20;
17.  $d3 = 4;
18.  $d4 = "2aabb";
19.  echo var_dump($d1 / $d2) . "<br>";      //输出结果：float(6.15)
20.  echo var_dump($d2 / $d3) . "<br>";      //输出结果：int(5)
21.  echo var_dump($d2 / $d4) . "<br>";      //输出结果：int(10)
22.  //取模(%)
23.  echo 12.3 % 5.2;        //输出结果：2
24.  echo 12 % 5;            //输出结果：2
25.  echo -12 % 5;           //输出结果：-2
26.  echo -12 % -5;          //输出结果：-2
27.  echo 12 % -5;           //输出结果：2
28.  ?>
```

微课 1-16
字符串运算符

1.5.2　字符串运算符

字符串运算符主要用来连接两个字符串。PHP 有两个字符串运算符“.”和“.=”。“.”返回左、右参数连接后的字符串；“.=”将右边参数附加到左边参数后面，可被看成赋值运算符。

下面的程序代码说明了其含义和作用。

```
1.   <?php
2.   header("Content-Type:text/html;charset=utf-8");
3.   //求圆的周长和面积(半径$r=10)
4.   $r = 10;
5.   define("PI", 3.1415);
6.   $cicle = 2 * PI * $r;
7.   $area = PI * $r * $r;
8.   echo "圆的半径为" . $r . "<br>圆的周长为：" . $cicle . "<br>" . "圆的面积为：" .
     $area . "<br>";
9.   $output = "圆的半径为" . $r . "<br>";
10.  $output.= "圆的周长为：" . $cicle . "<br>";
11.  $output.= "圆的面积为：" . $area . "<br>";
12.  echo $output;
13.  ?>
```

微课 1-17
赋值运算符

1.5.3　赋值运算符

赋值运算符的作用是将右边的值赋给左边的变量，最基本的赋值运算符是“=”。如“$a=10”表示将 10 赋给变量$a，变量的值为 10。由“=”组合的其他赋值运算符还有“+=”“-=”“*=”“/=”“.=”。

PHP 支持引用赋值，使用“$var = &$othervar;”语法。引用赋值意味着两个变量指向了同一个数据，它将使两个变量共享一块内存，如果这个内存存储的数据变了，那么两个变量的值都会发生变化。

下面的程序代码说明了其含义和作用。

```
1.  <?php
2.  header("Content-Type:text/html;charset=utf-8");
3.  /**
4.   * 赋值运算符（= += -= *= /= .= &）
5.   */
6.  $a = 2;
7.  echo $b = $a;          //输出结果：2
8.  echo $b+=4;            //输出结果：6
9.  echo $b-=2;            //输出结果：4
10. echo $b*=2;            //输出结果：8
11. echo $b/=4;            //输出结果：2
12. echo $b%=2;            //输出结果：0
13. echo $b.="abc";        //输出结果：0abc
14. $a = 4;
15. $b = &$a;
16. echo "a,b 两个变量的值为：" . $a . "和" . $b . "<br>";
17. $a = 5;
18. echo "a,b 两个变量的值为：" . $a . "和" . $b . "<br>";
19. ?>
```

微课 1-18
位运算符

1.5.4 位运算符

位运算符可以操作整型和字符型两种类型的数据。它允许按照位来操作整型变量，如果左、右参数都是字符串，则位运算符将操作字符的 ASCII 值。表 1-11 列出了 PHP 所有的位运算符。

表 1–11 PHP 的位运算符

位运算符	作　用	例　子	说　明
&	按位与	$a & $b	将$a 和$b 中都为 1 的位设为 1
|	按位或	$a | $b	将$a 或$b 中为 1 的位设为 1
^	按位异或	$a ^ $b	将$a 和$b 中不同的位设为 1
~	按位非	~ $a	将$a 中为 0 的位设为 1，反之亦然
<<	左移	$a<<$b	将$a 中的位向左移动$b 次（每一次移动都表示“乘以 2”）
>>	右移	$a>>$b	将$a 中的位向右移动$b 次（每一次移动都表示“除以 2”）

下面的程序代码说明了其含义和作用。

```
1.    <?php
2.    //按位与（&），按位或（|），按位异或（^），按位非（~），左移（<<），右移（>>）
3.    $a = 9;           //运算时会将 9 转换为二进制码 1001
4.    $b = 12;          //运算时会将 12 转换为二进制码 1100
5.    echo $a & $b;     //与运算后二进制码为 1000，输出结果：8
6.    echo $a | $b;     //二进制码为 1101 输出结果：13
7.    echo $a ^ $b;     //二进制码 0101 输出结果：5
8.    echo~$a;//输出结果：-10（在计算机中，负数以其正值的补码形式表达，~a=-(a+1)）
9.    echo $a << 2;     //二进制码为 100100 输出结果：36
10.   echo $b >> 2;     //二进制码为 11 输出结果：3
11.   ?>
```

微课 1-19
递增或递减运算符

1.5.5　自增或自减运算符

PHP 支持 C 语言风格的递增与递减运算符。PHP 的递增/递减运算符主要是对整型数据进行操作。这些运算符是前加、后加、前减和后减。前加是在变量前有两个“+”号，如“++$a”，表示$a 的值先加 1，然后返回$a。后加的“+”在变量后面，如“$a++”，表示先返回$a，然后$a 的值加 1。前减和后减与加法类似。

下面的程序代码说明了其含义和作用。

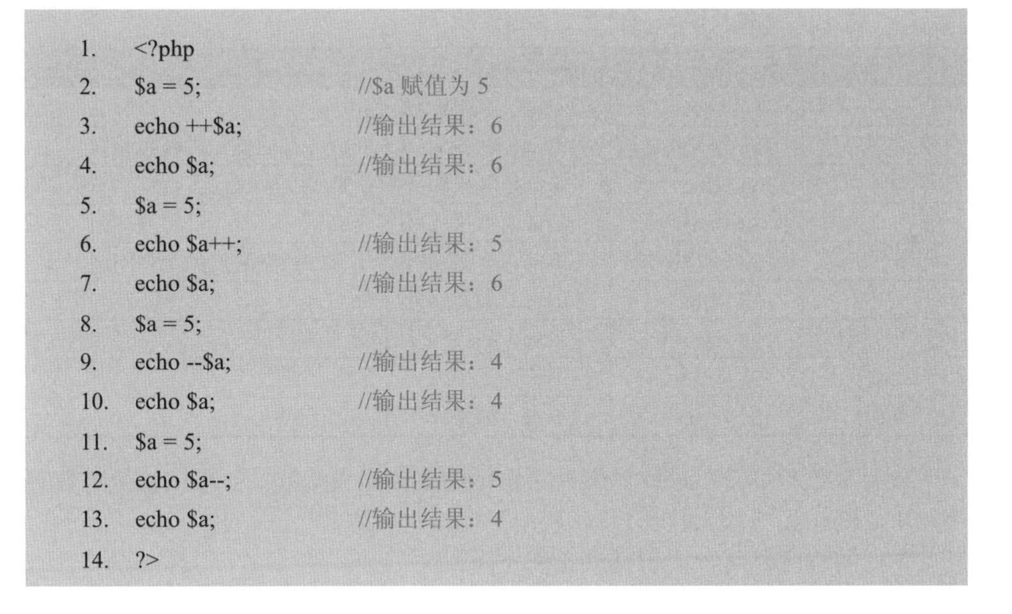

```
1.    <?php
2.    $a = 5;           //$a 赋值为 5
3.    echo ++$a;        //输出结果：6
4.    echo $a;          //输出结果：6
5.    $a = 5;
6.    echo $a++;        //输出结果：5
7.    echo $a;          //输出结果：6
8.    $a = 5;
9.    echo --$a;        //输出结果：4
10.   echo $a;          //输出结果：4
11.   $a = 5;
12.   echo $a--;        //输出结果：5
13.   echo $a;          //输出结果：4
14.   ?>
```

微课 1-20
逻辑运算符

1.5.6　逻辑运算符

逻辑运算符用于处理逻辑运算操作，是程序设计中一组非常重要的运算符。PHP 的逻辑运算符见表 1-12。

表 1-12 PHP 的逻辑运算符

逻辑运算符	作　用	例　子	说　明
&&或 and	逻辑与	$a && $b 或 $a and $b	True，如果$a 与$b 都为 True
||或 or	逻辑或	$a || $b 或 $a or $b	True，如果$a 或$b 任意一个为 True
xor	逻辑异或	$a xor $b	True，如果$a 或$b 任意一个为 True，但不同时是
!	逻辑非	! $a	True，如果$a 不为 True

下面的程序代码说明了其含义和作用。

```
1.  <?php
2.  $a = 10;
3.  $b = 20;
4.  if ($a > 8 && $b <= 30) {    //判断$a>10 和$b<=30 是否都是 True
5.      echo "YES";
6.  }
7.  ?>
```

微课 1-21
比较运算符

1.5.7 比较运算符

比较运算符用于对两个值进行比较，不同类型的值也可以进行比较，如果比较的结果为真返回 True，否则返回 False。表 1-13 列出了所有的比较运算符及其说明。

表 1-13 PHP 的比较运算符

比较运算符	作　用	例　子	说　明
==	等于	$a == $b	True，如果$a 等于$b
===	全等	$a === $b	True，如果$a 等于$b，并且它们的类型也相同
!=	不等	$a != $b	True，如果$a 不等于$b
<>	不等	$a <> $b	True，如果$a 不等于$b
!==	非全等	$a !== $b	True，如果$a 不等于$b，或者它们的类型不同
<	小于	$a < $b	True，如果$a 小于$b
>	大于	$a > $b	True，如果$a 大于$b
<=	小于或等于	$a <= $b	True，如果$a 小于或等于$b
>=	大于或等于	$a >= b	True，如果$a 大于或等于$b

如果整数和字符串进行比较，字符串会被转换成整数；如果比较两个数字字符串，则作为整数比较。

下面的程序代码说明了其含义和作用。

```
1.  <?php
2.  $x = 5;
3.  $y = "5";
4.  var_dump($x == $y);        //bool(true)
```

```
5.  var_dump($x === $y);        //bool(false)
6.  var_dump($x != $y);         //bool(false)
7.  var_dump($x !== $y);        //bool(true)
8.  $a = 5;
9.  $b = 8;
10. var_dump($a >= $b);        //bool(false)
11. var_dump($a < $b);         //bool(true)
12. ?>
```

1.5.8　三元运算符

三元运算符可以提供简单的逻辑判断，其应用格式为：

表达式 1?表达式 2:表达式 3

如果表达式 1 的值为 True，则执行表达式 2，否则执行表达式 3。

下面的程序代码说明了其含义和作用。

```
1.  <?php
2.  $computer = 84;
3.  $result = $computer >= 60 ? "及格" : "不及格";
4.  echo $result;                 //输出结果：及格
5.  ?>
```

1.5.9　运算符的优先级

微课 1-22
运算符的优先级

前面提到了大量的运算符，这些运算符可以同时出现在同一个表达式中。运算符的优先级是指这一系列运算符的运算次序。这种次序主要是由运算符的相关性决定的。PHP 的运算符优先级见表 1-14。

表 1-14　运算符的优先级

优先级	方向	运算符	备注
1	左到右	( )	括号
2	左到右	[ ]	数组
3	\	++、--	递增/递减运算符
4	\	!、~、(int)、(float)、(string)、(array)、(object)、@	类型
5	左到右	*、/、%	算术运算符
6	左到右	+、-、.	算术运算符和字符串运算符
7	左到右	<<、>>	位运算符
8	\	<、<=、>、>=	比较运算符
9	\	==、!=、===、!==	比较运算符
10	左到右	&	位运算符
11	左到右	^	位运算符
12	左到右	|	位运算符
13	左到右	&&	逻辑运算符

续表

优先级	方向	运算符	备注
14	左到右	||	逻辑运算符
15	左到右	? :	三元运算符
16	右到左	+=、-=、/=、*=、.=、%=、&=、|=、^=、<<==、>>==	赋值运算符
17	左到右	and	逻辑运算符
18	左到右	xor	逻辑运算符
19	左到右	or	逻辑运算符
20	左到右	,	分隔表达式

对于表 1-14 中众多的优先级别，全记住是不太现实的，况且也没有这个必要。如果表达式确实很复杂，而且包含较多的运算符，不妨多加( )，这样就会减少出现逻辑错误的可能性。

1.6 流程控制语句

控制结构确定了程序中的代码流程，定义了一些执行特性，例如某条语句是否执行，执行多少次，以及某个代码块何时交出执行控制权。

微课 1-23
程序的三种
控制结构

1.6.1 程序的 3 种控制结构

在编程的过程中，所有的操作都是按照某种结构有条不紊地进行。学习 PHP 语言，不仅要掌握其中的函数、数组和字符串等知识，更重要的是通过掌握程序设计结构，再配合这些基础知识，逐步形成一种属于自己的编程方法和技巧。

程序设计的结构大致可以分为顺序结构、选择结构和循环结构 3 种。在对这 3 种结构的使用中，几乎很少有哪个程序是单独使用某一种结构来完成某个操作的，基本上都是其中的 2 种或 3 种结构组合使用。

1. 顺序结构

顺序结构是最基本的结构方式，各流程依次按顺序执行。传统流程图的表示方式与 N-S 结构化流程图的表示方式分别如图 1-42 和图 1-43 所示。执行顺序为：开始→语句 1→语句 2→…→结束。

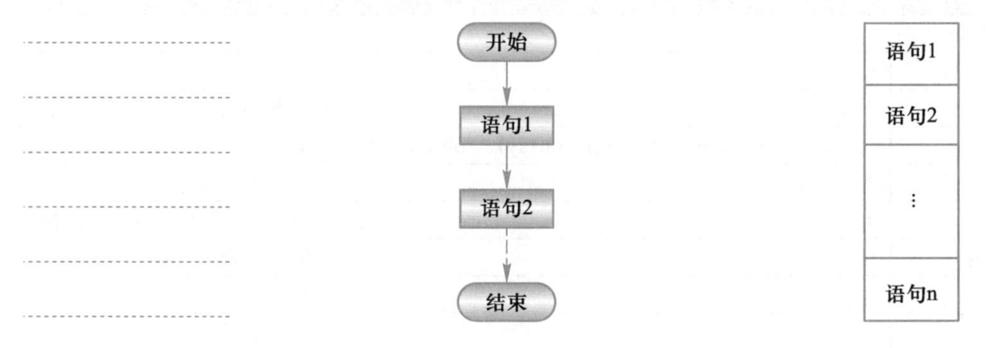

图 1-42 顺序结构传统流程图　　图 1-43 N-S 结构化流程图

2. 选择（分支）结构

选择结构就是对给定条件进行判断，当条件为真时执行一个分支，条件为假时执行另一个分支。其传统流程图表示方式与 N-S 结构化流程图表示方式分别如图 1-44 和图 1-45 所示。

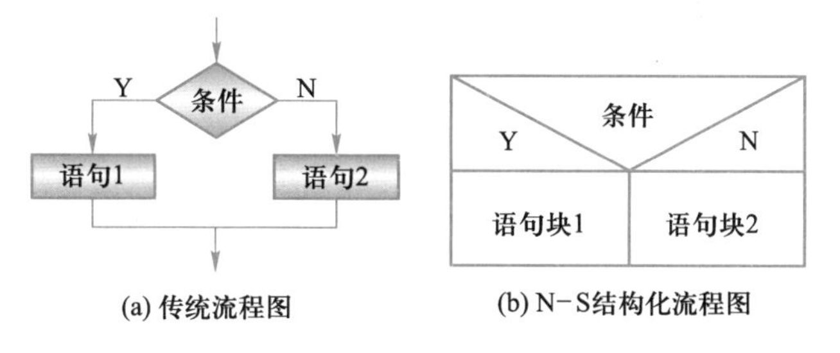

图 1-44　条件成立与否都执行语句或语句块

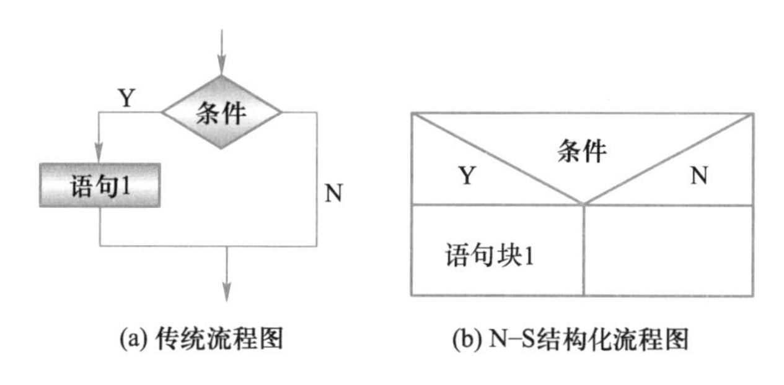

图 1-45　条件为否不执行语句或语句块

3. 循环结构

循环结构可以按照需要多次重复执行一行或多行代码。该结构分为前测试型循环和后测试型循环两种。

① 前测试型循环，先判断后执行。当条件为真时，反复执行语句或语句块；当条件为假时，跳出循环，继续执行循环后面的语句。流程图如图 1-46 所示。

② 后测试型循环，先执行后判断。先执行语句或语句块，再进行条件判断，直到条件为假时，跳出循环，继续执行循环后面的语句；否则，将一直执行语句或语句块。流程图如图 1-47 所示。

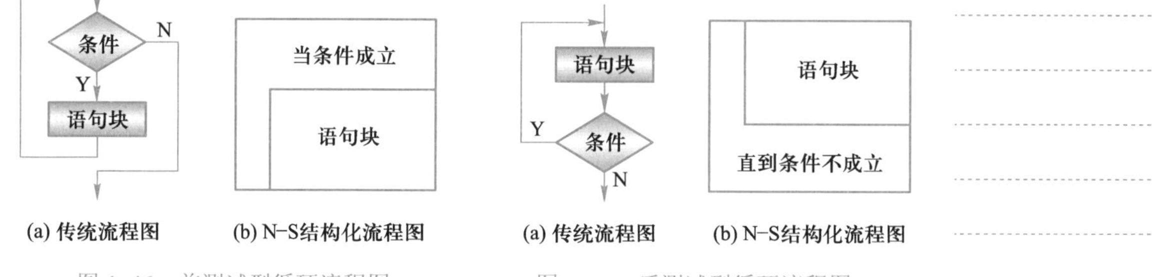

图 1-46　前测试型循环流程图　　图 1-47　后测试型循环流程图

在大多数情况下，PHP 中的程序都以这 3 种结构的组合形式出现。其中的顺序结构很容易理解，就是直接输出程序运行结果，而选择和循环结构则需要一些特殊的控制语句来实现，包括以下 3 种控制语句。

① 条件控制语句： if、else、elseif 和 switch。
② 循环控制语句：while、do…while、for 和 foreach。
③ 跳转控制语句：break、continue 和 return。

微课 1-24
条件控制语句

1.6.2 条件控制语句

条件控制语句就是对语句中不同条件的值进行判断，进而根据不同的条件执行不同的语句。在条件控制语句中主要有 if 条件控制语句和 switch 多分支语句两种。

1. if 条件控制语句

if 条件控制语句是所有流程控制中最简单、最常用的一种，根据获取的不同条件判断并执行不同的语句。if 和 else 语句共有 3 种基本结构，此外每种结构还可以嵌套另外两种结构，而且嵌套的层次也可以不止是一层。

（1）单 if 语句结构

语法格式：

```
if (expr) {
    statement;
}
```

这种结构可以被当作单纯的判断，可解释成“若某条件成立，则去做什么事情”。其中的 expr 标识条件，可以使用逻辑运算、比较运算、位运算甚至字符串等来作为条件，系统会自动转换成为可用条件 True 或者 False。其中大括号内的 statement 代表的是代码片段，可以是程序员任意的代码或逻辑。

（2）if…else…语句结构

语法格式：

```
if (expr) {
    statement1;
} else {
    statement2;
}
```

可以把这种格式理解为是与否格式，可解释成“若某条件成立，则去做什么事情；不成立，则去做另一件事情”。也就是说，它们的逻辑中必须要执行一次，无论是 statement1 还是 statement2。

（3）if…elseif…语句结构

语法格式：

```
if (expr) {
    statement1;
} elseif (expr2) {
```

```
    statement2;
} elseif (expr3) {
    …
} else {
    statement4;
}
```

这是一种梯状的条件判断逻辑，可以将其理解为“从一个条件开始判断，如果成立将停止执行；否则，依此类推寻求下面的条件直到最后一个”。在实现逻辑判断时，很多情况不仅只有是与否，这时就可以使用这样的条件语句做判断。流程图如图 1-48 所示。

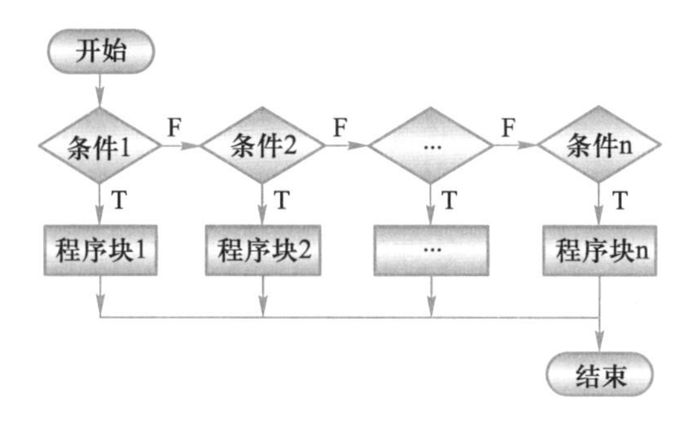

图 1-48　if…else if…语句的流程控制图

下面的程序代码说明了其含义和作用。

```
1.  <?php
2.  $day = date("D");
3.  if ($day == "Fri") {
4.      echo "Have a nice weekend!";
5.  } elseif ($day == "Sun") {
6.      echo "Have a nice Sunday!";
7.  } else {
8.      echo "Have a nice day!";
9.  }
10. ?>
```

如果当前日期是周五，上面的代码执行后会输出“Have a nice weekend!”；如果是周日，则输出“Have a nice Sunday!”，否则输出“Have a nice day!”。

2. switch 多分支语句

嵌套的 if 和 else 语句可以处理多分支流程情况，但使用起来比较烦琐，而且分析也不太清晰，为此可以使用 switch 语句以避免冗长的 if…else if…else 代码块。

语法格式：

```
switch (expr) {
    case expr1:
        statement;
        break;
    case expr2:
        statement;
        break;
    …
    default :
        statement;
}
```

switch 结构体中是通过 expr 作为条件传值到内部，然后再与 case 后的条件体 expr1、expr2 依次做比较，如果条件成立将执行“:”（冒号）后面的代码段并继续向下执行。如果没有符合条件的内容，系统将自动执行 default 后面的代码段，而且 default 是可以省略的。

细心的读者会注意到在每个代码段的后面添加了一个 break 语句，这是为了在执行了符合条件的代码段后跳出函数体，不再向下执行，以提高执行效率。如果没有 break 语句，程序会继续一行一行地执行下去，当然也会执行其他 case 语句下的代码段。

switch 语句的流程控制如图 1-49 所示。

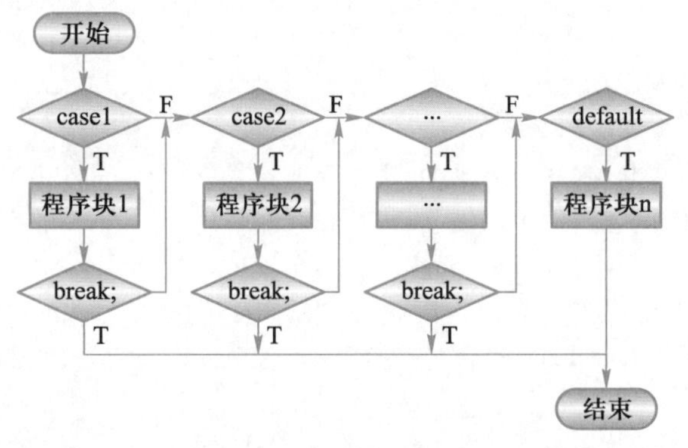

图 1-49 switch 语句的流程控制图

下面的程序代码说明了 switch 语句的含义和作用。

```
1.  <?php
2.  switch (date("D")) {
3.      case "Mon":
4.          echo "今天是星期一";
5.          break;
```

```
6.          case "Tue":
7.                echo "今天是星期二";
8.                break;
9.          case "Wed":
10.               echo "今天是星期三";
11.               break;
12.         case "Thu":
13.               echo "今天是星期四";
14.               break;
15.         case "Fri":
16.               echo "今天是星期五";
17.               break;
18.         default :
19.               echo "今天放假";
20.   }
21.   ?>
```

在设计 switch 语句时，将出现概率最大的条件放在最前面，出现概率最小的条件放在最后面，提高程序的执行效率。

微课 1-25
循环控制语句

1.6.3 循环控制语句

循环控制结构是程序中非常重要和基本的一类结构，它是在一定条件下反复执行某段程序的流程结构，这个被反复执行的程序称为循环体。PHP 中的循环语句有 while、do...while、for 等。

1. while 循环语句

while 循环语句，其作用是反复地执行某一项操作，是循环控制语句中最简单且最常用的一种。while 循环语句对表达式的值进行判断，当表达式为非 0 值时，执行 while 循环体语句；当表达式的值为 0 时，不执行循环体语句。该语句的特点是：先判断表达式，后执行语句。

语法格式：

```
while (expr) {
      statement;
}
```

只要 while 表达式 expr 的值为 True，就重复执行 statement 语句；如果 while 表达式的值一开始就是 False，则循环语句一次也不执行。

例如，计算 10 的阶乘。

```
1.    <?php
2.    $t = 1;                              //初始化阶乘的值
```

```
3.    $i = 1;                          //循环变量
4.    while ($i <= 10) {
5.        $t = $t * $i;                //累乘
6.        $i = $i + 1;                 //$i 自增 1
7.    }
8.    echo "10!=".$t."<br>";           //输出结果：3628800
9.    ?>
```

2. do…while 循环语句

do…while 语句也是循环控制语句中的一种，其使用方式和 while 相似，也是通过判断表达式的值来输出循环语句。其语法格式如下：

```
do {
    statement;
} while (expr);
```

该语句的操作流程是：先执行一次指定的循环体语句，然后判断表达式的值，当表达式的值为非 0 时，返回重新执行循环体语句，如此反复，直到表达式的值等于 0 为止，此时循环结束。其特点是先执行循环体，然后判断循环条件是否成立。

下面的程序代码说明了其含义和作用。

```
1.    <?php
2.    $t = 1;                          //初始化阶乘的值
3.    $i = 1;                          //循环变量
4.    do {
5.        $t = $t * $i;                //累乘
6.        $i = $i + 1;                 //$i 自增 1
7.    } while ($i <= 10);
8.    echo "10!=".$t."<br>";           //输出结果：3628800
9.    ?>
```

3. for 循环语句

for 语句是 PHP 中最复杂的循环控制语句，拥有 3 个条件表达式。其语法如下：

```
for (expr1; expr2; expr3) {
    statement;
}
```

其执行过程是：首先执行表达式 1，然后执行表达式 2，并对表达式 2 的值进行判断。如果值为真，则执行 for 循环语句的循环体；如果为假，则循环结束，跳出 for 循环语句。最后执行表达式 3，返回表达式 2 继续循环执行。for

循环语句的操作流程如图 1-50 所示。

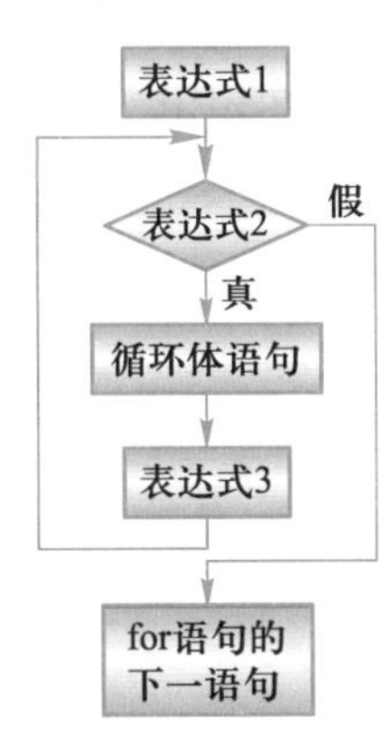

图 1-50　for 循环语句的操作流程图

下面的程序代码说明了其含义和作用。

```
1.    <?php
2.    for ($i = 1, $t = 1; $i <= 10; $i++) {
3.          $t = $t * $i;
4.    }
5.    echo "10!=".$t."<br>";//输出结果：3628800
6.    ?>
```

for 循环中的每个表达式都可以为空，但如果 expr2 为空则 PHP 认为条件为真，程序将无限执行下去，成为死循环，如果要跳出循环，需要使用 break 语句，下面的程序代码说明了其含义和作用。

```
1.    <?php
2.    for ($i = 1, $t = 1;) {
3.          if ($i >= 10)
4.                break;
5.          $t = $t * $i;
6.          $i++;
7.    }
8.    echo "10!=" . $t . "<br>"; //输出结果：3628800
9.    ?>
```

4. foreach 循环语句

foreach 语句也属于循环控制语句，但它只用于遍历数组，当试图将其用于其他数据类型时或者一个未初始化的变量时会产生错误。有关 foreach 循环的内容将会在介绍数组时讨论。

1.6.4　break 和 continue 语句

微课 1-26
break 语句和
continue 语句

1. break 语句

break 语句在前面已经使用过，它可以结束当前 for、foreach、while、

do…while 或 switch 结构的执行。当程序执行到 break 语句时，就立即结束当前循环。

下面的程序代码说明了其含义和作用。

```
1.  <?php
2.  $i = 1;
3.  while ($i < 10) {
4.      if ($i > 3)
5.          break;              //当$i>3 时结束 while 循环
6.      echo $i . "<br>";       //输出$i，$i 最后输出的值只有 1，2，3
7.      $i++;                   //$i 自增 1
8.  }
9.  ?>
```

2. continue 语句

continue 控制符用于结束本次循环，跳过剩余的代码，并在条件求值为真时开始执行下一次循环。

下面的程序代码说明了其含义和作用。

```
1.  <?php
2.  $i = 5;
3.  for ($j = 0; $j < 10; $j++) {
4.      if ($j == $i)
5.          continue;           //跳出本次循环
6.      echo $j;                //输出的结果是 012346789
7.  }
8.  ?>
```

微课 1-27
九九乘法表

任务实施

1. 实施思路与方案

综合运用本节所学 PHP 语句基础知识，编写九九乘法表程序。

任务实施步骤如下。

第①步：使用 NetBeans 软件编辑 PHP 程序；

第②步：运行 PHP 程序。

2. 使用 NetBeans 软件编辑 PHP 程序

① 启动 Apache 服务器，测试服务器是否正常启动。

② 启动 PHP 编辑软件 NetBeans，新建 PHP 文件 triangle.php。

③ 编辑程序，输入代码如下：

```
1.  <?php
```

```
2.  echo "<table>";
3.  for ($i = 1; $i <= 9; $i++) {
4.      echo "<tr>";
5.      for ($j = 1; $j <= $i; $j++) {
6.          echo "<td>" . $j . "&times;" . $i . '=' . $i * $j . '</td>';
7.      }
8.      echo "</tr>";
9.  }
10. echo "</table>";
11. ?>
```

3. 运行 PHP 程序

在浏览器地址栏中输入 http://localhost/dophp/chapter1/triangle.php，输出效果如图 1-51 所示。

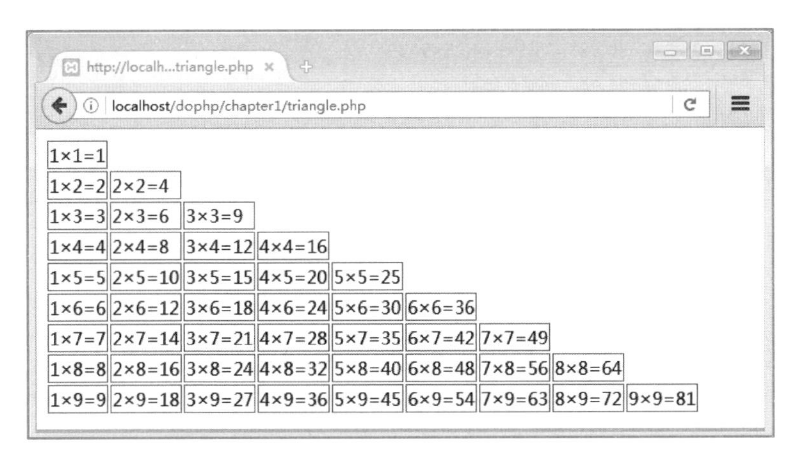

图 1-51　九九乘法表

任务拓展

1. 上三角九九乘法表

分别使用 for、while、do…while 循环控制语句编写代码实现九九乘法表的上三角输出形式。

① 启动 Apache 服务器，测试服务器是否正常启动

② 启动 PHP 编辑软件 NetBeans，在 chapter1 目录下新建 php 文件。

③ 使用 for 循环控制语句参考代码如下。

```
1.  <?php
2.  echo '<table>';
3.  for ($i = 1; $i <= 9; $i++) {
4.      echo "<tr>";
```

```
5.          for ($j = $i; $j <= 9; $j++) {
6.              echo "<td>" . $i . '×' . $j . '=' . $i * $j . '</td>';
7.          }
8.          echo '</tr>';
9.      }
10.     echo '</table>';
11.     ?>
```

④ 上三角九九乘法表效果如图 1-52 所示。

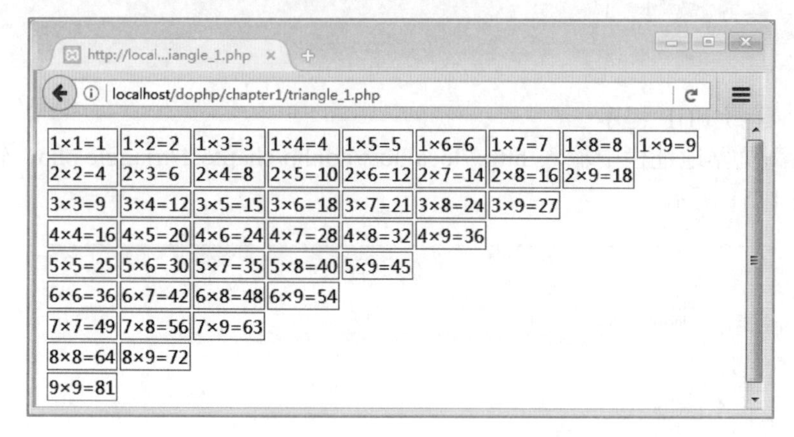

图 1-52 上三角九九乘法表

2. 汉字九九乘法表

实现九九乘法表的汉字形式输出，如图 1-53 所示。

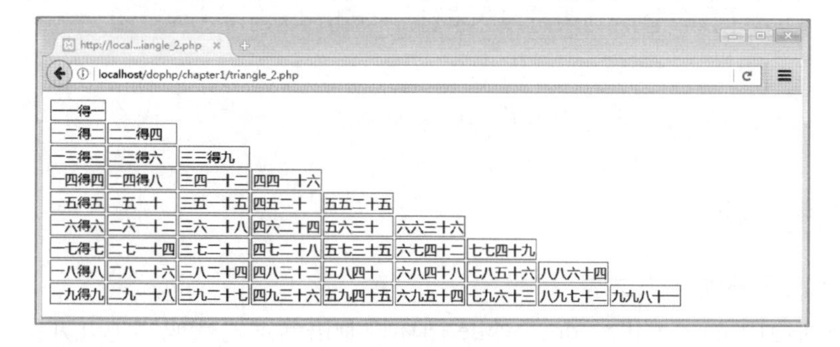

图 1-53 汉字九九乘法表

参考代码如下。

```
1.  <?php
2.  $i = $j = 0;
3.  echo '<table>';
4.  for ($i = 1; $i <= 9; $i++) {
5.      echo '<tr>';
6.      for ($j = 1; $j <= $i; $j++) {
```

```
7.              echo "<td>" . getCN($j) . getCN($i) . ($i * $j < 10 ? '得' : '' ) . getCN($i *
                $j) . '</td>';
8.          }
9.          echo '</tr>';
10.     }
11.     echo '</table>';
12.     function getCN($num) {
13.         $cns = array('零', '一', '二', '三', '四', '五', '六', '七', '八', '九', '十');
14.         if ($num < 10) {
15.             return $cns[$num];
16.         } elseif ($num < 100) {//只对小于 100 的值进行计算
17.             $r = str_split($num);
18.             $ln = $cns[$r[0]] . $cns[10];
19.             if ($r[1] > 0) {
20.                 $ln.= $cns[$r[1]];
21.             }
22.             return $ln;
23.         } else {
24.             return $num;
25.         }
26.     }
27.     ?>
```

项目实训 1.2　简单计算器

【实训介绍】

设计一个简单的计算器，能够实现数字的加减乘除及取余运算，并能对运算对象进行判断，如果是数字则运算，否则提示错误信息。

【实训目的】

① 掌握 PHP 基本语法的运用。

② 熟练掌握 PHP 分支语句的用法。

③ 掌握 PHP 代码与 HTML 的编码混排。

【实训内容】

① 简单计算器的效果如图 1-54 所示。

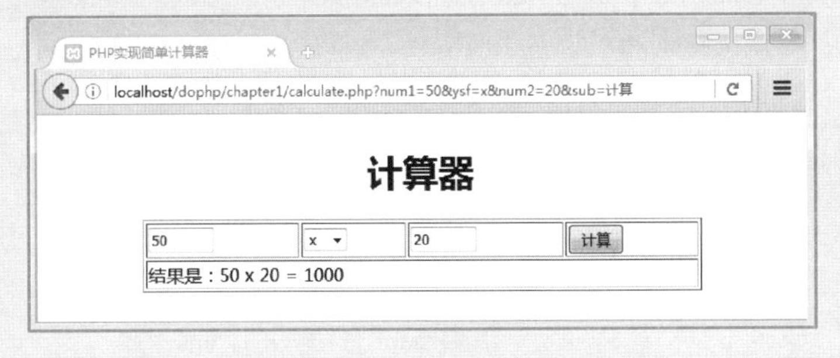

图 1-54　计算器效果图

② 参考代码如下。

```
1.  <html>
2.  <head>
3.  <title>PHP 实现简单计算器</title>
4.  <meta charset="UTF-8">
5.  </head>
6.  <body>
7.  <?php
8.  if (isset($_GET["sub"])) {
9.      $num1 = true;                    //数字 1 是否为空标记
10.     $num2 = true;                    //数字 2 是否为空标记
11.     $numa = true;                    //数字 1 是否为数字
12.     $numb = true;                    //数字 2 是否位数字
13.     $message = "";
14.     //判断数字 1 是否为空
15.     if ($_GET["num1"] == "") {
16.         $num1 = false;
17.         $message.="第一个数不能为空";
18.     }
19.     //判断数字 1 是否为数字
20.     if (!is_numeric($_GET["num1"])) {
21.         $numa = false;
22.         $message.="第一个数不是数字";
23.     }
24.     //判断数字 2 是否为数字
25.     if (!is_numeric($_GET["num2"])) {
26.         $numa = false;
27.         $message.="第二个数不是数字";
28.     }
29.     //判断数字 2 是否为空
30.     if ($_GET["num2"] == "") {
31.         $num2 = false;
32.         $message.="第二个数不能为空";
33.     }
34.     if ($num1 && $num2 && $numa && $numb) {
35.         $sum = 0;
36.         //多路分支
37.         switch ($_GET["ysf"]) {
38.             case "+":
39.                 $sum = $_GET["num1"] + $_GET["num2"];
40.                 break;
41.             case "-":
42.                 $sum = $_GET["num1"] - $_GET["num2"];
43.                 break;
```

```
44.                 case "x":
45.                     $sum = $_GET["num1"] * $_GET["num2"];
46.                     break;
47.                 case "/":
48.                     $sum = $_GET["num1"] / $_GET["num2"];
49.                     break;
50.                 case "%":
51.                     $sum = $_GET["num1"] % $_GET["num2"];
52.                     break;
53.             }
54.         }
55. }
56. ?>
57. <table align="center" border="1" width="500">
58.     <caption><h1>计算器</h1></caption>
59.     <form   action="" >
60.         <tr>
61.             <td>
62.              <input type="text" size="5" name="num1" value="<?php echo
                 $_GET["num1"]; ?>">
63.             </td>
64.             <td>
65.         <select name="ysf">
66.         <option value="+" >+</option>
67.         <option value="-" <?php if ($_GET["ysf"] == "-") echo "selected"; ?>>-
            </option>
68.        <option value="x" <?php if ($_GET["ysf"] == "x") echo "selected"; ?>>x
           </option>
69.        <option value="/" <?php echo $_GET["ysf"] == "/" ? "selected" : ""; ?>>/
           </option>
70.       <option value="%" <?php if ($_GET["ysf"] == "%") echo "selected"; ?>>%
          </option>
71.             </select>
72.             </td>
73.             <td>
74.             <input type="text" size="5" name="num2" value="<?php echo $_GET
            ["num2"]; ?>">
75.             </td>
76.             <td>
77.                 <input type="submit" value="计算" name="sub">
78.             </td>
79.         </tr>
80.         <?php
81.         if (isset($_GET["sub"])) {
```

```
82.                 echo '<tr><td colspan="4">';
83.                 if ($num1 && $num2 && $numa && $numb) {
84.             echo "结果是：" . $_GET["num1"]. " " . $_GET["ysf"] . " " . $_GET
            ["num2"] . " = " . $sum;
85.                 } else {
86.                     echo $message;
87.                 }
88.                 echo '</td></tr>';
89.             }
90.             ?>
91.         </form>
92. </table>
93. </body>
94. </html>
```

单元小结

PHP是一种流行的动态网站开发技术，动态网站就是位于服务器上的一个应用程序。通过PHP开发环境的搭建任务的学习，了解PHP的发展历史、语言特性等内容，通过实例完成PHP九九乘法表各种不同形式的网页输出，掌握了PHP的基础知识，加深了PHP流程控制语句的理解。

单元 2

PHP 函数与数据处理

学习目标

【知识目标】

- 掌握函数定义和调用函数。
- 掌握 PHP 系统函数库的应用。
- 掌握 PHP 数组的定义与应用。
- 掌握 PHP 字符串的应用。
- 掌握 PHP 日期与时间的应用。
- 掌握 PHP 目录的操作。
- 掌握 PHP 文件的操作。

【技能目标】

- 能编写函数、调用函数。
- 能运用 PHP 系统函数库解决实际问题。
- 能熟练应用 PHP 的数组应用。
- 能应用字符串、日期、时间等系统函数。
- 能运用 PHP 操作系统的文件与目录。
- 能综合运用函数进行数据处理。

章节设计 PHP 函数与数据处理

PPT PHP 函数与数据处理

引例描述

小王成功地搭建了 PHP 开发环境，也学习了 PHP 的语言基础知识。他又咨询了表哥，其简单交流如图 2-1 所示。

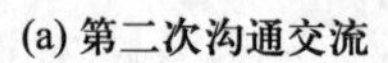

(a) 第二次沟通交流

(b) 制订学习计划

图 2-1 小王与表哥的沟通交流

通过交流，小王知道在程序开发过程中经常要重复某种操作或处理，如数据查询、字符操作等，如果每个模块的操作都要重新输入一次代码，不仅令程序员头痛不已，而且对于代码的后期维护及运行效果也有着较大的影响，使用 PHP 函数即可让这些问题迎刃而解。

针对小王目前的学习状况，表哥张经理给小王制订了由易到难的学习计划，具体如下。

第①步：学习 PHP 中函数的定义与调用，实现图形验证码。

第②步：会用数组、字符串、日期等系统函数进行数据处理，实现日历应用。

第③步：能操作目录与文件，实现投票系统。

任务 2.1 运用函数实现图形验证码

任务陈述

函数（function）是一段完成指定任务的已命名代码，可以遵照给它的一组值或参数（parameter）完成任务，可能返回一个值。函数节省了编译时间，无论调用函数多少次，函数都只需为页面编译一次。

本任务将通过 PHP 的函数定义与调用实现图形验证码，效果如图 2-2 所示。

知识准备

2.1 PHP 函数

2.1.1 定义和调用函数

微课 2-1
函数的定义和调用

函数，就是将一些重复使用的功能写在一个独立的代码块中，在需要时单

图 2-2　注册页面中的图形验证码

独调用。创建函数的基本语法格式如下：

```
function function_name(arg1, arg2, arg3, …){
function_body;
}
```

参数说明如下。

① function：定义函数时必须使用到的关键字。

② function_name：用户自定义的函数名，通常这个函数名可以是以字母或下画线开头，后面跟 0 个或多个字母、下画线和数字的字符串，且不区分大小写。需要注意的是，函数名不能与系统函数或用户已定义的函数重名。

③ arg1, arg2, arg3：函数的参数。

④ function_body：自定义函数的主体，是功能实现部分。

在函数定义时，花括号内的代码是在调用函数时将会执行的代码，这段代码可以包括变量、表达式、流程控制语句，甚至是其他的函数或类定义。调用函数的操作十分简单，只需要引用函数名并赋予正确的参数即可完成函数的调用。

下面的程序代码说明了其含义和作用。

```
1.   <?php
2.   function custom_func($num) {
3.        return "$num*$num=" . $num * $num."<br>";
4.   }
5.   echo custom_func(10);          //输出结果：10*10=100
6.   echo custom_func(12.5);        //输出结果：12.5*12.5=156.25
7.   ?>
```

2.1.2　函数间的参数传递

微课 2-2
函数间的参数传递

在调用函数时需要向函数传递参数，被传入的参数称为实际参数（简称实参），而函数定义的参数称为形式参数（简称形参）。参数传递的方式有按值传递方式、按引用传递方式和默认参数 3 种。

1. 按值传递方式

按值传递方式是指将实参的值复制到对应的形参中，在函数内部的操作针对形参进行，操作的结果不会影响到实参，即函数返回后，实参的值不会改变。

下面的程序代码说明了其含义和作用。

```
1.    <?php
2.    function fun_sum($a, $b) {
3.    $a=$a+5;
4.    return $a + $b;
5.    }
6.    $x = 10;
7.    $y = 20;
8.    echo fun_sum($x, $y)."<br>";            //输出结果：35
9.    echo $x;                                //输出结果：10
10.   ?>
```

在程序中，实参$x 将值传递给形参$a，在函数内部改变了形参$a 的值，但不会影响实参$x 的值。

2. 按引用传递方式

按引用传递方式就是将实参的内在地址传递到形参中。这时，在函数内部进行的所有操作都会影响到实参的值，返回后，实参的值会产生变化。引用传递方式就是传值时在原基础上加“&”符。

仍然使用上面的程序代码，唯一不同的地方就是多了一个“&”符，代码如下：

```
1.    <?php
2.    function fun_sum(&$a, &$b) {
3.    $a = $a+5;
4.    return $a + $b;
5.    }
6.    $x = 10;
7.    $y = 20;
8.    echo fun_sum($x, $y)."<br>";            //输出结果：35
9.    echo $x;                                //输出结果：15
10.   ?>
```

在程序中，实参$x 按引用传递方式将地址传递给形参$a，在函数内部改变了形参$a 的值，会影响实参$x 的值。

3. 默认参数

函数还可以使用默认参数，在定义函数时给参数赋予默认值。在 PHP 中，默认参数必须遵守如下的规则：默认参数只能是一个常量，不能是变量；默认参数必须放在最后，不能出现在其他需要传递的参数的前面；在调用函数时，要遵守默认参数的顺序，不能打乱函数定义时默认参数的顺序。

```
1.    <?php
2.    function fun_sum($a, $b = 20) {
3.          $a = $a + 5;
4.          return $a + $b;
```

```
5.    }
6.    $x = 10;
7.    echo fun_sum($x);          //输出结果：35
8.    echo $x;                   //输出结果：10
9.    ?>
```

在程序中，调用函数时可以不给默认参数$b 传值，使用其默认值 20。

2.1.3　函数的返回值

微课 2-3
函数的返回值

声明函数时，在函数代码中使用 return 语句可以立即结束函数的运行，程序返回到调用该函数的下一条语句。

下面的程序代码说明了其含义和作用。

```
1.    <?php
2.    function my_fun($a = 1) {
3.        echo $a;
4.        return;                //结束函数的运行，下面的程序将不会被执行
5.        $a++;
6.        echo $a;
7.    }
8.    my_fun();                  //输出结果：1
9.    ?>
```

中断函数执行并不是 return 语句最常用的功能，许多函数使用 return 语句返回一个值来与调用它们的代码进行交互。函数的返回值可以是任何类型的值，包括数组和对象。

下面的程序代码说明了其含义和作用。

```
1.    <?php
2.    function squre($num){
3.      return $num*$num;        //返回一个数的平方
4.    }
5.    echo squre(4);             //输出 16
6.    ?>
```

return 语句只能返回一个参数，即只能返回一个值，不能一次返回多个。如果要返回多个结果，就要在函数中定义一个数组，将返回值存储在数组中返回。

2.1.4　变量函数

微课 2-4
变量函数

PHP 支持变量函数。那么什么是变量函数？下面的程序代码首先定义了 3 个函数，接着声明一个变量，通过变量来访问不同的函数，具体代码如下。

```
1.    <?php
2.    header("Content-Type:text/html;charset=utf-8");
```

```
3.  function come() {              //定义 come()函数
4.      echo "我来了.<br>";
5.  }
6.  function go($name = "Jack") {              //定义 go()函数
7.      echo $name . "走了.<br>";
8.  }
9.  function back($string) {              //定义 back()函数
10.     echo $string . "又回来了.<br>";
11. }
12. $func = 'come';           //声明一个变量，将变量赋值为"come"
13. $func();                  //使用变量函数来调用函数 come()，输出"我来了"
14. $func = 'go';             //重新为变量赋值
15. $func('Tom');             //使用变量函数来调用函数 go()，输出"Tom 走了"
16. $func = 'back';           //重新为变量赋值
17. $func('Lily');            //使用变量函数来调用函数 back()，输出"Lily 又回来了"
18. ?>
```

可以看到，函数的调用是通过改变变量名来实现的，通过在变量名后面加上小括号，PHP 将自动寻找与变量名相同的函数，并且执行它。如果找不到对应函数，系统将会报错。这就是变量函数。

微课 2-5
函数的引用

2.1.5 函数的引用

按引用传递参数可以修改实参的内容。引用不仅可以用于普通变量、函数参数，也可以作用于函数本身。对函数的引用，其实就是对函数返回结果的引用。

下面的程序代码说明了其含义和作用。

```
1.  <?php
2.  function &test() {
3.      static $b = 0;        //声明一个静态变量
4.      $b = $b + 1;
5.      echo $b . "<br>";
6.      return $b;
7.  }
8.  $a = test();              //输出结果：1
9.  $a = 5;
10. $a = test();              //输出结果：2
11. $a = &test();             //输出结果：3
12. $a = 5;
13. $a = test();              //输出结果：6
14. ?>
```

使用$a=test()方式调用函数，只是将函数的值赋给$a 而已，而$a 做任何改变都不会影响到函数中的$b 的值。

而通过$a=&test()方式调用函数，它的作用是将“return $b”中的$b 变量的内存地址与$a 变量的内存地址指向同一个地方，即产生了相当于$a=&b 的效果，所以，改变$a 的值，同时也改变了$b 的值。

当不需要引用时，可以取消引用。取消引用使用 unset()函数，它只是断开了变量名和变量内容之间的绑定，而不是销毁变量内容。

下面的程序代码说明了其含义和作用。

```
1.  <?php
2.  $num = 1234;                              //声明一个整型变量
3.  $math = &$num;                            //声明一个对变量$num 的引用$math
4.  echo "\$math is:   " . $math . "<br>";    //输出结果：$math is:1234
5.  unset($math);                             //取消引用$math
6.  echo "\$num is: " . $num;                 //输出结果：$num is 1234
7.  ?>
```

2.2　PHP 系统函数库

用户自定义函数可以进行逻辑运算，而大部分的系统底层工作需要由系统函数来完成。

PHP 提供了丰富的系统函数供用户调用，包括变量函数、数组函数、字符串函数、数学函数等。通过使用这些函数，可以用很简单的代码完成比较复杂的工作，但并不是所有的系统函数都能直接调用，有一些扩展的系统函数需要安装扩展库之后才能调用。例如，有些图像函数需要安装 GD 库后才能使用。

2.2.1　PHP 变量函数库

微课 2-6
PHP 变量函数库

PHP 提供了很多内置的系统函数，PHP 变量函数库就是其中一个。但并不是函数库中所有的函数都会经常用到，因此，读者只要熟悉一些常用的函数即可。表 2-1 列出了一些常用的变量函数。

表 2-1　常用变量函数

类　型	说　明
empty()	检查一个变量是否为空，为空，返回 True；否则返回 False
gettype()	获取变量的类型
intval()	获取变量的整数值
is_array()	检查变量是否为数组类型
is_int()	检查变量是否为整数
is_numeric()	检查变量是否为数字或由数字组成的字符串
isset()	检查变量是否被设置，即是否被赋值
print_r()	打印变量
settype()	设置变量的类型，可将变量设为另一个类型
unset()	释放给定的变量，即销毁这个变量
var_dump()	打印变量的相关信息

下面的程序代码说明了其含义和作用。

```
1.  <?php
2.  //gettype()
3.  $a="Hello";
```

```
4.  echo gettype($a)."<br>";      //输出结果：string
5.  $b=array(1,2,5);
6.  echo gettype($b)."<br>";      //输出结果：array
7.  //intval
8.  echo intval(4.5)."<br>";      //输出结果：4
9.  //var_dump
10. var_dump($a);                 //输出结果：string(5) "Hello"
11. echo "<br>";
12. var_dump($a,$b);
        //输出结果：string(5) "Hello" array(3) { [0]=> int(1) [1]=> int(2) [2]=> int(5) }
13. ?>
```

微课 2-7
PHP 数学函数库

2.2.2 PHP 数学函数库

PHP 提供了大量的内置数学函数，大大提高了开发人员在数学运算上的精准度。表 2-2 列出了一些常用的 PHP 数学函数。

表 2-2 常用数学函数

类　型	说　明
ceil()	返回不小于参数 value 值的最小整数，如果有小数部分则进一位
mt_rand()	返回随机数中的一个值
mt_srand()	配置随机数的种子
rand()	产生一个随机数，返回随机数的值
round()	实现对浮点数进行四舍五入
floor()	实现舍去法取整，该函数返回不大于参数 value 值的下一个整数，将 value 值的小数部分舍去
fmod()	返回除法的浮点数余数
getrandmax()	获取随机数最大的可能值
max()	返回参数中的最大值
min()	返回参数中的最小值

1. floor()函数

floor() 函数向下舍入为最接近的整数。floor(x) 返回不大于 x 的下一个整数，将 x 的小数部分舍去取整。floor() 返回的类型仍然是 float，因为 float 值的范围通常比 integer 要大。下面的程序代码说明了其含义和作用。

```
1. <?php
2. echo(floor(0.60));     //输出结果：0
3. echo(floor(0.40));     //输出结果：0
4. echo(floor(5));        //输出结果：5
5. echo(floor(5.1));      //输出结果：5
6. echo(floor(-5.1));     //输出结果：-6
7. echo(floor(-5.9))      //输出结果：-6
8. ?>
```

2. rand()函数

rand(min,max) 函数返回随机整数。如果没有提供可选参数 min 和 max，

rand() 返回 0 到 RAND_MAX 之间的伪随机整数。例如，想要 5～15（包括 5 和 15）之间的随机数，用 rand(5, 15)。

在某些平台下（如 Windows）RAND_MAX 只有 32768。如果需要的范围大于 32768，那么指定 min 和 max 参数就可以生成大于 RAND_MAX 的数了。

下面的程序代码说明了其含义和作用。

```
1.  <?php
2.  echo rand();
3.  echo rand();
4.  echo rand(10, 100);
5.  ?>
```

2.2.3　PHP 字符串函数库

微课 2-8
PHP 字符串函数库

PHP 字符串函数库是 PHP 开发中一项非常重要的内容，用户必须掌握其中常用函数的使用方法。表 2-3 列出了一些常用的字符串函数。

表 2-3　常用字符串函数

函　数	说　明
addcslashes()	实现转义字符串中的字符，即在指定的字符前面加上反斜线
explode()	将字符串依指定的字符串或字符 separator 切开
echo()	用来输出字符串
ltrim()	删除字符串开头的连续空白
md5()	获取字符串的 md5 哈希
strlen()	获取指定字符串的长度
str_ireplace()	将某一个指定的字符串都替换为另一个指定的字符串（大小写不敏感）
str_repeat()	将指定的字符串重复输出
strchr()	获取指定字符串 A 在另一个字符串 B 中首次出现的位置
strstr()	获取指定字符串 A 在另一个字符串 B 中首次出现的位置到 B 字符串末尾所有字符串
substr_replace()	将字符串中的部分字符串替换为指定的字符串
substr()	从指定的字符串 str 中按照指定的位置 start 截取一定长度 length 的字符

1. explode()函数

explode()函数将字符串依指定的字符串或字符 separator 切开，其语法如下：

```
array explode(string separator,string string,[int limit])
```

返回由字符串组成的数组，每个元素都是 string 的一个字串，它们被字符串 separator 作为边界点分隔出来。

如果设置了 limit 参数，则返回的数组包含最多 limit 个元素，而最后那个元素将包含 string 的剩余部分；如果 separator 为空字符串，explode()函数将返回 False；如果 separator 所包含的值在 string 中找不到，那么 explode()函数将返回包含 string 单个元素的数组；如果 limit 参数是负数，则返回除了最后的 -limit 个元素外的所有元素。

下面的程序代码说明了其作用和含义。

```
1.  <?php
2.  $pizza   = "piece1 piece2 piece3 piece4 piece5 piece6";
3.  $pieces = explode(" ", $pizza);
4.  echo $pieces[0];              //输出 piece1
5.  echo $pieces[1];              //输出 piece2
6.  ?>
```

2. md5()函数

md5() 函数计算字符串的 MD5 散列，该函数是一种编码的方式，但是不能解码。其语法如下：

string md5(string str,bool raw)

参数 str 为被加密的字符串。参数 raw 可选，规定十六进制或二进制输出格式。

下面的程序代码说明了其作用和含义。

```
1.  <?php
2.  echo md5("apple");  //输出结果：1f3870be274f6c49b3e31a0c6728957f
3.  ?>
```

通常为了保证用户信息的安全，可用 md5()函数对用户注册的密码进行加密。

微课 2-9
PHP 日期函数库

2.2.4 PHP 日期时间函数库

PHP 通过内置的日期和时间函数，完成对日期和时间的各种操作，其常用日期和时间函数见表 2-4。

表 2-4 常用日期和时间函数

函　数	说　明
checkdate()	验证日期的有效性
date()	格式化一个本地时间/日期
microtime()	返回当前 UNIX 时间戳和微秒数
mktime()	获取一个日期的 UNIX 时间戳
strftime()	根据区域设置格式化本地时间/日期
strtotime()	将任何英文文本的日期时间描述解析为 UNIX 时间戳
time()	返回当前的 UNIX 时间戳

1. checkdate()函数

checkdate()函数用于验证日期的有效性，如果日期有效则返回 True，否则返回 False。其语法如下：

```
bool checkdate(int month, int day, int year)
```

参数 month 的有效值是 1～12；参数 day 的有效值在给定的 month 所应该具有的天数范围之内，包括闰年；参数 year 的有效值是 1～32767。

下面的程序代码说明了其作用和含义。

```
1.  <?php
```

```
2.    var_dump(checkdate(12, 31, 2000));          // bool(true)
3.    var_dump(checkdate(2, 29, 2001));           // bool(false)
4.    ?>
```

2. mktime()函数

mktime()函数用于返回一个日期的 UNIX 时间戳。其语法如下：

int mktime(int hour, int minute, int second, int month, int day, int year, int is_dst)

mktime()函数根据给出的参数返回 UNIX 时间戳。时间戳是一个长整数，包含了从 UNIX 新纪元（1970 年 1 月 1 日）到给定时间的秒数。其参数可以从右向左省略，任何省略的参数会被设置成本地日期和时间的当前值。其中参数 is_dst 在夏令时可以被设为 1，如果不是则设为 0；如果不知道是否夏令时则设为-1（默认值）。

下面的程序代码应用 mktime()函数获取系统当前的时间戳，然后通过 date()函数来对其进行格式化，输出时间。

```
1.    <?php
2.    echo date("M-d-Y", mktime(0, 0, 0, 12, 32, 1997));
3.    echo date("M-d-Y", mktime(0, 0, 0, 13, 1, 1997));
4.    echo date("M-d-Y", mktime(0, 0, 0, 1, 1, 1998));
5.    echo date("M-d-Y", mktime(0, 0, 0, 1, 1, 98));
6.    ?>
```

mktime() 在做日期计算和验证方面很有用，它会自动计算超出范围的输入的正确值。例如上例中每一行都会产生字符串 "Jan-01-1998"。

微课 2-10
运用函数实现图形验证码 1

任务实施

1. 任务介绍与实施思路

在用户注册系统中，经常使用随机验证码来增强系统的安全性。验证码就是将一串随机产生的数字或字符生成一幅图片，图片里加上一些干扰元素，由用户肉眼识别其中的验证信息，输入后提交网站验证，验证成功后才能使用某项功能。

本任务使用 random_text()函数来生成指定长度的随机字符串，这个函数被保存在一个名为 functions.php 的文件中。首先利用 PHP 基本语言定义一个函数，然后调用此函数，最后实现图像验证功能。

任务实施的步骤如下。

第①步：生成随机字符串。

第②步：生成随机图形验证码。

第③步：设计带验证码的用户注册表单。

2. 生成随机字符串

使用 NetBeans 软件编辑代码生成随机字符串的步骤如下。

① 知识储备。

range()函数：创建并返回一个包含指定范围的元素的数组。

array_merge()函数：把两个或多个数组合并为一个数组。

array_flip()函数：返回一个反转后的数组。

array_rand()函数：从数组中随机选出一个或多个元素。

② 启动 Apache 服务器，测试服务器是否正常启动。

③ 启动 PHP 编辑软件 NetBeans，新建 PHP 文件 functions.php。

④ 编辑程序代码。

```
1.  <?php
2.  //返回给定长度的随机字符串
3.  function random_text($count, $rm_similar = false) {
4.      //创建字符数组
5.      $chars = array_flip(array_merge(range(0, 9), range('A', 'Z')));
6.      //删除容易引起混淆的相似单词
7.      if ($rm_similar) {
8.          unset($chars[0], $chars[1], $chars[2], $chars['I'], $chars['O'], $chars['Z']);
9.      }
10.     //生成随机字符文本
11.     for ($i = 0, $text = ''; $i < $count; $i++) {
12.         $text.=array_rand($chars);
13.     }
14.     return $text;
15. }
```

⑤ 函数测试 test_functions.php。

```
1.  <?php
2.  include 'functions.php';
3.  echo random_text(5, true);
4.  ?>
```

可能产生的随机字符串有 LTPFE、K4H6M、9YEKN 等。

3. 生成随机图形验证码

微课 2-11
运用函数实现
图形验证码 2

根据生成的随机字符串，结合 PHP 图像库，就可以生成用于验证的图形码，具体操作步骤如下。

① 知识储备。

imagecreate()：新建一个基于调色板的图像。

imagecolorallocate()：为一幅图像分配颜色。

imagepng()：以 PNG 格式将图像输出到浏览器或文件。

imagesx()、imagesy()：返回图像的宽度、高度。

imagefontwidth()、imagefontheight()：返回字符宽度、高度像素值。

imagestring()：水平地画一行字符串。

imagedestroy()：销毁一幅图像。

② 编辑程序代码。

```
1.  <?php
```

```
2.  //包含生成给定长度字符串的自定义函数 functions.php
3.  include 'functions.php';
4.  //开启或继续会话，保存图形验证码到会话中供其他页面调用
5.  if (!isset($_SESSION)) {
6.      session_start();
7.  }
8.  //创建 65px×20px 大小的图像
9.  $width = 65;
10. $height = 20;
11. $image = imagecreate($width, $height);
12. //为一幅图像分配颜色:imagecolorallocate
13. $bg_color = imagecolorallocate($image, 0x33, 0x66, 0xff);
14. //取得随机字符串
15. $text = random_text(5);
16. //定义字体、位置
17. $font = 5;
18. $x = imagesx($image) / 2 - strlen($text) * imagefontwidth($font) / 2;
19. $y = imagesy($image) / 2 - imagefontheight($font) / 2;
20. //输出字符到图形上
21. $fg_color = imagecolorallocate($image, 0xff, 0xff, 0xff);
22. imagestring($image, $font, $x, $y, $text, $fg_color);
23. //保存验证码到会话，用于比较验证
24. $_SESSION['captcha'] = $text;
25. //输出图像
26. header('Content-type:image/png'); //定义 header，声明图片文件
27. imagepng($image);
28. imagedestroy($image);
29. ?>
```

③ 实施效果如下。

KI05D　BC4CP　ZXP58

该脚本生成的是一个蓝底 PNG 图片，其中包含 5 个白色的字符，其像素为 65px×20px。图片中的文本被保存到$_SESSION 变量中，用于以后的用户输入验证。如果要使图片更复杂，可以使用不同的字体、颜色和背景。

4. 设计带验证码的用户注册表单

用户的注册功能是网站必不可少的组成部分。在已经生成随机图形验证码的基础上，把图形验证码嵌入到注册表单中，实现用户的动态交互与安全注册。

微课 2-12
运用函数实现
图形验证码 3

具体实施代码如下。

```
1.  <form method="post" action="<?php echo htmlspecialchars($_SERVER['PHP_
    SELF']); ?>">
2.      <table style="border:1px solid red">
3.          <tr>
```

```
4.             <td>用户名</td>
5.             <td><input type="text" name="username" id="username"></td>
6.         </tr>
7.         <tr>
8.             <td>密码</td>
9.             <td><input type="password" name="password1" id="password1"
               value=""/></td>
10.        </tr>
11.        <tr>
12.            <td>确认</td>
13.            <td><input type="password" name="password2" id="password2"
               value=""/> </td>
14.        </tr>
15.        <tr>
16.            <td>邮箱地址</td>
17.            <td><input    type="text" name="email" id="email"</td>
18.        </tr>
19.        <tr>
20.            <td>验证</td>
21.            <td><img src="captcha.php"    alt=""/><br>
22.        <input type="text" name="captcha" id="captcha"/></td>
23.        </tr>
24.        <tr>
25.            <td colspan="2"><input type="submit"    name="submit" value="注
               册"> </td>
26.        </tr>
27.    </table>
28. </form>
```

编辑完成后，在浏览器中的效果如图 2-2 所示。

任务拓展

1. PHP GD 库

（1）PHP GD 库简介

PHP 不仅限于处理文本、处理数据等，还可以创建不同格式的图像，包括 GIF、PNG、JPEG 等。在 PHP 中，通过使用 GD 库实现对图像的处理，不仅可以创建图像，还可以对已有图像进行简单处理。更方便的是，PHP 不仅可以将处理后的图像以不同格式保存在服务器上，还可以直接输出图像到浏览器。例如，验证码、股票走势等图像都可以由 PHP 创建。

要安装和配置 GD 库，只需打开 PHP 服务器配置文件 php.ini，在文件中找到“;extension=php_gd2.dll”并去掉前面的“;”即可。检测系统是否支持 GD 库，只需在 PHP 页面中调用 phpinfo()函数，输出 PHP 服务器的配置信息。GD 库开启以后，可以在 phpinfo 页面中找到如图 2-3 所示的 GD 库的相关信息。

（2）PHP GD 库的使用

要使用 GD 库创建一个图像，只要完成如下 4 个基本步骤即可。

① 创建画布。所有的绘图都需要在一个背景层上完成，以后的图形处理都将基于这个背景层进行操作。而画布实际上就是在内存中开辟了一块临时的内存区域，用于存储图像信息。

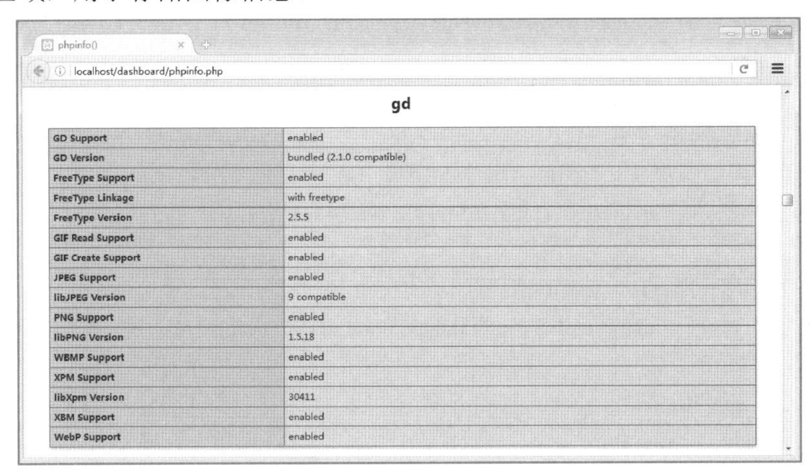

GD Support	enabled
GD Version	bundled (2.1.0 compatible)
FreeType Support	enabled
FreeType Linkage	with freetype
FreeType Version	2.5.5
GIF Read Support	enabled
GIF Create Support	enabled
JPEG Support	enabled
libJPEG Version	9 compatible
PNG Support	enabled
libPNG Version	1.5.18
WBMP Support	enabled
XPM Support	enabled
libXpm Version	30411
XBM Support	enabled
WebP Support	enabled

图 2-3　PHP GD 库信息

② 绘制图像。背景层创建完成以后，就可以基于这个背景层，使用各种图像函数设置图像的颜色、填充色，以及绘制各种图形。

③ 输出图像。完成整个图像绘制以后，需要将图像以某种格式保存到服务器中或者直接输出在页面上，以显示给用户。

④ 释放资源。图像输出后，存储在内存中的画布信息的区域就没有了，这时需要及时清除其所占的内存资源。

（3）PHP GD 库实例

① image_create1.php。

```
1.  <?php
2.  header("Content-type:image/png");                    //设置生成图像格式
3.  $im = imagecreate(120,30);                           //新建画布
4.  $bg = imagecolorallocate($im,0,0,255);               //背景
5.  $sg = imagecolorallocate($im,255,255,255)    ;       //前景
6.  imagefill($im,120,30,$bg);                           //填充背景
7.  imagestring($im,7,8,5,"image create",$sg);           //填充字符串
8.  imagepng($im);                                       //输出图形
9.  imagedestroy($im);                                   //销毁资源变量
10. ?>
```

输出效果为 image create。

② image_create2.php。

```
1.  <?php
2.  header("Content-type:image/png");
```

```
3.  $im = imagecreate(80,20);
4.  $bg = imagecolorallocate($im,255,255,0);
5.  $sg = imagecolorallocate($im,0,0,0);
6.  $ag = imagecolorallocate($im,231,104,50);
7.  imagefill($im,120,30,$bg);
8.  $str = 'qwertyuipasdfghjklzxcvbnm123456789QWERTYUIPASDFGHJKLZXCVB
    NM';
9.  $len = strlen($str)-1;
10. for($i=0;$i<4;$i++){
11.         $str1=$str[mt_rand(0,$len)];        //取随机字符
12.         imagechar($im,7,16*$i+7,2,$str1,$sg);
13. }
14. for($i=0;$i<100;$i++){                      //填充杂色点
15.         imagesetpixel($im,rand()%80,rand()%20,$ag);
16. }
17. imagepng($im);
18. imagedestroy($im);
19. ?>
```

输出效果为 q 1 P 1 。

2. PHP JpGraph 图形库

（1）PHP JpGraph 简介

JpGraph 是一个使用 PHP 开发的类库，用它可生成柱状图、饼状图、甘特图、网状图等常用图形。JpGraph 支持的图片格式有 GIF、JPG 和 PNG 等。

JpGraph 使得绘制图形变成了一件非常简单的事情，用户只需从数据库中取出相关数据，定义标题、图表类型等内容，利用 JpGraph 提供的内置函数就可做出超酷的图表。JpGraph 图形示例如图 2-4 所示。

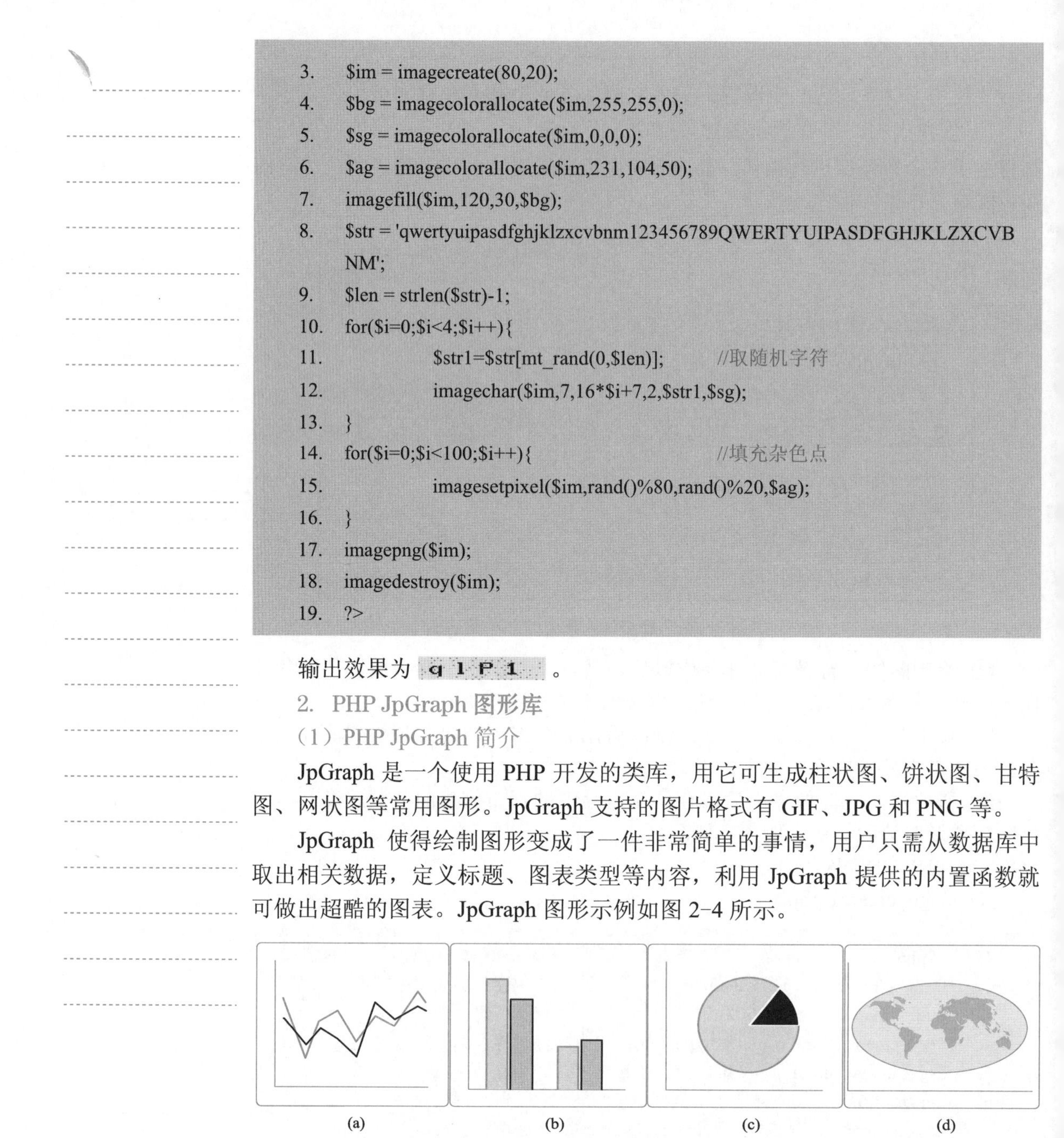

图 2-4 JpGraph 图形示例

JpGraph 的官方下载地址是 http://jpgraph.net/download/，下载页面如图 2-5 所示。

下载时注意，JpGraph 分为几个版本，可以根据 PHP 版本来下载相对应版本的 JpGraph 库文件。下载完 JpGraph 类库后，解压缩至 PHP 存放类库的目录。一般解压后的文件夹名为 jpgraph-4.x，可以将其命名为 jpgraph，这样调用 JpGraph 库文件时就比较方便。

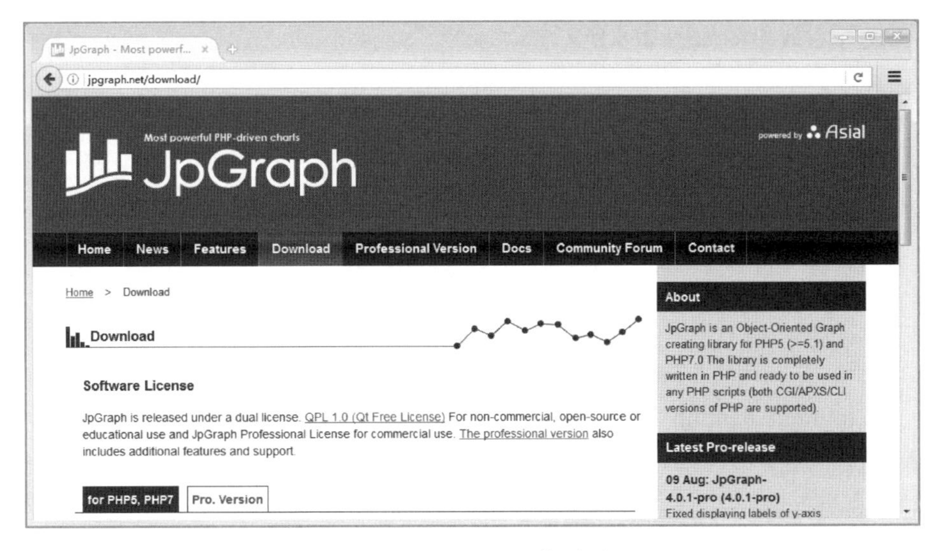

图 2-5　JpGraph 下载页面

（2）PHP JpGraph 实例

① jpgraph_3d.php

```
1.  <?php
2.  require_once ('jpgraph/jpgraph.php');
3.  require_once ('jpgraph/jpgraph_pie.php');
4.  require_once ('jpgraph/jpgraph_pie3d.php');
5.  // 示例数据
6.  $data = array(40, 60, 21, 33);
7.  // 创建图像
8.  $graph = new PieGraph(350, 250);
9.  $theme_class = new VividTheme;
10. $graph->SetTheme($theme_class);
11. $title="一个简单的 3D 饼图";
12. //编码转换
13. $title=iconv("UTF-8","GB2312//IGNORE",$title);
14. //设置字体、标题
15. $graph->title->SetFont(FF_SIMSUN, FS_BOLD);
16. $graph->title->Set($title);
17. //输出 3D 饼图
18. $p1 = new PiePlot3D($data);
19. $graph->Add($p1);
20. $p1->ShowBorder();
21. $p1->SetColor('black');
22. $p1->ExplodeSlice(1);
23. $graph->Stroke();
24. ?>
```

运行后效果图如图2-6所示。

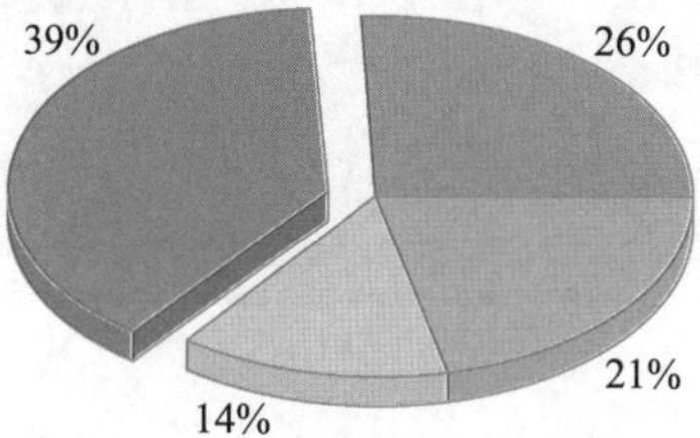

图2-6 JpGraph 3D 饼图示例

② jpgraph_bar.php

```
1.  <?php
2.  require_once ('jpgraph/jpgraph.php');
3.  require_once ('jpgraph/jpgraph_bar.php');
4.  //示例数据
5.  $data1y=array(47,80,40,116);
6.  $data2y=array(61,30,82,105);
7.  $data3y=array(115,50,70,93);
8.  //创建图像
9.  $graph = new Graph(350,200,'auto');
10. $graph->SetScale("textlin");
11. $theme_class=new UniversalTheme;
12. $graph->SetTheme($theme_class);
13. $graph->yaxis->SetTickPositions(array(0,30,60,90,120,150), array
    (15,45,75,105,135));
14. $graph->SetBox(false);
15. $graph->ygrid->SetFill(false);
16. $graph->xaxis->SetTickLabels(array('A','B','C','D'));
17. $graph->yaxis->HideLine(false);
18. $graph->yaxis->HideTicks(false,false);
19. //添加柱状图
20. $b1plot = new BarPlot($data1y);
21. $b2plot = new BarPlot($data2y);
22. $b3plot = new BarPlot($data3y);
23. $gbplot = new GroupBarPlot(array($b1plot,$b2plot,$b3plot));
24. $graph->Add($gbplot);
25. //设置颜色
26. $b1plot->SetColor("white");
27. $b1plot->SetFillColor("#cc1111");
28. $b2plot->SetColor("white");
29. $b2plot->SetFillColor("#11cccc");
30. $b3plot->SetColor("white");
31. $b3plot->SetFillColor("#1111cc");
```

```
32.  //编码转换
33.  $title="柱状图";
34.  $title=iconv("UTF-8","GB2312//IGNORE",$title);
35.  //设置字体、标题
36.  $graph->title->SetFont(FF_SIMSUN, FS_BOLD);
37.  $graph->title->Set($title);
38.  //输出柱状图
39.  $graph->Stroke();
40.  ?>
```

运行后效果图如图 2-7 所示。

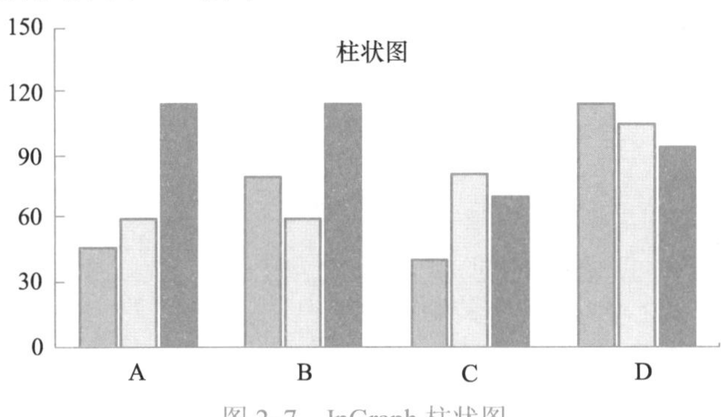

图 2-7　JpGraph 柱状图

项目实训 2.1　获取文件扩展名

【实训介绍】

开发电子商务网站时，系统经常需要判断用户上传文件的类型，看其是否符合要求。如网站只允许用户上传 JPG 格式的商品图片，那么只要 PHP 获取上传图片的扩展名就可对其类型进行判断。

通过学习自定义函数、字符串函数等内容来实现获取文件扩展名的功能。

【实训目的】

① 掌握 PHP 自定义函数的定义和调用。

② 掌握 PHP 字符串函数。

【实训内容】

在 PHP 中，通过内置函数 substr()可以截取指定长度的字符串，而 strrpos()函数可以返回某个字符在字符串中最后一次出现的位置。通过使用这两个函数就可以获取文件的扩展名，参考代码如下。

```
1.  <html>
2.  <head>
3.  <body>
4.  <meta charset="UTF-8">
5.  <title>获取文件扩展名</title>
6.  <style>
7.       h2{ text-align:center; }
8.       p{ padding-left:15px;}
```

```
9.         .box{ height:180px;width:100%; border:1px solid #ccc; box-shadow:7px 8px
           7px #999;}
10. </style>
11. </head>
12. <div class="box">
13. <?php
14. //获取文件扩展名的函数，参数为文件的路径
15. function getFileExt($path) {
16.         //获取文件扩展名
17.         $ext = substr($path, strrpos($path, '.') + 1);
18.         //返回文件扩展名
19.         return $ext;
20. }
21. //设置文件的路径
22. $path = 'C:\images\elephant.jpg';
23. //调用函数 getFileExt()获取文件扩展名
24. $ext = getFileExt($path);
25. echo '<h2>获取文件扩展名</h2>';
26. echo "<p>文件路径：$path";
27. //输出获取的文件扩展名
28. echo "<p>文件扩展名：$ext";
29. ?>
30. </div>
31. </body>
32. </html>
```

在上述代码中，strrpos()函数用于获取文件名称中“.”最后一次出现的位置，然后加1就可得到文件扩展名中第1个字符在字符串中的位置$ext_pos，接着使用 substr()函数截取从$ext_pos 到字符串末尾之间的子字符串，即文件的扩展名 jpg。运行效果如图 2-8 所示。

图 2-8　获取文件扩展名

任务 2.2 运用数据处理实现日历应用

任务陈述

PHP 下的日历实现主要是依靠 PHP 强大的时间及日期函数，包括 date()函数和 mktime()函数等。一个基本的日历应包含顶部的星期标识，为了编程方便和同国际习惯同步，把周日作为一周的起点，周六为终点，这个实现比较简单，使用数组循环输出星期标识就可以了；其次就是日期的显示，只要解决每个月的天数以及这个月第一天是星期几，在每周日的日期显示前另起一行，本问题也能迎刃而解。

本任务将通过 PHP 的日期、字符串等相关函数实现简易日历，页面效果如图 2-9 所示。

http://local...calendar.php

localhost/dophp/chapter2/calendar/calendar.php

星期日	星期一	星期二	星期三	星期四	星期五	星期六
				1	2	3
4	5	6	7	8	9	10
11	12	13	14	15	16	17
18	19	20	21	22	23	24
25	26	27	28	29	30	31

图 2-9 简易日历

知识准备

2.3 数组

数组提供了一种快速、方便地管理一组相关数据的方法，是 PHP 程序设计中的重要内容。通过数组可以对大量性质相同的数据进行存储、排序、插入及删除等操作，从而可以有效地提高程序开发效率及改善程序的编写方式。

数组是具有某种共同特性的元素的集合，每个元素由一个特殊的标识符来区分，这个标识符称为键。PHP 数组中的每个实体都包含键和值两项。可以通过键来获取相应数组元素，这些键可以是数值或关联键。

2.3.1 数组的创建和初始化

微课 2-13
数组的创建和初始化

既然要操作数组，第 1 步就是要创建一个新数组。创建数组一般有以下几种方法。

1. 使用 array()函数创建数组

PHP 中的数组可以是一维数组，也可以是多维数组。创建数组可以使用 array()函数，语法格式如下：

```
array array([$keys=>]$values,…)
```

语法“$keys=>$values”，用逗号分开，定义了关键字的键名和值，自定义键名可以是字符串或数字。如果省略了键名，系统会自动产生从 0 开始的整数作为键名。如果对某个给出的值没有指定键名，则键名取该值前面最大的整数键名加 1 后的值。

下面的程序代码说明了其含义和作用。

```
1.   <?php
2.   $array1 = array(1, 2, 3, 4);                        //定义不带键名的数组
3.   $array2 = array("color" => "red", "name" => "Mike", "number" => "01");
                                                           //定义带键名的数组
4.   $array3 = array(1 => 2, 2 => 4, 5 => 6, 8, 10);       //定义省略某些键名的数组
5.   ?>
```

函数 print_r()用于打印一个变量的信息。如果给出的是字符串、整型或浮点型的变量，将打印变量值本身。如果给出的是数组类型的变量，将会按照一定格式显示键名和值。

下面的程序代码说明了其含义和作用。

```
1.   <?php
2.   $array1 = array("a" => 5, "b" => 10, 20);
3.   print_r($array1);
4.   /*
5.     输出结果为：
6.   Array ( [a] => 5 [b] => 10 [0] => 20 )
7.    */
8.   ?>
```

数组创建完成后，要使用数组中的某个值，可以使用$array["键名"]的形式。如果数组的键名是自动分配的，则默认情况下 0 元素是数组的第一个元素。

下面的程序代码说明了其含义和作用。

```
1.   <?php
2.   //数值数组
3.   $color=array("red","green","blue");
4.   echo $color[0]."<br>";//red
5.   $color[3]="black";
6.   echo $color[3]."<br>";//black
7.   //关联数组
8.   $age=array("Peter"=>"40","Ben"=>"38","Joe"=>"4");
9.   echo "Peter 的年龄为：".$age["Peter"]."<br>";      //Peter 的年龄为：40
10.  ?>
```

另外，通过对 array()函数的嵌套使用，还可以创建多维数组。

下面的程序代码说明了其含义和作用。

```
1.  <?php
2.  //多维数组
3.  $family=array(
4.      "Father"=>array("name"=>"Peter","age"=>"40"),
5.      "Mother"=>array("name"=>"Ben","age"=>"38"),
6.      "Son"=>array("name"=>"Joe","age"=>"4")
7.  );
8.  echo "父亲的姓名：".$family["Father"]["name"];     //父亲的姓名：Peter
9.  echo "孩子的年龄：".$family["Son"]["age"];         //孩子的年龄：4
10. ?>
```

数组创建完成后，可以使用 count()和 sizeof()函数获得数组元素个数，参数是要进行计算的数组。

下面的程序代码说明了其含义和作用。

```
1.  <?php
2.  $array=array(1,2,3,5=>7,8,9);
3.  echo count($array);                     //输出结果：6
4.  echo sizeof($array);                    //输出结果：6
5.  ?>
```

2. 使用变量创建数组

通过使用 compact()函数，可以把一个或多个变量，甚至数组，创建成数组元素，这些数组元素的键名就是变量的变量名，值是变量的值。语法格式如下：

```
array compact(mixed $varname[,mixed…])
```

下面的程序代码说明了其含义和作用。

```
1.  <?php
2.  $n = 15;
3.  $str = "hello";
4.  $array = array(1, 2, 3);
5.  $newarray = compact("n", "str", "array");
6.  print_r($newarray);
7.  /* 输出结果是：
8.  Array ( [n] => 15 [str] => hello [array] => Array ( [0] => 1 [1] => 2 [2] => 3 ) )
9.  */
10. ?>
```

与 compact()函数相对应的是 extract()函数，作用是将数组中的单元转化为变量。

下面的程序代码说明了其含义和作用。

```
1.  <?php
2.  $array=array("key1"=>1,"key2"=>2,"key3"=>3);
3.  extract($array);
4.  echo "$key1 $key2 $key3";               //输出结果：1 2 3
5.  ?>
```

3. 使用两个数组创建一个数组

使用 array_combine()函数可以将两个数组创建成另外一个数组，语法格式如下：

```
array array_combine(array $keys,array $values)
```

array_combine()函数用来自$keys 数组的值作为键名，来自$values 数组的值作为相应的值，最后返回一个新的数组。

下面的程序代码说明了其含义和作用。

```
1.  <?php
2.  $a=array('green','red','yellow');
3.  $b=array('avocado','apple','banana');
4.  $c=array_combine($a, $b);
5.  print_r($c); //输出：Array ( [green] => avocado [red] => apple [yellow] => banana )
6.  ?>
```

4. 创建指定范围的数组

使用 range()函数可以自动建立一个值在指定范围的数组，语法格式如下：

array range(mixed $low, mixed $high [, number $step])

$low 为数组开始元素的值，$high 为数组结束元素的值。如果$low>$high，则序列将从$high 到$low。$step 是单元之间的步进值，$step 应该为正值，如果未指定则默认为 1。range()函数将返回一个数组，数组元素的值就是从$low 到$high 之间的值。

下面的程序代码说明了其含义和作用。

```
1.  <?php
2.  $array1= range(1, 5);
3.  $array2= range(2, 10, 2);
4.  $array3= range("a", "e");
5.  print_r($array1);      //输出：Array ( [0] => 1 [1] => 2 [2] => 3 [3] => 4 [4] => 5 )
6.  print_r($array2);      //输出：Array ( [0] => 2 [1] => 4 [2] => 6 [3] => 8 [4] => 10 )
7.  print_r($array3);      //输出：Array ( [0] => a [1] => b [2] => c [3] => d [4] => e )
8.  ?>
```

微课 2-14
键名和键值

2.3.2 键名和键值

1. 检查数组中的键名和键值

检查数组中是否存在某个键名可以使用 array_key_exists()函数，是否存在某个键值使用 in_array()函数。array_key_exists()和 in_array()函数都为布尔型，存在则返回 True，不存在则返回 False。

下面的程序代码说明了其含义和作用。

```
1.  <?php
2.  //检查键名与键值
```

```
3.  $color = array("red", "green", "blue");
4.  $age = array("Peter" => 40, "Ben" => 38, "Joe" => 4);
5.  var_dump(array_key_exists("1", $color)); //bool(true)
6.  var_dump(in_array("38", $age)); //bool(true)
7.  ?>
```

array_search()函数也可以用于检查数组中的值是否存在，与 in_array()函数不同的是：in_array()函数返回的值是 True 或 False，而 array_search()函数当值存在时返回这个值的键名，若值不存在则返回 NULL。

下面的程序代码说明了其含义和作用。

```
1.  <?php
2.  $array = array(1, 2, 3, "x", 5, "y");
3.  $key = array_search("x", $array);
4.  if ($key == NULL) {
5.    echo "数组中不存在这个值";
6.  }else
7.    echo $key;                    //输出结果：3
8.  ?>
```

2. 取得数组当前单元的键名

使用 key()函数可以取得数组当前单元的键名。

下面的程序代码说明了其含义和作用。

```
1.  <?php
2.  $array=array("a"=>1,"b"=>2,"c"=>3,"d"=>4);
3.  echo key($array);               //输出：a
4.  next($array);                   //将数组中的内部指针向前移动一位
5.  echo key($array);               //输出：b
6.  ?>
```

另外，end($array)表示将数组中的内部指针指向最后一个单元；reset($array)表示将数组中的内部指针指向第 1 个单元，即重置数组的指针；each($array)表示返回当前的键名和值，并将数组指针向下移动一位。

3. 将数组中的值赋给指定的变量

使用 list()函数可以将数组中的值赋给指定的变量，这样就可以将数组中的值显示出来。

下面的程序代码说明了其含义和作用。

```
1.  <?php
2.  $arr=array("红色","蓝色","绿色");
3.  list($red,$blue,$green)=$arr;   //将数组$arr 中的值赋给 3 个变量
4.  echo $red;                      //输出：红色
```

```
5.    echo $blue;                    //输出：蓝色
6.    echo $green;                   //输出：绿色
7.    ?>
```

4. 用指定的值填充数组的值和键名

使用 array_fill()和 array_fill_keys()函数可以用指定的值填充数组的值和键名。array_fill()函数的语法格式如下：

```
array array_fill(int $start_index,int $num,mixed $value)
```

array_fill()函数用参数$value 的值将一个数组从第$start_index 个单元开始，填充$num 个单元。$num 必须是一个大于零的数值，否则 PHP 会发出一条警告。

```
array array_fill_keys(array $keys,mixed $value)
```

array_fill_keys()函数用给定的数组$keys 中的值作为键名，$value 作为值，并返回新数组。

下面的程序代码说明了其含义和作用。

```
1.    <?php
2.    $array1=array_fill(2, 3, "red");              //从第 2 个单元开始填充 3 个"red"
3.    $keys=array("a",3,"b");
4.    $array2=array_fill_keys($keys, "good");       //使用$keys 数组中的值作为键名
5.    print_r($array1);
6.    //输出结果为：Array ( [2] => red [3] => red [4] => red )
7.    print_r($array2);
8.    //输出结果为：Array ( [a] => good [3] => good [b] => good )
9.    ?>
```

5. 取得数组中所有的键名和值

使用 array_keys()和 array_values()函数可以取得数组中所有的键名和值，并保存到一个新的数组中。

下面的程序代码说明了其含义和作用。

```
1.    <?php
2.    $arr = array("red" => "红色", "blue" => "蓝色", "green" => "绿色");
3.    $newarr1 = array_keys($arr);              //取得数组中的所有键名
4.    $newarr2 = array_values($arr);            //取得数组中的所有值
5.    print_r($newarr1);
6.    //输出结果：Array ( [0] => red [1] => blue [2] => green )
7.    print_r($newarr2);
8.    //输出结果：Array ( [0] => 红色 [1] => 蓝色 [2] => 绿色 )
9.    ?>
```

6. 移除数组中重复的值

使用 array_unique()函数可以移除数组中重复的值，返回一个新数组，且并

不会破坏原来的数组。

下面的程序代码说明了其含义和作用。

```
1.  <?php
2.  $input = array(1, 2, 3, 2, 3, 4, 1);
3.  $output = array_unique($input);          //移除$input 数组中重复的值
4.  print_r($output);
5.  //输出结果：Array ( [0] => 1 [1] => 2 [2] => 3 [5] => 4 )
6.  ?>
```

2.3.3　数组的遍历

微课 2-15
数组的遍历

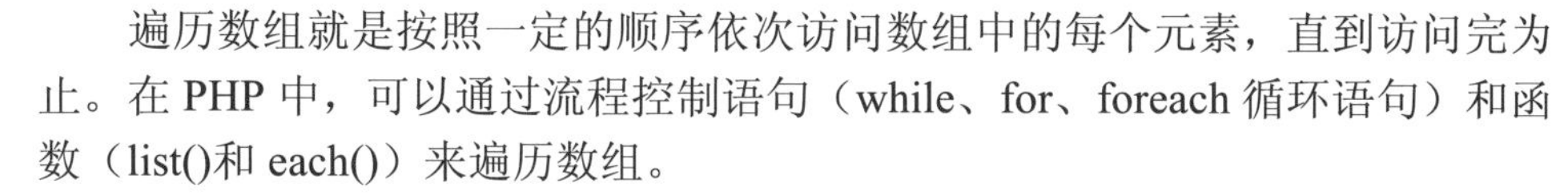

遍历数组就是按照一定的顺序依次访问数组中的每个元素，直到访问完为止。在 PHP 中，可以通过流程控制语句（while、for、foreach 循环语句）和函数（list()和 each()）来遍历数组。

1. 使用 while 循环访问数组

while 循环、list()和 each()函数结合使用就可以实现对数组的遍历。list()函数的作用是将数组中的值赋给变量，each()函数的作用是返回当前的键名和值，并将数组指针向下移动一位。

下面的程序代码说明了其含义和作用。

```
1.  <?php
2.  $arr = array(1, 2, 3, 4, 5, 6);
3.  while (list($key, $value) = each($arr)) { //直到数组指针到数组尾部时停止循环
a)  echo $value;                               //输出 123456
4.  }
5.  ?>
```

如果数组是多维数组（假设为二维数组），则在 while 循环中多次使用 list()函数。

下面的程序代码说明了其含义和作用。

```
1.  <?php
2.  $t_array = array(
3.      array("33913101", "张三", "计算机"),
4.      array("33913102", "李四", "网络工程"),
5.      array("33913103", "王五", "通信工程")
6.  );
7.  //以表格的形式输出数组的值
8.  echo "<table border=1><tr><td>学号</td><td>姓名</td><td>专业</td></tr>";
9.  while (list($key, $value) = each($t_array)) {
10.     list($xh, $xm, $zy) = $value;  //将二维数组中的单个数组中的值用变量替换
11.     echo "<tr><td>$xm</td><td>$xh</td><td>$zy</td>";   //输出变量的值
```

```
12.  }
13.  echo "</table>"; //输出表格结尾
14.  ?>
```

2. 使用 for 循环访问数组

使用 for 循环也可以来访问数组。

下面的程序代码说明了其含义和作用。

```
1.  <?php
2.  $array = range(1, 10);
3.  for ($i = 0; $i < 10; $i++) {
4.      echo $array[$i];      //输出 12345678910
5.  }
6.  ?>
```

注意：使用 for 循环只能访问键名有序的整型数组，如果是其他类型则无法访问。

3. 使用 foreach 循环访问数组

foreach 循环是一个专门用于遍历数组的循环，语法格式如下。

格式①：foreach(array_expression as $value)

格式②：foreach(array_exprission as $key=>$value)

第①种格式遍历给定的 array_expression 数组。在每次循环中，当前单元的值被赋给变量$value，并且数组内部的指针向前移动一步，因此下一次循环将会得到下一个单元。第②种格式进行与第①种格式同样的操作，只是当前单元的键名也会在每次循环中被赋给变量$key。

下面的程序代码说明了其含义和作用。

```
1.  <?php
2.  $color = array("a" => "red", "blue", "white");
3.  foreach ($color as $value) {
4.      echo $value . "<br>";                    //输出数组的值
5.  }
6.  foreach ($color as $key => $value) {
7.      echo $key . "=>" . $value . "<br>";      //输出数组的键名和值
8.  }
9.  ?>
```

2.3.4 数组的排序

微课 2-16
数组的排序

在 PHP 的数组操作函数中，有专门对数组进行排序的函数，使用这些函数可以对数组进行升序或降序排序。

1. 升序排序

（1）sort()函数

使用 sort()函数可以对已经定义的数组进行排序，使得数组单元按照数组值从低到高重新索引。语法格式如下：

```
bool sort(array $array [,int $sort_flags])
```

sort()函数如果排序成功返回 True，失败则返回 False。sort()函数的两个参数中，$array 是需要排序的数组；$sort_flags 的值可以影响排序的行为，$sort_flags 可以取以下 4 个值。

SORT_REGULAR：正常比较单元（不改变类型），这是默认值。

SORT_NUMERIC：单元被作为数字来比较。

SORT_STRING：单元被作为字符串来比较。

SORT_LOCALE_STRING：根据当前的区域设置把单元当做字符串比较。

sort()函数不仅对数组进行排序，同时删除了原来的键名，并重新分配自动索引的键名。

下面的程序代码说明了其含义和作用。

```
1.   <?php
2.   $array1 = array("a" => 6, "n" => 4, 4 => 8, "c" => 2);
3.   $array2 = array(2 => "c", 4 => "a", 1 => "b");
4.   if (sort($array1))
5.       print_r($array1);        //输出：Array ( [0] => 2 [1] => 4 [2] => 6 [3] => 8 )
6.   else
7.       echo "排序\$array1 失败";
8.   if (sort($array2))
9.       print_r($array2);        //输出：Array ( [0] => a [1] => b [2] => c )
10.  ?>
```

（2）asort()函数

asort()函数也可以对数组的值进行升序，语法格式和 sort()函数类似，但使用 asort()函数排序后的数组仍然保持键名和值之间的关联。

下面的程序代码说明了其含义和作用。

```
1.   <?php
2.   $fruits=array("d"=>"lemon","a"=>"orange","b"=>"banana","c"=>"apple");
3.   asort($fruits);
4.   print_r($fruits);
5.   //输出：Array ( [c] => apple [b] => banana [d] => lemon [a] => orange )
6.   ?>
```

（3）ksort()函数

ksort()函数用于对数组的键名进行排序。排序后，键名和值之间的关联不改变。

下面的程序代码说明了其含义和作用。

```
1.   <?php
2.   $fruits=array("d"=>"lemon","a"=>"orange","b"=>"banana","c"=>"apple");
```

```
3.    ksort($fruits);
4.    print_r($fruits);
5.    //输出：Array ( [a] => orange [b] => banana [c] => apple [d] => lemon)
6.    ?>
```

2. 降序排序

前面介绍的 sort()、asort()、ksort()这 3 个函数都可以对数组按升序排序。它们都对应一个可以进行降序排序的函数，分别是 rsort()、arsort()、krsort()函数。

降序排序的函数与升序排序的函数用法相同，rsort()函数按数组中的值降序排序，并将数组键名修改为一维数组键名；arsort()函数将数组中的值按降序排序，不改变键名和值之间的关联；krsort()函数将数组中的键名按降序排序。

3. 对多维数组排序

array_multisort()函数可以对多个数组或多维数组进行排序。语法格式如下：

```
bool array_multisort(array $ar1 [,mixed $arg [, mixed $…[, array $…]]])
```

该函数的参数结构比较特别，且非常灵活。第①个参数必须是一个数组。接下来的每个参数可以是数组或下面列出的排序标志。

排序顺序标志如下。

SORT_ASC：默认值，按照上升顺序排序。

SORT_DESC：按照下降顺序排序。

排序类型标志如下。

SORT_REGULAR：默认值，按照通常方法比较。

SORT_NUMERIC：按照数组比较。

SORT_STRING：按照字符串比较。

使用 array_multisort()函数排序时，字符串键名保持不变，但数字键名会被重新索引。当函数的参数是一个数组列表时，函数首先对数组列表中的第一个数组进行升序排序，下一个数组中值的顺序按照对应的第①个数组的值的顺序排列，以此类推。

下面的程序代码说明了其含义和作用。

```
1.    <?php
2.    $arr1 = array(3, 5, 2, 4, 1);
3.    $arr2 = array(6, 7, 8, 9, 10);
4.    array_multisort($arr1, $arr2);   //对$arr1、$arr2 数组排序
5.    print_r($arr1);            //输出：Array ( [0] => 1 [1] => 2 [2] => 3 [3] => 4 [4] => 5 )
6.    echo "<br>";
7.    print_r($arr2);            //输出：Array ( [0] => 10 [1] => 8 [2] => 6 [3] => 9 [4] => 7 )
```

```
8.    ?>
```

4. 对数组重新排序

（1）shuffle()函数

使用 shuffle()函数可以将数组按照随机的顺序排列，并删除原有的键名，建立自动索引。

下面的程序代码说明了其含义和作用。

```
1.    <?php
2.    $arr = range(1, 10);            //产生有序数组
3.    foreach ($arr as $value)
4.       echo $value;                 //输出有序数组，结果为 12345678910
5.    shuffle($arr);                  //打乱数组顺序
6.    foreach ($arr as $value)
7.       echo $value . "<br>";        //输出新的数组顺序，每次运行，结果都不一样
8.    ?>
```

（2）array_reverse()函数

array_reverse()函数的作用是将一个数组单元按相反顺序排序，语法格式如下：

```
array array_reverse(array $array [, bool $preserve_keys])
```

如果$preserve_keys 值为 True 则保留原来的键名；为 False，则为数组重新建立索引，默认为 False。

下面的程序代码说明了其含义和作用。

```
1.    <?php
2.    $array = array("x" => 1, 2, 3, 4);
3.    $arr1 = array_reverse($array);
4.    $arr2 = array_reverse($array, true);
5.    print_r($arr1);              //输出：Array ( [0] => 4 [1] => 3 [2] => 2 [x] => 1 )
6.    print_r($arr2);              //输出：Array ( [2] => 4 [1] => 3 [0] => 2 [x] => 1 )
7.    ?>
```

5. 自然排序

natsort()函数实现了一个和人们通常对字母、数字、字符串进行排序的方法一样的排序算法，并保持原有键和值的关联，被称为“自然排序”。natsort()函数对大小写敏感，它与 sort()函数的排序方法不同。

下面的程序代码说明了其含义和作用。

```
1.    <?php
```

```
2.  $array1 = $array2 = array("imag12", "img10", "img2", "img1");
3.  sort($array1);                    //使用 sort()函数排序
4.  print_r($array1);
            //输出：Array ( [0] => imag12 [1] => img1 [2] => img10 [3] => img2)
5.  natsort($array2);
6.  print_r($array2);
            //输出：  Array ( [0] => imag12 [3] => img1 [2] => img2 [1] => img10)
7.  ?>
```

2.4 字符串

微课 2-17
字符串的显示

字符串是 PHP 中重要的数据类型。在 Web 应用中，很多情况下需要对字符串进行处理和分析，通常会涉及字符串的格式化、字符串的连接与分割、字符串的比较和查找等一系列操作。

2.4.1 字符串的显示

字符串的显示可以使用 echo()和 print()函数，两个函数不完全一样，存在一些区别，即 print()具有返回值，而 echo()没有，所以 echo()比 print()要快一些，也正是因为这个原因，print()能应用于复合语句中，而 echo()不能。

下面的程序代码说明了其含义和作用。

```
1.  <?php
2.  $result = print "ok";          //输出：ok
3.  echo $result;                  //输出：1
4.  ?>
```

另外，echo()函数可以一次输出多个字符串，而 print()函数不可以。

下面的程序代码说明了其含义和作用。

```
1.  <?php
2.  echo "I", "love", "PHP";        //输出：IlovePHP
3.  print "I", "love", "PHP";       //将提示错误
4.  ?>
```

微课 2-18
字符串的格式化

2.4.2 字符串的格式化

在程序运行的过程中，字符串有时并不是以用户所需要的形式出现的，此时就需要对该字符串进行格式化处理。

函数 printf()可将一个通过替换值建立的字符串输出到格式字符串中，这和 C 语言中的 printf()函数的结构和功能一致。语法格式如下：

```
int printf(string $format [ , mixed $args ])
```

第①个参数$format 是格式字符串，$args 是要替换进来的值，格式字符串里的字符“%”指出了一个替换标记。

格式字符串中的每一个替换标记都有一个百分号，后面可以跟一个填充字符、一个对齐方式字符、一个字段宽度或一个类型说明符。字符串的类型说明符为“s”。

下面的程序代码说明了其含义和作用。

```
1.  <?php
2.  $str = "hello";                    //要显示的字符串
3.  printf("%s\n", $str);              //输出：hello
4.  printf("%10s\n", $str);            //在字符串左边加空格后输出
5.  printf("%010s\n", $str);           //在字符串前补 0，将字符串补成 10 位
6.  $num = 10;                         //要显示的数字
7.  printf("%d", $num);                //输出：10
8.  ?>
```

微课 2-19
常用的字符串操作函数

2.4.3 常用的字符串操作函数

1. 计算字符串的长度

在操作字符串时经常需要计算字符串的长度，这时可以使用 strlen()函数。语法格式如下：

```
int strlen(string $string)
```

该函数返回字符串的长度，1 个英文字母长度为 1 个字符。对于 1 个汉字占几个字节，不同的字符集是不同的。如果环境变量设置为 utf8，则 1 个汉字占 3 个字节；如果设置成 gbk（或 gb2312），则 1 个汉字占 2 个字节。字符串的空格也算是 1 个字符。

下面的程序代码说明了其含义和作用。

```
1.  <?php
2.  header("Content-Type:text/html;charset=utf-8");
3.  $str1 = "hello";
4.  echo strlen($str1);                //输出：5
5.  $str2 = "中华民族";
6.  echo strlen($str2);                //输出：12
7.  ?>
```

2. 改变字符串大小写

使用 strtolower()函数可以将字符串全部转化为小写，使用 strtoupper()函数可以将字符串全部转化为大写。

下面的程序代码说明了其含义和作用。

```
1.  <?php
2.  echo strtolower("HelLo,WorLD");    //输出：hello,world
```

```
3.    echo strtoupper("hEllO,wOrLd");        //输出：HELLO,WORLD
4.    ?>
```

3. 字符串的裁剪

实际应用中，字符串经常被读取，以及用于其他函数的操作。当一个字符串的首和尾有多余的空白字符时，如空格、制表符等，参与运算时就可能产生错误的结果，这时可以使用 trim()、rtrim()、ltrim()函数来解决。它们的语法格式如下：

```
string trim(string $str [, string $charlist])
string rtrim(string $str [, string $charlist])
string ltrim(string $str [, string $charlist])
```

可选参数$charlist 是一个字符串，指定要删除的字符。ltrim()、rtrim()、trim()函数分别用于删除字符串$str 中最左边、最右边和两边的与$charlist 相同的字符，并返回剩余的字符串。

下面的程序代码说明了其含义和作用。

```
1.    <?php
2.    $str1 = "     hello";
3.    echo trim($str1);                    //输出：hello
4.    $str2 = "aaaahelloa";
5.    echo ltrim($str2,"a");               //输出：helloa
6.    ?>
```

4. 字符串的查找

PHP 中用于查找、匹配或定位的函数非常多，这里介绍比较常用的 strstr()函数和 stristr()函数。这两个函数的功能、返回值都一样，只是 stristr()函数不区分大小写。

strstr()函数的语法格式如下：

```
string strstr(string $haystack, string $needle)
```

strstr()函数用于查找字符串指针$needle 在字符串$haystack 中出现的位置，并返回$haystack 字符串中从$needle 开始到$haystack 字符串结束处的字符串。如果没有返回值，即没有发现$needle，则返回 False。

下面的程序代码说明了其含义和作用。

```
1.    <?php
2.    echo strstr("hello world", "or");    //输出：orld
3.    $str = "I love PHP";
```

```
4.    $needle = "PHP";
5.    if (strstr($str, $needle))
6.          echo "包含 PHP";               //输出：包含 PHP
7.    else
8.          echo "不包含 PHP";
9.    ?>
```

5. 字符串与 ASCII 码

在字符串操作中，使用 ord()函数可以返回字符的 ASCII 码，也可以使用 chr()函数返回 ASCII 码对应的字符。

下面的程序代码说明了其含义和作用。

```
<?php
echo ord("a");                         //输出：97
echo chr(100);                         //输出：d
?>
```

微课 2-20
字符串的替换

2.4.4　字符串的替换

1. str_replace()函数

字符串替换操作中最常用的就是 str_replace()函数，语法格式如下：

```
mixed str_replace (mixed $search,mixed $replace,mixed $subject [,int &$count])
```

str_replace()函数使用新的字符串$replace 替换字符串$subject 中的$search 字符串。$count 是可选参数，表示要执行的替换的次数。

下面的程序代码说明了其含义和作用。

```
1.    <?php
2.    $search="world";
3.    $replace="ShangHai";
4.    $subject="Hello world";
5.    echo str_replace($search, $replace, $subject)."<br>";        //输出：Hello ShangHai
6.    ?>
```

str_replace()函数对大小写敏感，还可以实现多对一、多对多的替换，但无法实现一对多的替换。

下面的程序代码说明了其含义和作用。

```
1.    <?php
2.    $search="blue";
3.    $replace="pink";
4.    $subject=array("blue","red","green","yellow");
5.    print_r(str_replace($search, $replace, $subject,$i));
6.    echo "替换的次数为：".$i."<br>";
```

```
7.    $search=array("Hello","world");
8.    $replace=array("你好","世界");
9.    $subject=array("Hello","world","!");
10.   print_r(str_replace($search, $replace, $subject));
11.   ?>
```

运行效果如图 2-10 所示。

http://localh...r2/2.4.4.php
localhost/dophp/chapter2/2.4.4.php
Array ([0] => pink [1] => red [2] => green [3] => yellow) 替换的次数为：1
Array ([0] => 你好 [1] => 世界 [2] => !)

图 2-10 字符串的替换

2. substr_replace()函数

语法格式如下：

```
mixed substr_replace(mixed $string,string $replacement,int $start [,int $length])
```

在原字符串$string 从$start 开始位置替换为$replacement。开始替换的位置应该小于原字符串的长度，可选参数$length 为要替换的长度。如果不给定长度，则从$start 位置开始一直到字符串结束；如果$length 为 0，则替换字符串会插入到原字符串中；如果$length 是正值，则表示要用替换字符串换掉的字符串长度；如果$length 为负值，表示从字符串末尾开始到$length 个字符为止停止替换。

下面的程序代码说明了其含义和作用。

```
1.    <?php
2.    echo substr_replace("abcdefg", "OK", 3);          //输出：abcOK
3.    echo substr_replace("abcdefg", "OK", 3, 3);       //输出：abcOKg
4.    echo substr_replace("abcdefg", "OK", -2, 3);      //输出：abcdeOK
5.    echo substr_replace("abcdefg", "OK", 3, -2);      //输出：abcOKfg
6.    echo substr_replace("abcdefg", "OK", 2, 0);       ///输出：abOKcdefg
7.    ?>
```

微课 2-21
字符串的比较

2.4.5 字符串的比较

在现实生活中，用户经常按照姓氏笔画的多少或者按照拼音顺序来给多人排序，26 个英文字母和 10 个阿拉伯数字也能按照从小到大或者从大到小的规则进行排序。在程序设计中，由字母和数字组成的字符串，同样可以按照指定的规则来排列顺序。

经常使用的字符串比较函数有 strcmp()、strcasecmp()、strncmp()和strncasecmp()。语法格式如下：

```
int strcmp(string $str1,string $str2)
int strcasecmp(string $str1,string $str2)
```

```
int strncmp(string $str1,string $str2,int $len)
int strncasecmp(string $str1,string $str2,int $len)
```

这 4 个函数都用于比较字符串的大小，如果$str1 比$str2 大，则它们返回大于 0 的整数；如果$str1 比$str2 小，则返回小于 0 的整数；如果两者相等，则返回 0。

不同的是，strcmp()函数用于区分大小写的字符串的比较；strcasecmp()函数用于不区分大小写的比较；strncmp()函数用于比较字符串的一部分，从字符串的开头开始比较，$len 是要比较的长度；strncasecmp()函数的作用和 strncmp()函数一样，只是 strncasecmp()函数不区分大小写。

下面的程序代码说明了其含义和作用。

```
1.  <?php
2.  echo strcmp("aBcd", "abce");              //比较了"B"和"b","B"<"b"，输出：-1
3.  echo strcasecmp("abcd", "aBde");          //比较了"c"和"d","c"<"d"，输出：-1
4.  echo strncmp("abcd", "aBcd", 3);          //比较了"abc"和"aBc"，输出：1
5.  echo strncasecmp("abcdd", "aBcde", 3);    //比较了"abc"和"aBc"，输出：0
6.  ?>
```

微课 2-22
字符串与 HTML

2.4.6 字符串与 HTML

在有些情况下，脚本本身希望用户提交带有 HTML 编码的数据，而且需要把这些数据存储，供以后使用。带有 HTML 代码的数据可以直接保存到文件中，但是大部分情况下，是把用户提交的数据保存到数据库中。由于数据库编码等原因，直接向数据库中存储带有 HTML 代码的数据会产生错误，这时可以使用 htmlspecialchars()函数把 HTML 代码进行转化，再进行存储。

使用 htmlspecialchars()函数转换过的 HTML 代码可以直接保存到数据库中，在使用时可以直接向浏览器输出，这时在浏览器中看到的内容是 HTML 的实体形式，也可以使用 htmlspecialchars_decode()函数，把从数据库中取出的代码进行解码，再输出到浏览器中，这时看到的是按 HTML 格式显示的内容。

1. 将字符转换为 HTML 实体形式

HTML 代码都是由 HTML 标记组成的，如果要在页面上输出这些标记的实体形式，如“<table></table>”，就需要使用一些特殊的函数将一些特殊的字符（如“<”“>”等）转换为 HTML 的字符串格式。函数 htmlspecialchars()可以将字符转化为 HTML 的实体形式，该函数转换的特殊字符及转换后的字符见表 2-5。

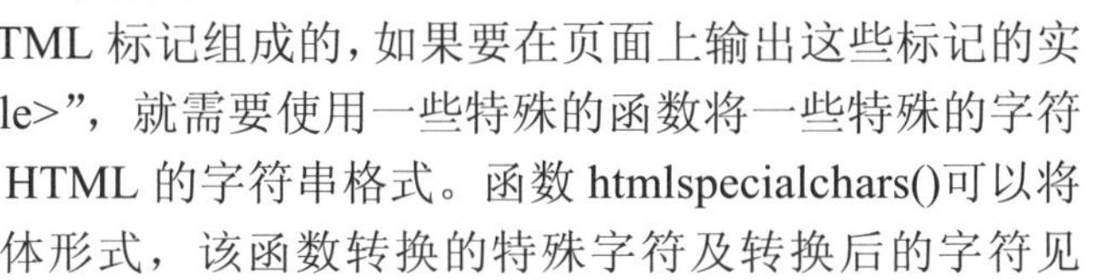

表 2-5 可以转化为 HTML 实体形式的特殊字符

原字符	字符名称	转换后的字符	原字符	字符名称	转换后的字符
&	AND 记号	&	<	小于号	<
"	双引号	"	>	大于号	>
'	单引号	'			

htmlspecialchars()函数的语法格式如下：

```
string htmlspecialchars(string $string[,int $quote_style[,string $charset[,bool $double_encode]]])
```

参数$string 是要转换的字符串，$quote_style、$charset 和$double_encode 都是可选参数。$quote_style 指定如何转换单引号和双引号字符，取值可以是 ENT_COMPAT（默认值，只转换双引号）、ENT_NOQUOTES（都不转换）和 ENT_QUOTES（都转换）。$charset 是字符集，默认为 ISO-8859-1。参数$double_encode 如果为 False 则不转换成 HTML 实体，默认是 True。

下面的程序代码说明了其含义和作用。

```
1.  <?php
2.  $newlink="<a href='test.php'>test</a>";
3.  echo $newlink."<br>";
4.  echo htmlspecialchars($newlink)."<br>";
5.  echo htmlspecialchars($newlink,true)."<br>";
6.  /**
7.   * 页面源代码
8.   * <a href='test.php'>test</a><br>
9.   * &lt;a href='test.php'&gt;test&lt;/a&gt;<br>
10.  * &lt;a href=&#039;test.php&#039;&gt;test&lt;/a&gt;<br>
11.  */
12. ?>
```

运行效果如图 2-11 所示。

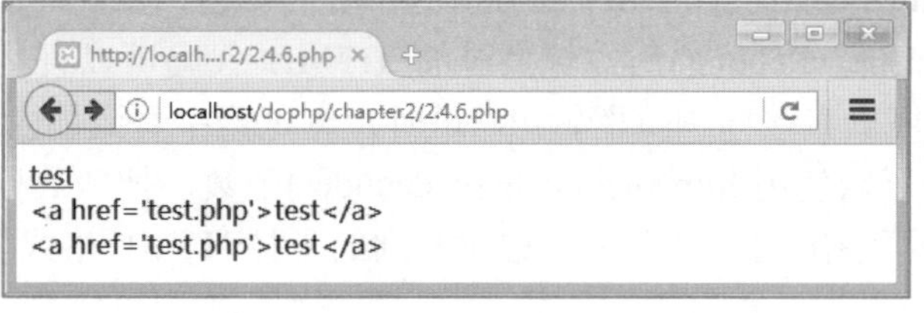

图 2-11 字符转换为 HTML 实体

2. 将 HTML 实体形式转换成特殊字符

使用 htmlspecialchars_decode()函数可以将 HTML 实体形式转换为特殊字符，这和 htmlspecialchars()函数的作用刚好相反。

下面的程序代码说明了其含义和作用。

```
1.  <?php
2.  $html = htmlspecialchars_decode("&lt;a href='test'&gt;test&lt;/a&gt;");
3.  echo $html;                    //输出 test 超链接
4.  ?>
```

3. 换行符的转换

在 HTML 文件中使用“\n”，则显示 HTML 代码时不能显示换行的效果，这时可以使用 nl2br()函数，这个函数可以用 HTML 中的“
”标记代替字符串中的换行符“\n”。

下面的程序代码说明了其含义和作用。

```
1.  <?php
2.  $str = "hello\nworld";
3.  echo $str;              //直接输出不会换行
4.  echo nl2br($str);       //输出 hello 后，换行输出 world
5.  ?>
```

微课 2-23
字符串与数组

2.4.7　字符串与数组

1. 字符串转化为数组

使用 explode()函数可以用指定的字符串分割另一个字符串，并返回一个数组。语法格式如下：

```
array explode(string $separator,string $string[,int $limit])
```

此函数返回由字符串组成的数组，每个元素都是$string 的一个子串，它们被字符串$separator 作为边界点分割出来。

下面的程序代码说明了其含义和作用。

```
1.  <?php
2.  $s1="Mon-Tue-Wed-Thu-Fri";
3.  $days_array=   explode('-', $s1);
4.  print_r($days_array);
5.  echo "<br>";
6.  $days_array1=   explode('-', $s1, 2);
7.  print_r($days_array1);
8.  ?>
```

运行效果如图 2-12 所示。

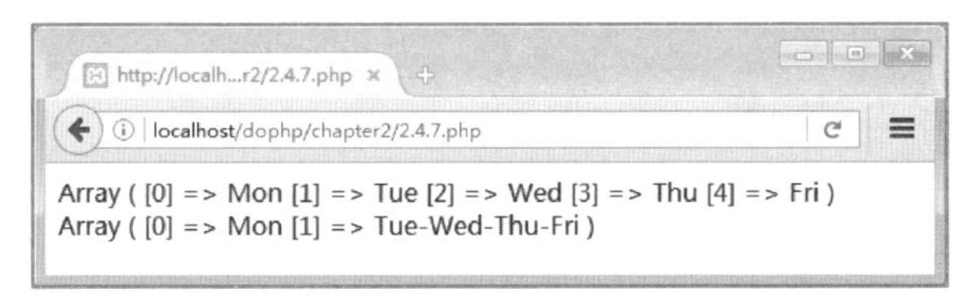

图 2-12　字符串转化为数组

如果设置了$limit 参数，则返回的数组包含最多$limit 个元素，而最后那个元素将包含$string 的剩余部分。

2. 数组转化为字符串

使用 implode()函数可以将数组中的字符串连接成一个字符串，语法格式如下：

```
string implode(string $glue,array $pieces)
```

$pieces 是保存要连接的字符串的数组，$glue 是用于连接字符串的连接符。下面的程序代码说明了其含义和作用。

```
1.  <?php
2.  $array = array("hello", "how", "are", "you");
3.  $str = implode(",", $array);                //使用逗号作为连接符
4.  echo $str;                                  //输出：hello,how,are,you
5.  ?>
```

微课 2-24
PHP 日期与时间

2.5 日期和时间

PHP 提供了大量与日期和时间相关的函数，利用这些函数可以方便地获得当前的日期和时间，也可以生成一个指定时刻的时间戳，还可以用各种各样的格式来输出这些日期、时间。

2.5.1 时间戳的基本概念

在了解日期和时间类型的数据时需要了解 UNIX 时间戳的意义。在当前大多数的 UNIX 系统中，保存当前日期和时间的方法是：保存格林尼治标准时间从 1970 年 1 月 1 日零点起到当前时刻的秒数，以 32 位整数表示。1970 年 1 月 1 日零点也称为 UNIX 纪元。在 Windows 系统下也可以使用 UNIX 时间戳，简称为时间戳，但如果时间是在 1970 年以前或 2038 年以后，处理时可能会出现问题。

PHP 在处理有些数据，特别是对数据库中时间类型的数据进行格式化时，经常需要先将时间类型的数据转化为 UNIX 时间戳，然后进行处理。另外，不同的数据库系统对时间类型的数据不能兼容转换，这时就需要将时间转化为 UNIX 时间戳，再对时间戳进行操作，这样就实现了不同数据库系统的跨平台性。

2.5.2 时间转换为时间戳

如果要将用字符串表达的日期和时间转换为时间戳的形式，可以使用 strtotime()函数，语法格式如下：

```
int strtotime(string $time[,int $now])
```

下面的程序代码说明了其含义和作用。

```
1.  <?php
2.  echo strtotime('2011-12-25');                 //输出：1324771200
```

```
3.    echo strtotime('2011-12-25 12:20:30');        //输出：1324815630
4.    echo strtotime("08 August 2008");             //输出：1218153600
5.    ?>
```

如果给定的年份是两位数字的格式，则年份值 0～69 表示 2000～2069，70～100 表示 1970～2000。

另一个取得日期的 UNIX 时间戳的函数是 mktime()函数，语法格式如下：

```
int mktime([int $hour[,int $minute[,int $second[,int $month[,int $day[,int $year]]]]]])
```

$hour 表示小时数，$minute 表示分钟数，$second 表示秒数，$month 表示月份，$day 表示天数，$year 表示年份。如果所有的参数都为空，则默认为当前时间。

下面的程序代码说明了其含义和作用。

```
1.    <?php
2.    $timenum1=mktime(0,0,0,8,28,2008);        //2008 年 8 月 28 日
3.    $timenum2=mktime(6,50,0,7,1,97);          //1997 年 7 月 1 日 6 时 50 分
4.    ?>
```

2.5.3　获取日期和时间

1. date()函数

PHP 中最常用的日期和时间函数就是 date()函数，该函数的作用是将时间戳按照给定的格式转化为具体的日期和时间字符串，语法格式如下：

```
string date(string $format[,int $timestamp])
```

$format 指定了转换后日期和时间的格式，$timestamp 是需要转换的时间戳，如果省略，则使用本地当前时间，即默认为 time()函数的值。time()函数返回当前时间的时间戳。

date()函数的$format 参数的取值见表 2-6。

表 2-6　date()函数格式取值说明

字　符	说　明	返回值例子
d	月份中的第几天，有前导零的 2 位数字	01~31
D	星期中的第几天，用 3 个字母表示	Mon～Sun
j	月份中的第几天，没有前导零	1~31
l	星期几，完整的文本格式	Sunday~Saturday
S	每月天数后面的英文后缀，用 2 个字符表示	st、nd、rd 或 th，可以和 j 一起用
w	星期中的第几天，数字表示	0（星期天）～6（星期六）
z	年份中的第几天	0~366
F	月份，完整的文本格式，如 January 或 March	January~December
m	数字表示的月份，有前导零	01 ~12
M	三个字母缩写表示的月份	Jan~Dec
n	数字表示的月份，没有前导零	1~12

续表

字　符	说　明	返回值例子
t	给定月份所应有的天数	28~31
L	是否为闰年	如果是闰年为 1，否则为 0
Y	4 位数字完整表示的年份	例如，1999 或 2003
y	2 位数字表示的年份	例如，99 或 03
a	小写的上午和下午值	am 或 pm
A	大写的上午和下午值	AM 或 PM
g	小时，12 小时格式，没有前导零	1~12
G	小时，24 小时格式，没有前导零	0~23
h	小时，12 小时格式，有前导零	01~12
H	小时，24 小时格式，有前导零	00~23
i	有前导零的分钟数	00~59
s	秒数，有前导零	00~59

下面的程序代码说明了其含义和作用。

```
1.    <?php
2.    echo date('jS-F-Y') . "<br>";
3.    echo date('现在时间：Y 年-m 月-d 日  H:i:s') . "<br>";
4.    echo date('l M', strtotime('2008-08-08')) . "<br>";
5.    echo date("l", mktime(0, 0, 0, 7, 1, 2000)) . "<br>";
6.    ?>
```

运行效果如图 2-13 所示。

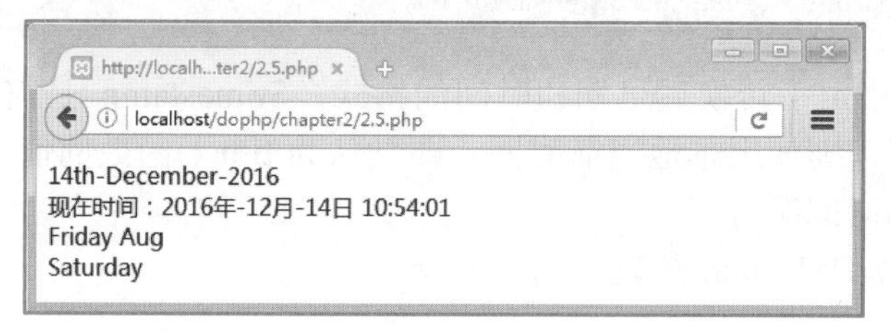

图 2-13　date()函数获取时间和日期

2. getdate()函数

使用 getdate()函数也可以获得日期和时间信息，语法格式如下：

```
array getdate([int $timestamp])
```

$timestamp 是要转换的时间戳，如果不给出，则使用当前时间。函数根据 $timestamp 返回一个包含日期和时间信息的数组，数组的键名和值见表 2-7。

表 2-7　getdate()函数返回的数组中的键名和值

键　名	说　明	值 的 例 子
seconds	秒的数字表示	0~59
minutes	分钟的数字表示	0~59

续表

键　名	说　明	值 的 例 子
hours	小时的数字表示	0~23
mday	月份中第几天的数字表示	1～31
wday	星期中第几天的数字表示	0（表示星期天）～6（表示星期六）
mon	月份的数字表示	1～12
year	4 位数字表示的完整年份	例如，1999 或 2003
yday	一年中第几天的数字表示	0～365
weekday	星期几的完整文本表示	Sunday～Saturday
month	月份的完整文本表示	January～December
0	自 UNIX 纪元开始至今的秒数	系统相关，典型值从−2147483648~2147483647

下面的程序代码说明了其含义和作用。

```
1.   <?php
2.   $array1 = getdate();
3.   $array2 = getdate(strtotime('2016-12-12'));
4.   print_r($array1);
5.   print_r($array2);
6.   ?>
```

运行效果如图 2-14 所示。

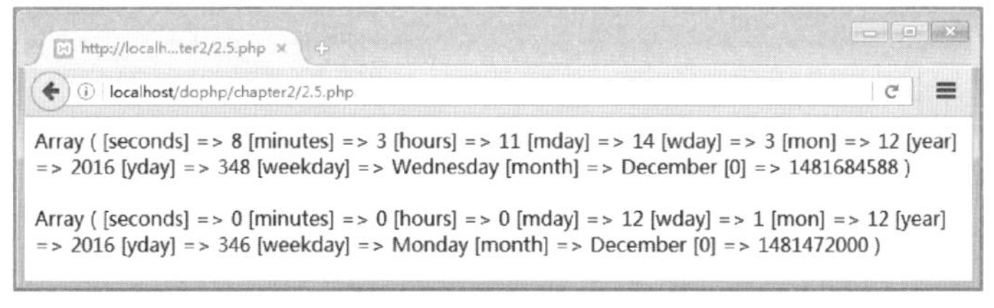

图 2-14　getdate()函数获取时间和日期

2.5.4　其他常用的日期和时间函数

1. 日期和时间的计算

由于时间戳是 32 位整型数据，所以通过对时间戳进行加减法运算可计算两个时间的差值。

下面的程序代码说明了其含义和作用。

```
1.   <?php
2.   $oldtime = mktime(0, 0, 0, 7, 20, 2005);
3.   $newtime = mktime(0, 0, 0, 12, 12, 2016);
4.   $day = ($newtime - $oldtime) / (24 * 3600);
5.   echo "2005-7-20 至 2016-12-12 相差：" . $day . "天。<br>";  //输出：4163 天
6.   ?>
```

2. 检查日期

checkdate()函数可以用于检查一个日期数据是否有效，语法格式如下：

```
bool checkdate(int $month,int $day,int $year)
```

下面的程序代码说明了其含义和作用。

```
1.  <?php
2.  var_dump(checkdate(12, 31, 2000));        //输出：bool(true)
3.  var_dump(checkdate(2, 29, 2001));         //输出：bool(false)
4.  ?>
```

3. 设置时区

系统默认的是格林尼治标准时间，所以显示的当前时间可能与本地时间会有差别。PHP 提供了可以修改时区的函数 date_default_timezone_set()，语法格式如下：

```
bool date_default_timezone_set(string $timezone_identifier)
```

参数 $timezone_identifier 为要指定的时区，中国大陆可用的值是 Asia/Chongqing，Asia/Shanghai，Asia/Urumqi（依次为重庆、上海、乌鲁木齐）。北京时间可以使用 PRC。

下面的程序代码说明了其含义和作用。

```
1.  <?php
2.  date_default_timezone_set('PRC');          //时区设置为北京时间
3.  echo date("Y-m-d H:i:s");                  //输出当前时间
4.  ?>
```

微课 2-25
运用数据处理
实现日历应用

任务实施

1. 任务介绍与实施思路

本任务使用日期与时间相关函数实现简易的日历。

2. 功能实现过程

① 启动 Apache 服务器，测试服务器是否正常启动。

② 启动 PHP 编辑软件 NetBeans，新建 PHP 文件。

③ 编辑程序，输入代码。

```
1.  <?php
2.  header("Content-Type:text/html;charset=utf-8");
3.  echo "<style>table{margin:0 auto}td{border:1px solid #eee}</style>";
4.  date_default_timezone_set("PRC");      //设置时区
5.  $year = date("Y");                     //初始化为本年度的年份
6.  $month = date("n");                    //初始化为本月的月份
7.  $day = date("j");                      //获取当天的天数
8.  $wd_arr = array("星期日", "星期一", "星期二", "星期三", "星期四", "星期五",
    "星期六");                              //星期数组
9.  $wd = date("w", mktime(0, 0, 0, $month, 1, $year));  //计算当月第一天是星期几
10. echo "<table><tr>";
11. for ($i = 0; $i < 7; $i++) {
12.     echo "<td>$wd_arr[$i]</td>";       //输出星期数组
```

```
13.  }
14.  echo "</tr>";
15.  $tnum = $wd + date("t", mktime(0, 0, 0, $month, 1, $year));
                                                //计算星期几加上当月的天数
16.  for ($i = 0; $i < $tnum; $i++) {
17.      $date = $i + 1 - $wd;                  //计算日数在表格中的位置
18.      if ($i % 7 == 0) {
19.          echo "<tr align=center>";          //一行的开始
20.      }
21.      echo "<td>";
22.      if ($i >= $wd) {
23.          if ($date == $day && $month == date("n") && $year == date("Y")) {
24.              //如果恰好是系统当天的日期，则将当天日期设置为红色并加粗
25.              echo "<b><font color=red>" . $day . "</font></b>";
26.          } else {
27.              echo $date;                    //输出日数
28.          }
29.          echo "</td>";
30.          if ($i % 7 == 6)
31.              echo "</tr>";                  //一行结束
32.      }
33.  }
34.  echo "</table>";
35.  ?>
```

任务拓展

日历的优化

在网页中输出某个月的日历，并且用户可以通过选择年份和月份查看其他年月的日历。

① 页面效果如图 2-15 所示。

图 2-15　日历优化

② 参考代码如下。

```
1.  <?php
2.  header("Content-Type:text/html;charset=utf-8");
```

```
3.  date_default_timezone_set("PRC");        //设置时区
4.  echo "<style>table{margin:0 auto}td{border:1px solid #eee}</style>";
5.  $year = $_GET['year'];                   //获得地址栏的年份
6.  $month = $_GET['month'];                 //获得地址栏的月份
7.  if (empty($year))
8.      $year = date("Y");                   //初始化为本年度的年份
9.  if (empty($month))
10.     $month = date("n");                  //初始化为本月的月份
11. $day = date("j");                        //获取当天的天数
12. $wd_ar = array("星期日", "星期一", "星期二", "星期三", "星期四", "星期五",
    "星期六");                               //星期数组
13. $wd = date("w", mktime(0, 0, 0, $month, 1, $year));   //计算当月第一天是星期几
14. //年份的链接
15. $y_lnk1 = $year <= 1970 ? $year = 1970 : $year - 1;    //上一年
16. $y_lnk2 = $year >= 2037 ? $year = 2037 : $year + 1;    //下一年
17. //月份的链接
18. $m_lnk1 = $month <= 1 ? $month = 1 : $month - 1;       //上个月
19. $m_lnk2 = $month >= 12 ? $month = 12 : $month + 1;     //下个月
20. echo "<table><tr>";
21. //输出年份，单击“<”链接跳到上一年，单击“>”链接跳到下一年
22. echo "<td colspan=4><a href='calendar_ext.php?year=$y_lnk1&month=$month'>
23.  <</a>" . $year . "年<a href='calendar_ext.php?year=$y_lnk2&month=$month'>>
     </a></td>";
24. //输出月份，单击“<”链接跳到上个月，单击“>”链接跳到下个月
25. echo "<td colspan=3><a href='calendar_ext.php?year=$year&month=$m_lnk1'>
26.  <</a>" . $month . "月<a href='calendar_ext.php?year=$year&month=$m_lnk2'>>
     </a></td> </tr>";
27. echo "<tr align=center>";
28. for ($i = 0; $i < 7; $i++) {
29.     echo "<td>$wd_ar[$i]</td> ";         //输出星期数组
30. }
31. echo "</tr>";
32. $tnum = $wd + date("t", mktime(0, 0, 0, $month, 1, $year));
                                             //计算星期几加上当月的天数
33. for ($i = 0; $i < $tnum; $i++) {
34.     $date = $i + 1 - $wd;                //计算日数在表格中的位置
35.     if ($i % 7 == 0)
36.         echo "<tr align=center>";        //一行的开始
37.     echo "<td>";
38.     if ($i >= $wd) {
39.         if ($date == $day && $month == date("n") && $year == date("Y"))
```

```
40.             //如果恰好是系统当天的日期，则将当天日期设置为红色并加粗
41.                 echo "<b><font color=red>" . $day . "</font></b>";
42.             else
43.                 echo $date;                //输出日数
44.         }
45.         echo "</td> ";
46.         if ($i % 7 == 6)
47.             echo "</tr> ";                 //一行结束
48.     }
49.     echo "</table>";
50.     ?>
```

项目实训 2.2 双色球

【实训介绍】

双色球是中国福利彩票的一种玩法。它分为红色球号码区和蓝色球号码区，每注投注号由 6 个红色球号码和 1 个蓝色球号码组成，红色球号码从 1~33 中选取，蓝色球号码从 1~16 中选取。双色球效果如图 2-16 所示。

图 2-16 双色球

【实训目的】

① 掌握 PHP 数组创建、初始化及一些数组函数的应用。

② 熟练掌握 PHP 数组遍历的方法。

【实训步骤】

① 创建一个 1~33 的红色球号码区数组，并随机取出 6 个号码。

② 创建一个 1~16 的蓝色球号码区数组，并随机取出 1 个号码。

③ 显示输出机选的红色球号码和蓝色球号码。

【示例代码】

```
1.  <html>
2.  <head>
3.      <meta charset="utf-8">
4.      <title>双色球</title>
5.      <style>
6.      figure{display: block;background: black;border-radius: 50%;height: 40px;
```

```
        line-height:38px;width: 40px;margin: 20px 5px; float:left;text-align:center;
        color:#FFFFFF; font-weight:bolder;}
7.         .red{
8.           background: -webkit-radial-gradient(10px 10px, circle, #ff0000, #000);
9.           background: -moz-radial-gradient(10px 10px, circle, #ff0000, #000);
10.          background: -ms-radial-gradient(10px 10px, circle, #ff0000, #000);
11.          background: radial-gradient(10px 10px, circle, #ff0000, #000);
12.            }
13.        .blue{
14.          background: -webkit-radial-gradient(10px 10px, circle, #0000ff, #000);
15.          background: -moz-radial-gradient(10px 10px, circle, #0000ff, #000);
16.          background: -ms-radial-gradient(10px 10px, circle, #0000ff, #000);
17.          background: radial-gradient(10px 10px, circle, #0000ff, #000);
18.          }
19.       </style>
20.  </head>
21.  <body>
22.  <?php
23.  //创建一个 1~33 的红色球号码区数组
24.  $red_num = range(1, 33);
25.  //随机从红色球号码区数组中获取 6 个键
26.  $keys = array_rand($red_num, 6);
27.  //打乱键顺序
28.  shuffle($keys);
29.  //根据键获取红色球号码区数组中相应的值
30.  foreach ($keys as $v) {
31.        //判断：当红色球号码是 1 位数时，在左侧补零
32.        $red[] = $red_num[$v] < 10 ? ('0' . $red_num[$v]) : $red_num[$v];
33.  }
34.  //随机从 1~16 的蓝色球号码区中取一个号码
35.  $blue_num = rand(1, 16);
36.  //判断：当蓝色球号码是 1 位数时，在左侧补零
37.  $blue = $blue_num < 10 ? ('0' . $blue_num) : $blue_num;
38.  foreach ($red as $v) {
39.        echo "<figure class=\"red\">$v</figure>";       //输出红色球号码
40.  }
41.  echo "<figure class=\"blue\">$blue</figure>";       //输出蓝色球号码
42.  ?>
43.  </body>
44.  </html>
```

任务 2.3 运用目录与文件实现投票统计

任务陈述

掌握文件处理技术对于 Web 开发者来说是十分重要的。虽然在处理信息方面，使用数据库是多数情况下的选择，但对于少量的数据，利用文件来存取是非常方便、快捷的。更关键的是，PHP 中提供了非常简单、方便的文件、目录处理方法。

本任务将综合目录和文件的操作知识，编写一个简单的投票统计程序。

本投票统计程序的初始页面显示出投票的 3 个选项，用户选择某个选项后单击“我要投票”按钮，页面中显示出投票的统计。不断重复这种操作，投票的统计结果也在不断变化。投票表单页面如图 2-17 所示，投票结果统计页面如图 2-18 所示。

图 2-17　投票表单页面

图 2-18　投票结果统计页面

知识准备

2.6 目录操作

微课 2-26
目录操作

可以对目录进行打开、读取、关闭、删除等常用操作。

2.6.1 创建和删除目录

1. 创建目录

使用 mkdir()函数可以根据提供的目录名或目录的全路径创建新的目录，如果创建成功，则返回True，否则返回False。

下面的程序代码说明了其含义和作用。

```
1.  <?php
2.  if (mkdir("./test"))          //在当前目录中创建 test 目录
3.      echo "创建成功";
4.  ?>
```

2. **删除目录**

使用rmdir()函数可以删除一个空目录，但是该函数必须具有相应的权限。如果目录不为空，必须先删除目录中的文件才能删除目录。

下面的程序代码说明了其含义和作用。

```
1.  <?php
2.  mkdir("example") ;            //在当前目录中创建 example 目录
3.  if(rmdir("example"))          //删除 example 目录
4.      echo "删除成功";
5.  ?>
```

注意：“./”表示当前目录，“..”表示上一级目录。如果目录前什么都没有，表示引用当前目录。使用**$_SERVER['DOCUMENT_ROOT']**可以引用网站的根目录。

2.6.2 获取和更改当前工作目录

1. **获取当前工作目录**

当前工作目录是指正在运行的文件所处的目录。使用getcwd()函数可以取得当前的工作目录，该函数没有参数。成功则返回当前的工作目录，失败则返回False。

下面的程序代码说明了其含义和作用。

```
1.  <?php
2.  echo getcwd();                  //输出结果：C:\xampp\htdocs\dophp\chapter2
3.  ?>
```

2. **更改当前工作目录**

使用chdir()函数可以设置当前的工作目录，该函数的参数是新的当前目录。下面的程序代码说明了其含义和作用。

```
1.  <?php
2.  echo getcwd()."<br>";                  //输出：C:\xampp\htdocs\dophp\chapter2
3.  mkdir("../chapter2/another");          //在 chapter2 目录中建立 another 目录
4.  chdir('../chapter2/another ');         //设置 another 目录为当前工作目录
5.  echo getcwd();                         //输出：C:\xampp\htdocs\dophp\chapter2\another
6.  ?>
```

2.6.3 打开和关闭目录句柄

文件和目录的访问都是通过句柄实现的。使用 opendir()函数可以打开一个目录句柄，该函数的参数是打开的目录路径，打开成功则返回 True，失败返回 False。打开目录句柄后，其他函数就可以调用该句柄了。为了节省服务器资源，使用完一个已经打开的目录句柄后，应该使用 closedir()函数关闭这个句柄。

下面的程序代码说明了其含义和作用。

```
1.  <?php
2.  $dir = "../another";          //目录位置为 C:\xampp\htdocs\dophp\chapter2\another
3.  $dir_handle = opendir($dir);          //打开 another 目录句柄
4.  if ($dir_handle)          //如为 True 则打开成功
5.      echo "打开目录句柄成功！";
6.  else
7.      echo "打开失败！";
8.  closedir($dir_handle);          //关闭目录句柄
9.  ?>
```

2.6.4 读取目录内容

PHP 提供了 readdir()函数用于读取目录内容。该函数参数是一个已经打开的目录句柄，并在每次调用时返回目录中下一个文件的文件名，在列出了所有的文件名后，函数返回 False。因此，该函数结合 while 循环可以实现对目录的遍历。

例如，在目录 C:\xampp\htdocs\dophp\chapter2 下创建了一个目录 phpfile，其中保存了 file1.php、file2.php、file3.php 这 3 个文件。当前文件目录是 phpfile，要遍历 phpfile 目录可以使用如下代码。

```
1.  <?php
2.  $dir="phpfile";          //或写成$dir="../chapter2/phpfile";
3.  $dir_handle=  opendir($dir);          //打开目录句柄
4.  if($dir_handle)
5.  {
6.      //通过 readdir()函数返回值是否为 False 判断是否到最后一个文件
7.      while(False!==($file= readdir($dir_handle))){
8.          echo $file."<br>";          //输出文件名
9.      }
10.         closedir($dir_handle);  //关闭目录句柄
11. }
12. else
13.     echo "打开目录失败！";
14. /*输出结果：
15. file1.php
16. file2.php
```

```
17.  file3.php
18.  */
19.  ?>
```

注意：由于 PHP 是弱类型语言，所以将整型值 0 和布尔值 False 视为等价。如果使用比较运算符“==”或“!=”，当目录中有一个文件的文件名为“0”时，则遍历目录的循环将停止。所以在设置判断条件时要使用“===”和“!==”运算符进行强类型检查。

2.6.5 获取指定路径的目录和文件

scandir()函数可列出指定路径中的目录和文件，语法格式如下：

```
array scandir(string $directory [,int $sorting_order [,resource $context]])
```

$directory 为指定路径；参数$sorting_order 默认是按字母升序排列，如果设为 1 表示按字母的降序排列；$context 是可选参数，是一个资源变量，可以用 stream_context_create()函数生成，这个变量保存着与具体的操作对象有关的一些数据。函数运行成功，则返回一个包含指定路径下的所有目录和文件的数组；失败，则返回 False。

下面的程序代码说明了其含义和作用。

```
1.  <?php
2.  $dir = "phpfile";
3.  $f1 = scandir($dir);
4.  $f2 = scandir($dir, 1);
5.  if ($f1 == False) {
6.      echo "读取失败！";
7.  } else {
8.      print_r($f1); //输出：Array ( [0] => . [1] => .. [2] => file1.php [3] => file2.php [4]
        => file3.php )
9.      }
10. print_r($f2);    //输出：Array ( [0] => file3.php [1] => file2.php [2] => file1.php [3]
    => .. [4] => . )
11. ?>
```

微课 2-27
文件操作

2.7 文件操作

文件操作与目录操作有类似之处，文件操作一般包括打开、读取、写入、关闭等。如果要将数据写入一个文件，一般先要打开该文件；如果文件不存在，则先创建，然后将数据写入文件；最后还需要关闭这个文件。如果要读取一个文件中的数据，同样需要先打开该文件；如果文件不存在，则自动退出；如果文件存在，则读取该文件的数据，读完数据后关闭文件。

2.7.1　文件的打开与关闭

1. 打开文件

打开文件使用的是 fopen()函数，语法格式如下：

```
resource fopen(string $filename,string $mode [,bool $use_include_path [, resource $context ]])
```

（1）$filename 参数

fopen()函数将$filename 参数指定名称的资源绑定到一个流上。

如果$filename 的值是一个由目录和文件名组成的字符串，则 PHP 认为指定的是一个本地文件，将尝试在该文件上打开一个流。如果文件存在，函数将返回一个句柄；如果文件不存在或没有该文件的访问权限，则返回 False。

如果$filename 是"schme://…"的格式，则被当做一个 URL，PHP 将搜索协议处理器（也被称为封装协议）来处理此模式。例如，如果文件名是以"http://"开始，则 fopen()函数将建立一个到指定服务器的 HTTP 连接，并返回一个指向 HTTP 响应的指针；如果文件名是以"ftp://"开始，fopen()函数将建立一个连接到指定服务器的被动模式，并返回一个文件开始的指针。如果访问的文件不存在或没有访问权限，函数会返回 False。

注意：访问本地文件时，在 UNIX 环境下，目录中的间隔符为正斜线"/"。在 Windows 环境下可以是正斜线"/"或双反斜线"\\"。另外，要访问 URL 形式的文件，首先要确定 PHP 配置文件的 allow_url_fopen 选项处于打开状态，如果处于关闭状态，PHP 将会发出一个警告，而 fopen()函数调用失败。

（2）$mode 参数

$mode 参数指定了 fopen()函数访问文件的模式，取值及说明见表 2-8。

表 2-8　fopen()函数访问文件模式的取值及说明

$mode 参数	说　明
r	以只读方式打开文件，从文件头开始读
r+	以读写方式打开文件，从文件头开始读写
w	以写入方式打开文件，将文件指针指向文件头。如果文件已经存在，则删除已有内容；如果文件不存在，则尝试创建
w+	以读写方式打开文件，将文件指针指向文件头。如果文件已经存在，则删除已有内容；如果文件不存在，则尝试创建
a	以写入方式打开文件，将文件指针指向文件末尾。如果文件已有内容，将从文件末尾开始写；如果文件不存在，则尝试创建
a+	以读写方式打开文件，将文件指针指向文件末尾。如果文件已有内容，将从文件末尾开始写；如果文件不存在，则尝试创建
x	创建并以写入方式打开文件，将文件指针指向文件头。如果文件已存在，则 fopen()调用失败并返回 False，并生成一条 E_WARNING 级别的错误信息；如果文件不存在，则尝试创建。这些选项被 PHP 及以后的版本所支持，仅能用于本地文件
x+	创建并以读写方式打开文件，将文件指针指向文件头。如果文件已存在，则 fopen()调用失败并返回 False，并生成一条 E_WARNING 级别的错误信息；如果文件不存在，则尝试创建。这些选项被 PHP 及以后的版本所支持，仅能用于本地文件
b	二进制模式，用于连接在其他模式后面。如果文件系统能够区分文件和文本文件（Windows 区分，而 UNIX 不区分），则需要使用到这个选项，推荐一直使用这个选项，以便获得最佳程度的可移植性

（3）$use_include_path 参数

如果需要在 include_path（PHP 的 include 路径，在 PHP 的配置文件中设置）中搜寻文件，则可以将可选参数$use_include_path 的值设为 1 或 True，默认为 False。

（4）$context 参数

对于可选的$context 参数，只有文件被远程打开时（如通过 HTTP 打开）才使用，它是一个资源变量，其中保存着与 fopen()函数具体的操作对象有关的一些数据。如果 fopen()打开的是一个 HTTP 地址，那么这个变量记录着 HTTP 请求的请求类型、HTTP 版本及其他头信息；如果打开的是 FTP 地址，则记录的可能是 FTP 的被动/主动模式。

下面的程序代码说明了其含义和作用。

```
1.  <?php
2.  //假设当前目录是 C:\xampp\htdocs\dophp\chapter2，目录中包含文件 1.txt
3.  $handle = fopen("1.txt", "r+");                    //以读写方式打开文件
4.  if ($handle)
5.      echo "打开成功！";
6.  else
7.      echo "打开文件失败！";
8.  $URL_handle = fopen("http://www.hcit.edu.cn", "r"); //以只读方式打开 URL 文件
9.  ?>
```

2. 关闭文件

文件处理完毕，需要使用 fclose()函数关闭文件，语法格式如下：

```
bool fclose(resource $handle)
```

参数$handle 为要打开的文件指针，文件指针必须有效，如果关闭成功，则返回 True；否则返回 False。

下面的程序代码说明了其含义和作用。

```
1.  <?php
2.  //假设当前目录是 C:\xampp\htdocs\dophp\chapter2，目录中包含文件 1.txt
3.  $handle = fopen("1.txt", "w");         //以写入方式打开文件
4.  if (fclose($handle))
5.      echo "关闭文件";
6.  else
7.      echo "关闭失败！";
8.  ?>
```

2.7.2 文件的写入

文件在写入前需要打开文件，如果文件不存在，则先要创建。在 PHP 中没有专门用于创建文件的函数，一般可以使用 fopen()函数来创建，文件模式可以

是“w”“w+”“a”“a+”。

下面的代码将在 C:\xampp\htdocs\dophp\chapter2 目录下新建一个名为 welcome.txt 的文件。

```
1.  <?php
2.  $handle= fopen("C:/xampp/htdocs/dophp/chapter2/welcome.txt", "w");
3.  ?>
```

1. fwrite()函数

文件打开后，向文件中写入内容可以使用 fwrite()函数，语法格式如下：

```
int fwrite(resource $handle, $string $string [,int $length ])
```

参数$handle 是写入的文件句柄；$string 是将写入文件中的字符串数据；$length 是可选参数，如果指定了$length，则当写入了$string 中的前$length 个字节的数据后停止写入。

下面的程序代码说明了其含义和作用。

```
1.  <?php
2.  //打开 welcome.txt 文件，不存在则先创建
3.  $handle = fopen("C:/xampp/htdocs/dophp/chapter2/welcome.txt", "w");
4.  $num = fwrite($handle, "Hello!My name is Mile.", 8);
5.  if ($num) {
6.      echo "写入文件成功<br>";
7.      echo "写入的字节数为" . $num . "个";  //成功写入 8 个字节“Hello!My”
8.      fclose($handle);                      //关闭文件
9.  }else
10.     echo "文件写入失败！";
11. ?>
```

2. file_put_contents()函数

PHP5 还引入了 file_put_contents()函数，该函数的功能与依次调用 fopen()、fwrite()及 fclose()函数的功能一样，语法格式如下：

```
int file_put_contents(string $filename, string $data [,int $flags [,resource $context ]])
```

$filename 是要写入数据的文件名；$data 是要写入的字符串，也可以是数组，但不能为多维数组；在使用 FTP 或 HTTP 向远程文件写入数据时，可以使用可选参数$flags 和$context，这里不具体介绍。写入成功后，函数返回写入的字节数，否则返回 False。

下面的程序代码说明了其含义和作用：

```
1.  <?php
2.  $str="这是文件 1 中写入的字符串";
3.  $array=array("将数组","内容写入","文件 2 中");
```

```
4.  //使用$_SERVER['DOCUMENT_ROOT']引用网站的根目录 C:\xampp\htdocs
5.  //将$str 写入 1.txt 文件
6.  file_put_contents($_SERVER['DOCUMENT_ROOT']."/dophp/chapter2/1.txt", $str);
7.  //将$array 写入 2.txt 文件
8.  file_put_contents($_SERVER['DOCUMENT_ROOT']."/dophp/chapter2/2.txt",
    $array);
9.  ?>
```

2.7.3 文件的读取

1. 读取任意长度

fread()函数可以用于读取文件的内容，语法格式如下：

```
string fread(int $handle,int $length)
```

参数$handle 是已经打开的文件指针；$length 是指定读取的最大字节数，$length 的最大取值为 8192。如果读完$length 个字节数之前遇到文件结尾标志（EOF），则返回所读取的字符，并停止读取操作。如果读取成功，则返回读取的字符串；如果出错，则返回 False。

下面的程序代码说明了其含义和作用。

```
1.  <?php
2.  $handle = fopen("C:/xampp/htdocs/dophp/chapter1/1.txt", "r");
3.  $content = "";
4.  while (!feof($handle)) {
5.      $data = fread($handle, 8192);
6.      $content.=$data;
7.  }
8.  echo $content;
9.  fclose($handle);
10. ?>
```

2. 读取整个文件

（1）file()函数

file()函数用于将整个文件读取到一个数组中，语法格式如下：

```
array file(string $filename [,int $use_include_path [,resource $context ]])
```

该函数的作用是将文件作为一个数组返回，数组中的每个单元都是文件中的一行，包括换行符在内，如果失败，则返回 False。参数$filename 是读取的文件名；参数$use_include_path 和$context 的意义与之前介绍的相同。

下面的程序代码说明了其含义和作用。

```
1.  <?php
```

```
2.    $line = file("C:/xampp/htdocs/dophp/chapter2/1.txt");
                                              //将文件 1.txt 中的内容读取到数组$line 中
3.    foreach ($line as $content) {           //遍历$line 数组
4.        echo $content . "<br>";
5.    }
6.    ?>
```

（2）readfile()函数

readfile()函数用于输出一个文件的内容到浏览器中，语法格式如下：

```
int readfile(string $filename [,bool $use_include_path [,resource $content ]])
```

例如，读取当前目录 C:\xampp\htdocs\dophp\chapter2 下 gushi.txt 文件中的内容到浏览器中。

下面的程序代码说明了其含义和作用，浏览效果如图 2-19 所示。

```
1.    <?php
2.    $filename = "gushi.txt";
3.    $num = readfile($filename);                  //输出文件的所有内容
4.    echo "<hr>读取到的字节数为：" . $num;       //输出读取到的字节数
5.    ?>
```

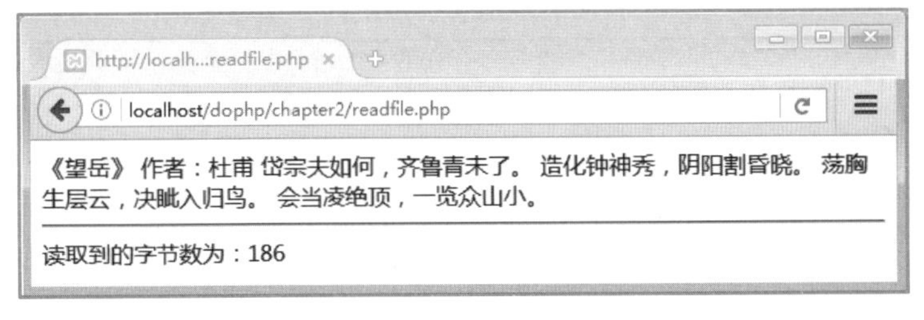

图 2-19　输出文件到浏览器

（3）file_get_contents()函数

file_get_contents()函数可以将整个或部分文件内容读取到一个字符串中，功能与依次调用 fopen()、fread()及 fclose()函数的功能一样。语法格式如下：

```
string file_get_contents(string $filename [,int $offset [,int $maxlen]])
```

$filename 是要读取的文件名；可选参数$offset 可以指定从文件头开始的偏移量，函数可以返回从$offset 所指定的位置开始的长度为$maxlen 的内容。如果失败，函数将返回 False。

下面的程序代码说明了其含义和作用。

```
1.    <?php
2.    $filecontent = file_get_contents("gushi.txt");  //获取文件内容
```

```
3.    echo $filecontent;                              //输出文件内容
4.    ?>
```

3. 读取一行数据

fgets()函数可以从文件中读出一行文本，语法格式如下：

```
string fgets(int $handle [,int $length])
```

$handle 是已经打开的文件句柄，可选参数$length 指定了返回的最大字节数，考虑到行结束符，最多可以返回 length-1 个字节的字符串。如果没有指定$length，则默认为 1024 B。

下面的程序代码说明了其含义和作用，浏览效果如图 2-20 所示。

```
1.    <?php
2.    $handle = fopen("songci.txt", "r");         //打开文件
3.    if ($handle) {
4.        while (!feof($handle)) {                 //判断是否到文件末尾
5.            $buffer = fgets($handle);            //逐行读取文件内容
6.            echo $buffer . "<br>";
7.        }
8.        fclose($handle);                         //关闭文件
9.    }
10.   ?>
```

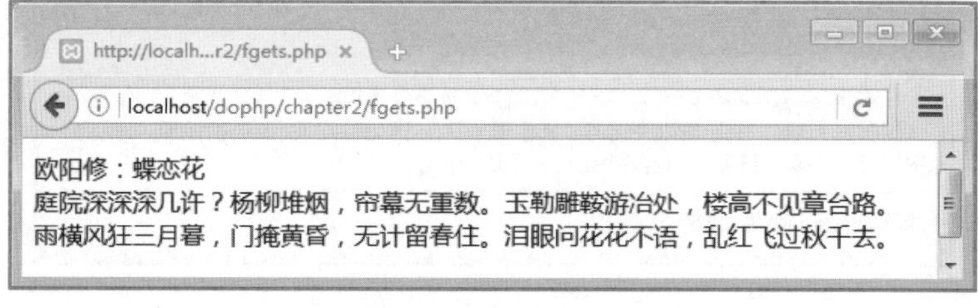

图 2-20 逐行读取文件内容

4. 读取一个字符

fgetc()函数可以从文件指针处读取一个字符，语法格式为：

```
string fgetc(resource $handle)
```

该函数返回$handle 指针指向的文件中的一个字符，遇到 EOF，则返回 False。

下面的程序代码说明了其含义和作用。

```
1.    <?php
2.    $handle = fopen("songci.txt", "r");
3.    while (!feof($handle)) {
```

```
4.        $char = fgetc($handle);
5.        echo ($char == "\n" ? '<br>' : $char);
6.    }
7.    ?>
```

程序运行后，页面浏览效果与图 2-20 完全相同。

2.7.4 文件的上传与下载

在动态网站应用中，文件上传和下载已经成为一个常用功能。客户可以通过浏览器将文件上传到服务器上的指定目录，或者将服务器上的文件下载到客户端主机上。

1. 文件上传

文件上传后，首先存放在服务器的临时文件目录中，这时 PHP 将获得一个 $_FILES 的全局数组，成功上传后的文件信息被保存在这个数组中。可以通过 $_FILES 进行相关信息的打印等操作。

对于$_FILES 数组中的元素，第 1 个键名统一为 upfile，是 HTML 表单中文件域控件的名称，第 2 个键名可以为 name、type、size、tmp_name 或 error 等文件基本信息元素。具体信息见表 2-9。

表 2-9 $_FILES 全局数组相关信息

全局数组$_FILES	说　明
$_FILES['file']['name']	上传文件在客户端的原名称
$_FILES['file']['type']	文件类型
$_FILES['file']['size']	已上传文件的大小，单位为字节
$_FILES['file']['tmp_name']	文件被上传后在服务器端储存的临时文件名
$_FILES['file']['error']	上传时产生的错误信息代码

上传文件的类型，需要浏览器提供该信息的支持。常用的值见表 2-10。

表 2-10 上传文件类型及说明

文件类型	说　明
text/plain	表示普通文本文件
image/gif	表示 GIF 图片
image/pjpeg	表示 JPEG 图片
application/msword	表示 Word 文件
text/html	表示 HTML 格式的文件
application/pdf	表示 PDF 格式的文件
audio/mpeg	表示 mp3 格式的音频文件
application/x-zip-compressed	表示 ZIP 格式的压缩文件
application/octet-stream	表示二进制文件，如 EXE 文件、RAR 文件、视频文件等

PHP 将随文件信息数组一起返回一个对应的错误代码。该代码可以在文件上传时生成的文件数组中的 error 字段中找到，也就是$_FILES['userfile']['error'],

见表 2-11。

表 2-11 文件上传错误说明

属 性	说 明
UPLOAD_ERR_OK	值为 0，没有错误发生，文件上传成功
UPLOAD_ERR_INI_SIZE	值为 1，上传的文件超过了 php.ini 中 upload_max_filesize 选项限制的值
UPLOAD_ERR_FORM_SIZE	值为 2，上传文件的大小超过了 HTML 表单中 MAX_FILE_SIZE 选项指定的值
UPLOAD_ERR_PARTIAL	值为 3，文件只有部分被上传
UPLOAD_ERR_NO_FILE	值为 4，没有文件被上传
UPLOAD_ERR_NO_TMP_DIR	值为 5，找不到临时文件夹
UPLOAD_ERR_CANT_WRITE	值为 6，文件写入失败

文件上传结束后，默认存储在临时目录中，这时必须将其从临时目录中删除或移动到其他地方。不管是否上传成功，脚本执行完后，临时目录里的文件肯定会被删除。因此在删除之前要使用 move_uploaded_file()函数将它移动到其他位置，此时才完成上传文件过程。

move_uploaded_file()函数语法格式如下：

```
bool move_uploaded_file(string $filename,string $detination)
```

例如，下面一句代码表示将由表单文件域控件 myfile 上传的文件移动到 upload 目录下并将文件命名为 ex.txt。

```
move_uploaded_file($_FILES['myfile']['tmp_name'], 'upload/ex.txt');
```

注意：在移动文件之前需要检查文件是不是通过 **HTTP POST** 上传的，这可以确保恶意的用户无法欺骗脚本去访问本不能访问的文件，这时需要使用 **is_uploaded_file()**函数。该函数的参数为文件的临时文件名，若文件是通过 **HTTP POST** 上传的，则函数返回 **True**。

2. 文件下载

header()函数的作用是向浏览器发送正确的 HTTP 报头，报头指定了网页内容的类型、页面的属性等信息。header()函数的功能很多，这里只列出以下几点。

（1）页面跳转功能

如果 header()函数的参数为 Location:xxx，页面就会自动跳转到 xxx 指向的 URL 地址。下面的代码说明了其含义和作用。

```
header("Location:http://www.sina.com.cn");  //跳转到新浪页面
header("Location:hello.php");               //跳转到工作目录下的 hello.php 页面
```

（2）指定网页内容功能

例如，同样的一个 XML 格式的文件，如果 header()函数的参数指定为 Content-type:application/xml，浏览器会将其按照 XML 文件格式来解析。但如果是 Content-type:text/xml，浏览器就会将其当做文本来解析。

（3）文件下载功能

header()函数结合 readfile()函数可以下载将要浏览的文件。例如，下载站点 chapter2 目录下的 gushi.txt 文件。页面在浏览器中预览后，打开“文件下载”对话框，用户可以单击“保存”按钮将文件下载到本地。

下面的程序代码说明了其含义和作用，浏览效果如图 2-21 所示。

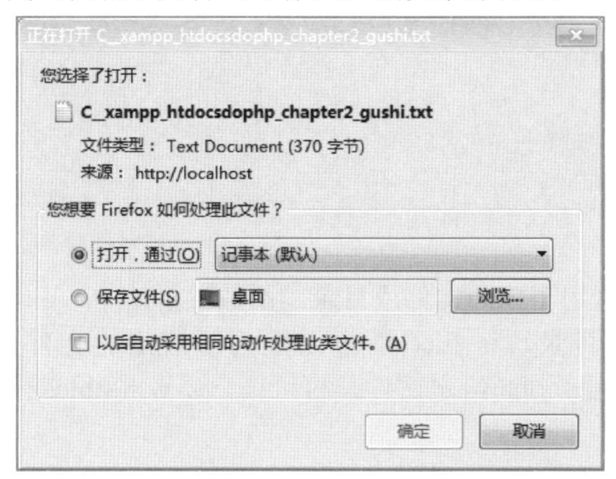

图 2-21 “文件下载”对话框

```
1.  <?php
2.  $textname = $_SERVER['DOCUMENT_ROOT'] . "dophp/chapter2/gushi.txt";
                                                   //下载的文件
3.  header("Content-type:text/plain");              //下载文件的类型
4.  header("Content-Length:" . filesize($textname)); //下载文件的大小
5.  header("Content-Disposition:attachment;filename=$textname"); //下载文件的描述
6.  readfile($textname);               //将文件内容读取出来并直接输出，以便下载
7.  ?>
```

2.7.5 其他常用的文件处理函数

1. 处理文件大小函数

在文件上传程序中使用的 filesize()函数用于计算文件的大小，以字节为单位。下面的程序代码说明了其含义和作用。

```
1.  <?php
2.  $filename = "C:/xampp/htdocs/dophp/chapter2/gushi.txt";
3.  $num = filesize($filename);       //计算文件大小
4.  echo ($num / 1024) . "KB";        //以 KB 为单位输出文件大小
5.  ?>
```

PHP 还有一系列获取文件信息的函数，如 fileatime()函数用于取得文件的上次访问时间，fileowner()函数用于取得文件的所有者，filetype()函数用于取得文件的类型等。

2. 判断文件是否存在函数

如果希望在不打开文件的情况下检查文件是否存在，可以使用 file_exists()

函数。函数的参数为指定的文件或目录。

下面的程序代码说明了其含义和作用。

```
1.  <?php
2.  $filename = "C:/xampp/htdocs/dophp/chapter2/gushi.txt";
3.  if (file_exists($filename)) {        //检查 gushi.txt 文件是否存在
4.      echo "文件存在。";
5.  } else {
6.      echo "文件不存在。";
7.  }
8.  ?>
```

PHP 还有一些用于判断文件或目录的函数，例如，is_dir()函数用于判断给定文件名是否为目录，is_file()函数用于判断给定的文件名是否为文件，is_readable()函数用于判断给定文件是否可读，is_writeable()函数用于判断给定文件是否可写。

3. 删除文件函数

使用 unlink()函数可以删除不需要的文件，如果成功，将返回 True，否则返回 False。

下面的程序代码说明了其含义和作用。

```
1.  <?php
2.  $filename = "C:/xampp/htdocs/dophp/chapter2/gushi.txt";
                                      //删除 chapter2 目录下的 ghushi.txt 文件
3.  unlink($filename);
4.  ?>
```

4. 复制文件函数

在文件操作中经常会遇到要复制文件或目录的情况，可以使用 copy()函数来完成此操作，语法格式如下：

```
bool copy(string $source,string $dest)
```

下面的程序代码说明了其含义和作用。

```
1.  <?php
2.  $sourcefile = "C:/xampp/htdocs/dophp/chapter2/gushi.txt";           //源文件
3.  $targetfile = "C:/xampp/htdocs/dophp/chapter2/gushicopy.txt";       //目标文件
4.  if (copy($sourcefile, $targetfile)) {
5.      echo "文件复制成功。";
6.  }
7.  ?>
```

5. 移动、重命名文件

除了 move_uploaded_file()函数外，rename()函数也可以移动文件，语法格式如下：

```
bool rename(string $oldname,string $newname [,resource $content])
```

rename()函数主要用于对一个文件进行重命名，$oldname 是文件的旧名，$newname 为新的文件名。当然，如果$oldname 与$newname 的路径不同，就实现了移动该文件的操作。

下面的程序代码说明了其含义和作用。

```
1.    <?php
2.    $filename = "C:/xampp/htdocs/dophp/chapter2/gushi.txt";
3.    $newname = "C:/xampp/htdocs/dophp/chapter2/gushi_1.txt";
4.    if (rename($filename, $newname)) { //重命名 gushi.txt 文件
5.        echo "文件重命名成功。";
6.    }
7.    ?>
```

6. 文件指针操作函数

PHP 中有很多操作文件指针的函数，如 feof()、rewind()、ftell()、fseek()函数等。

（1）feof()函数

feof()函数用于测试文件指针是否处于文件尾部。

（2）rewind()函数

rewind()函数用于重置文件的指针，使指针返回到文件头。它的参数只有一个，就是已经打开的指定文件的文件句柄。

（3）ftell()函数

ftell()函数可以以字节为单位报告文件中指针的位置，也就是文件流中的偏移量。它的参数也是打开的文件句柄。

（4）fseek()函数

fseek()函数可以用于移动文件指针，语法格式如下：

```
int fseek (resource $handle ,int $offset [, int $whence ])
```

下面的程序代码说明了其含义和作用。

```
1.    <?php
2.    $file = "C:/xampp/htdocs/dophp/chapter2/gushi.txt";   //文件 gushi.txt
3.    $handle = fopen($file, "r");                          //以只读方式打开文件
4.    echo "当前指针为：" . ftell($handle) . "<br>";        //显示指针的当前位置为 0
5.    fseek($handle, 100);                        //将指针移动到文件头开始 100 字节位置
6.    echo "当前指针为：" . ftell($handle) . "<br>";        //显示当前指针值为 100
7.    rewind($handle);                                      //重置指针位置
8.    echo "当前指针为：" . ftell($handle) . "<br>";        //指针值为 0
9.    ?>
```

微课 2-28
运用目录与文件
实现投票统计

任务实施

1. 任务介绍与实施思路

综合前面所学的目录和文件的操作知识，编写一个简单的投票统计程序。学习表单制作、file_exists()函数、fopen()函数、fread()函数、fwrite()函数、fclose()函数等操作函数。

2. 功能实现过程

① 启动 Apache 服务器，测试服务器是否正常启动。

② 启动 PHP 编辑软件 NetBeans，在 chapter2 目录下新建 vote 目录，并在 vote 目录下新建 php 文件 vote.php。

③ 编辑程序，输入代码。

```
1.  <html>
2.  <head>
3.      <meta http-equiv="Content-Type" content="text/html; charset=UTF-8">
4.      <title>投票统计</title>
5.  </head>
6.  <body>
7.  <form action="" method="post">
8.  <table>
9.      <tr><td><b>你最喜欢的 NBA 球队：</b></td></tr>
10.     <tr><td><input type="radio" name="vote" value="火箭">火箭</td></tr>
11.     <tr><td><input type="radio" name="vote" value="湖人">湖人</td></tr>
12.     <tr><td><input type="radio" name="vote" value="快船">快船</td></tr>
13.     <tr><td><input type="submit" name="bt" value="我要投票"></td></tr>
14. </table>
15. </form>
16. <?php
17. $votefile = "vote.txt";
18. if (!file_exists($votefile)) {
19.     $handle = fopen($votefile, "w+");
20.     fwrite($handle, "0|0|0");
21.     fclose($handle);
22. }
23. if (isset($_POST['bt'])) {
24.     if (isset($_POST['vote'])) {
25.         $vote = $_POST['vote'];
26.         $handle = fopen($votefile, "r+");
27.         $votestr = fread($handle, filesize($votefile));
28.         fclose($handle);
29.         $votearray = explode("|", $votestr);
30.         echo "<h3>投票完毕</h3>";
31.         if ($vote == '火箭')
32.             $votearray[0] ++;
```

```
33.             if ($vote == '湖人')
34.                 $votearray[1] ++;
35.             if ($vote == '快船')
36.                 $votearray[2] ++;
37.             echo "目前火箭的支持票数为：" . $votearray[0] . "<br>";
38.             echo "目前湖人的支持票数为：" . $votearray[1] . "<br>";
39.             echo "目前快船的支持票数为：" . $votearray[2] . "<br>";
40.             $sum = $votearray[0] + $votearray[1] + $votearray[2];
41.             echo "总票数为：" . $sum . "<br>";
42.             $votestr2 = implode("|", $votearray);
43.             $handle = fopen($votefile, "w+");
44.             fwrite($handle, $votestr2);
45.             fclose($handle);
46.         }
47.         else {
48.             echo "<script>alert('未选择投票选项。!')</script>";
49.         }
50.     }
51.     ?>
52.     </body>
53.     </html>
```

④ 保存后，运行项目，在浏览器地址栏中输入 http://localhost/dophp/chapter2/vote/vote.php。

任务拓展

文件上传

（1）任务介绍

文件上传在 Web 开发中是很常见的功能，通过 PHP 代码可以实现把文件上传到服务器。文件上传目录结构如图 2-22 所示。

图 2-22　文件上传目录结构

upload 为文件上传目录，form.html 文件为上传表单页面，upload_file.php

文件实现最终的上传功能。

（2）实现步骤

① 创建文件上传表单。

允许用户从表单上传文件是非常有用的，参考代码如下。

```
1.  <html>
2.      <head>
3.          <meta charset="utf-8">
4.          <title>文件上传</title>
5.      </head>
6.      <body>
7.          <form action="upload_file.php" method="post" enctype="multipart/
            form-data">
8.              <label for="file">文件名：</label>
9.              <input type="file" name="file" id="file"><br>
10.             <input type="submit" name="submit" value="提交">
11.         </form>
12.     </body>
13. </html>
```

将以上代码保存到 form.html 文件中。<form>标签的 enctype 属性规定了在提交表单时要使用哪种内容类型。在表单需要二进制数据时，如文件内容，应使用"multipart/form-data"。<input>标签的 type="file"属性规定了应该把输入作为文件来处理。当在浏览器中预览时，会看到输入框旁边有一个浏览按钮。

② 创建上传脚本，参考代码如下。

```
1.  <?php
2.  if ($_FILES["file"]["error"] > 0) {
3.      echo "错误：" . $_FILES["file"]["error"] . "<br>";
4.  } else {
5.      echo "上传文件名: " . $_FILES["file"]["name"] . "<br>";
6.      echo "文件类型: " . $_FILES["file"]["type"] . "<br>";
7.      echo "文件大小: " . ($_FILES["file"]["size"] / 1024) . " KB<br>";
8.      echo "文件临时存储的位置: " . $_FILES["file"]["tmp_name"];
9.  }
10. ?>
```

通过使用 PHP 的全局数组$_FILES，可以从客户计算机向远程服务器上传文件。这是一种非常简单的文件上传方式。基于安全方面的考虑，增加用户上传文件类型和文件大小的限制。

③ 上传限制，参考代码如下。

```
1.  <?php
2.  // 允许上传的图片扩展名
3.  $allowedExts = array("gif", "jpeg", "jpg", "png");
```

```
4.    $temp = explode(".", $_FILES["file"]["name"]);
5.    $extension = end($temp); // 获取文件扩展名
6.    if ((($_FILES["file"]["type"] == "image/gif") || ($_FILES["file"]["type"] ==
      "image/jpeg") || ($_FILES["file"]["type"] == "image/jpg") || ($_FILES["file"]["type"]
      == "image/pjpeg") || ($_FILES["file"]["type"] == "image/x-png") || ($_FILES["file"]
      ["type"] == "image/png")) && ($_FILES["file"]["size"]< 204800)
                                                                    // 文件小于 200 KB
7.            && in_array($extension, $allowedExts)) {
8.        if ($_FILES["file"]["error"] > 0) {
9.            echo "错误：: " . $_FILES["file"]["error"] . "<br>";
10.       } else {
11.           echo "上传文件名: " . $_FILES["file"]["name"] . "<br>";
12.           echo "文件类型: " . $_FILES["file"]["type"] . "<br>";
13.           echo "文件大小: " . ($_FILES["file"]["size"] / 1024) . " KB<br>";
14.           echo "文件临时存储的位置: " . $_FILES["file"]["tmp_name"];
15.       }
16.   } else {
17.       echo "非法的文件格式";
18.   }
19.   ?>
```

在代码中增加了对上传文件类型的限制，用户只能上传 GIF、JPEG、JPG、PNG 格式的文件，且文件大小必须小于 200 KB。

④ 保存被上传的文件，参考代码如下。

```
1.    <?php
2.    // 允许上传的图片扩展名
3.    $allowedExts = array("gif", "jpeg", "jpg", "png");
4.    $temp = explode(".", $_FILES["file"]["name"]);
5.    $extension = end($temp); //获取文件扩展名
6.    if ((($_FILES["file"]["type"] == "image/gif") || ($_FILES["file"]["type"] ==
      "image/jpeg") || ($_FILES["file"]["type"] == "image/jpg") || ($_FILES["file"]["type"]
      == "image/pjpeg") || ($_FILES["file"]["type"] == "image/x-png") || ($_FILES["file"]
      ["type"] == "image/png")) && ($_FILES["file"]["size"] < 204800)
                                                              // 文件小于 200 KB
7.            && in_array($extension, $allowedExts)) {
8.        if ($_FILES["file"]["error"] > 0) {
9.            echo "错误：: " . $_FILES["file"]["error"] . "<br>";
10.       } else {
11.           echo "上传文件名: " . $_FILES["file"]["name"] . "<br>";
12.           echo "文件类型: " . $_FILES["file"]["type"] . "<br>";
13.           echo "文件大小: " . ($_FILES["file"]["size"] / 1024) . " KB<br>";
14.           echo "文件临时存储的位置: " . $_FILES["file"]["tmp_name"] . "<br>";
15.           // 判断当前目录下的 upload 目录下是否存在该文件
16.           // 如果没有 upload 目录，需要创建它
```

```
17.             if (file_exists("upload/" . $_FILES["file"]["name"])) {
18.                 echo $_FILES["file"]["name"] . " 文件已经存在。 ";
19.             } else {
20.             // 如果 upload 目录下不存在该文件，则将文件上传到 upload 目录下
21.             move_uploaded_file($_FILES["file"]["tmp_name"], "upload/" . $_FILES
                ["file"]["name"]);
22.                 echo "文件存储在: " . "upload/" . $_FILES["file"]["name"];
23.             }
24.         }
25. } else {
26.     echo "非法的文件格式";
27. }
28. ?>
```

文件上传时会在 PHP 临时文件夹中创建一个被上传文件的临时副本，这个临时的副本文件会在脚本结束时消失。要保存被上传的文件，需要把它复制到另外的位置。代码检测了文件是否已存在，如果不存在，则把文件复制到名为 upload 的目录下。

（3）页面效果

在浏览器中打开表单页面，如图 2-23 所示。单击“浏览”按钮，打开“文件上传”对话框，如图 2-24 所示。选择上传文件后出现上传文件的相关信息，如图 2-25 所示，表示文件上传成功。

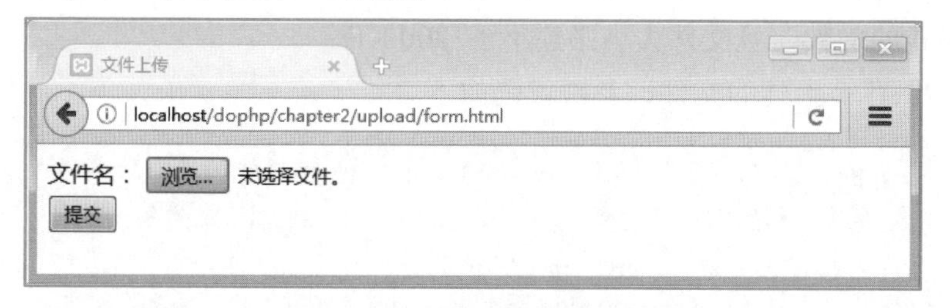

图 2-23 文件上传表单页面

图 2-24 “文件上传”对话框

图 2-25　上传文件信息

项目实训 2.3　遍历目录

【实训介绍】

遍历目录是文件与目录操作中的常见功能。通过 opendir()、readdir()、closedir()等函数可以实现遍历目录的功能。

如图 2-26 所示的目录结构，遍历该目录的页面效果如图 2-27 所示。

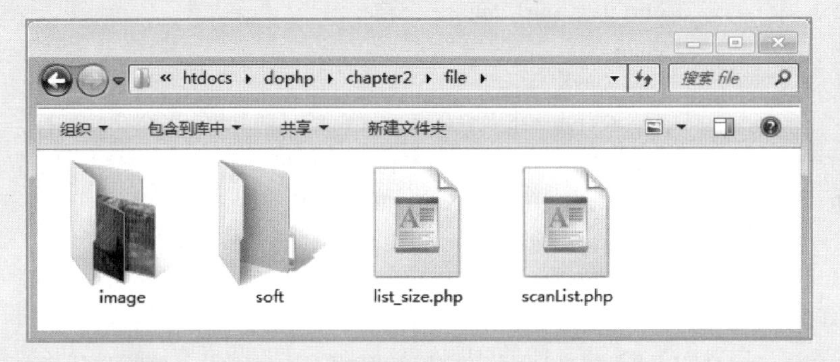

图 2-26　目录结构

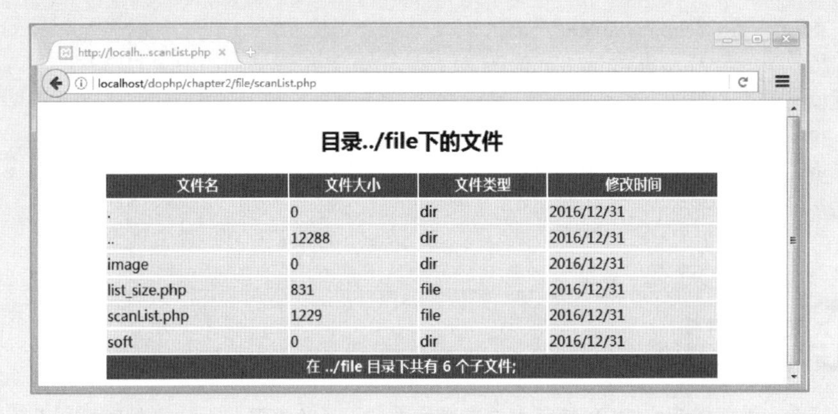

文件名	文件大小	文件类型	修改时间
.	0	dir	2016/12/31
..	12288	dir	2016/12/31
image	0	dir	2016/12/31
list_size.php	831	file	2016/12/31
scanList.php	1229	file	2016/12/31
soft	0	dir	2016/12/31
在 ../file 目录下共有 6 个子文件;			

图 2-27　遍历目录

【实训目的】

① 掌握目录与文件的综合应用。

② 熟练掌握函数的定义及调用。

【示例代码】

```
1.    <?php
2.    echo "<style>";
```

```
3.   echo "table{width: 700px;margin: 0 auto;}";
4.   echo "table th{ background:#0066ff; color:#ffffff; line-height:25px}";
5.   echo "table td{ background:#eee; color:#000; line-height:25px}";
6.   echo "</style>";
7.   function findDir($dirName) {
8.       $num = 0;                              //统计子文件个数
9.       $dir_handle = opendir($dirName); //打开目录
10.         echo '<table>';
11.         echo '<caption><h2>目录' . $dirName . '下的文件</h2></caption>';
12.         echo '<tr>';
13.         echo '<th>文件名</th><th>文件大小</th><th>文件类型</th><th>修改时间
            </th></tr>';
14.         while ($file = readdir($dir_handle)) {
15.             $dirFile = $dirName . '/' . $file;
16.             $num++;
17.             echo '<tr>';
18.             echo '<td>' . $file . '</td>';
19.             echo '<td>' . filesize($dirFile) . '</td>';
20.             echo '<td>' . filetype($dirFile) . '</td>';
21.             echo '<td>' . date('Y/n/t', filemtime($dirFile)) . '</td>';
22.             echo '</tr>';
23.         }
24.         echo "<tr><th colspan='4'>在 $dirName 目录下共有 $num 个子文件;
            </th></tr>";
25.         echo "</table>";
26.         closedir($dir_handle);              //关闭目录
27.  }
28.  //调用函数，遍历目录
29.  findDir('../file');
30.  ?>
```

单元小结

函数和数据处理在PHP编程中有重要的地位，不论编写什么样的程序都少不了和各种各样的数据打交道。

本单元通过学习函数和数据处理的知识，实现了图形验证码及日历的应用；通过文件与目录知识的综合运用，实现了一个投票统计程序。

单元 3 MySQL 数据库

学习目标

【知识目标】

- 了解 MySQL 数据库的发展历史及特点。
- 掌握 MySQL 服务器的启动、连接和关闭。
- 掌握 MySQL 数据库的基本操作。
- 掌握数据库图形管理工具的安装与使用。
- 了解 PHP 操作 MySQL 数据库的步骤。
- 掌握 PHP 操作 MySQL 的相关函数。
- 掌握 PHP 管理 MySQL 中数据的方法。

【技能目标】

- 能熟练掌握 SQL 查询语句。
- 能综合运用数据库相关知识，完成同学录数据库的 CURD 操作。
- 能熟练运用 MySQL 数据库图形管理工具。
- 能熟练掌握运用 PHP 操作 MySQL 数据库的方法。

章节设计 MySQL 数据库

PPT MySQL 数据库

引例描述

小王掌握了 PHP 开发环境的搭建，并认真学习了一些 PHP 函数、数组、文件与目录等内容，现在他能熟练运用所学内容完成图形验证码、日历等的综合应用。此时小王有了一定的自信，于是当面咨询了表哥张经理应该如何继续深入学习 PHP，如图 3-1 所示。

图 3-1 小王当面咨询下一阶段的学习任务

张经理安排小王以一个同学录数据库为载体，认真学习 MySQL 数据库的相关知识，并制订了具体的学习计划，分为两步完成。

第①步：掌握 MySQL 的基本操作，构建同学录数据库。

第②步：使用 PHP 操作 MySQL 数据库。

任务 3.1 构建同学录数据库

任务陈述

学习编程语言，至少要掌握一种数据库，而对于学习 PHP 语言，掌握 MySQL 显得更加重要。虽然现在 PHP 对数据库的支持越来越多，如 Access、MS SQL Server、Oracle、DB2 等，但是在 LAMP 的开发模式中，MySQL 仍然牢牢占据一席之地。PHP 与 MySQL 数据库相结合，才能发挥动态网页编程的魅力。

本任务将详细讲述构建同学录数据库的过程，主要分为以下 4 步。

第①步：学习数据库的相关概念。

第②步：掌握 MySQL 数据库服务器的启动和关闭等操作。

第③步：熟练掌握 MySQL 数据库的基本操作。

第④步：掌握 MySQL 数据库图形化管理工具的安装与使用。

知识准备

微课 3-1
数据库概述

3.1 数据库概述

3.1.1 MySQL 数据库简介

MySQL 是目前最为流行的开放源码的数据库，是完全网络化的跨平台的关系型数据库系统，它的象征符号是一只名为 Sakila 的海豚，代表着 MySQL 数据库和社团的速度、能力、精确和优秀本质。

目前 MySQL 被广泛地应用于 Internet 上的中小型网站中。由于其体积小、速度快、总体拥有成本低，尤其是具有开放源码这一特点，使得很多公司向开放源码的数据库管理系统迁移，从而降低成本。

在 PHP 中，用来操作 MySQL 的函数一直是 PHP 的标准内置函数，开发者只需要用 PHP 写下短短几行代码，就可以轻松连接到 MySQL 数据库。PHP 还提供了大量的函数来对 MySQL 数据库进行操作，用 PHP 操作 MySQL 数据库极为简单和高效，这也使得 PHP+MySQL 成为当今最为流行的 Web 开发语言与数据库的搭配。

3.1.2 MySQL 数据库的特点

MySQL 数据库具有以下特点。

① MySQL 是一个关系数据库管理系统，把数据存储在表格中，使用标准的结构化查询语言 SQL 访问数据库。

② MySQL 是完全免费的，在网上可以任意下载，同时还可以查看到它的源文件，并且可以进行修改。

③ MySQL 服务器的功能齐全，运行速度快，十分可靠，具有很好的安全性。

④ MySQL 服务器在客户、服务器或嵌入系统中使用，是一个客户机/服务器系统，能够支持多线程以及多个不同的客户程序和管理工具。

⑤ MySQL 支持至少 20 种以上的开发平台，包括 Linux、Windows、FreeBSD 等。这使得在任何平台下编写的程序都可以进行移植，而不需要对程序做任何修改。

⑥ MySQL 为各种流行的程序设计语言提供支持，为它们提供了很多的 API 函数，包括 PHP、ASP.NET、Java、Python、Ruby、C、C++、Perl 语言等。

3.1.3 SQL 和 MySQL

SQL（structured Query Language，结构化查询语言），与其说是一门语言，倒不如说是一种标准——数据库系统的工业标准。大多数 RDBMS 开发商的 SQL 都基于该标准，虽然在有些地方并不是完全相同，但这并不妨碍对 SQL 的学习和使用。

下面给出 SQL 标准的关键字及其功能，见表 3-1。

表 3-1 SQL 标准的关键字及其功能

功能类型	SQL 关键字	功能
数据查询语言	select	从一个或多个表中查询数据
数据定义语言	create/alter/delete table create/alter/drop index	创建/修改/删除表 创建/修改/删除索引
数据操纵语言	insert delete update	向表中插入新数据 删除表中的数据 更新表中现有的数据
数据控制语言	grant revoke	为用户赋予特权 收回用户的特权

在 MySQL 中，不仅支持 SQL 标准，而且还对其进行了扩展，使得它能够

支持更为强大的功能。MySQL 支持的 SQL 关键字见表 3-2。

表 3-2 MySQL 支持的 SQL 关键字

SQL 关键字	功　能
创建、删除和选择数据库	create/drop database/use
创建、更改和删除表/索引	create/alter/drop table create/alter/drop index
查询表中的信息	select
获取数据库、表和查询的有关信息	describe、explain、show
修改表中的信息	delete、insert、update、load data、optimize table、replace
管理语句	flush、grant、kill、revoke
其他语句	create/drop function、lock/unlock tables、set

在 MySQL 中可以直接使用 SQL 语句，这些语句几乎可以不加修改地嵌入到 PHP 语言中。另外，MySQL 还允许在 SQL 语句中使用注释，有以下 3 种编写注释的方式：

① 以“#”号开头直到行尾的所有内容都是注释。

② 以“-- ”号开头直到行尾的所有内容都是注释。注意，在“--”后面还有一个空格。

③ 以“/*”开始、以“*/”结束的所有内容都是注释，可以对多行进行注释。

微课 3-2
MySQL 服务器的启动和关闭

3.2 MySQL 服务器的启动和关闭

通过系统服务器和命令提示符（DOS）都可以启动和停止 MySQL，操作非常简单。但通常情况下，不要暂停或停止 MySQL 服务器，否则数据库将无法使用。

3.2.1 启动 MySQL 服务器

启动 MySQL 服务器的方法有通过系统服务器和命令提示符（DOS）两种。

1. **通过系统服务器启动 MySQL**

选择“开始”→“控制面板”→“管理工具”→“服务”菜单命令，打开“服务”窗口，从“名称”列中找到 MySQL 服务并右击，在弹出的快捷菜单中选择“启动”命令，如图 3-2 所示。

图 3-2 通过系统服务器启动 MySQL

2. 在命令提示符下启动 MySQL

选择“开始”→“所有程序”→“附件”→“命令提示符”菜单命令，即可进入 DOS 窗口。在命令提示符下输入指令“net start mysql”，按 Enter 键后就会看到启动信息，如图 3-3 所示。

图 3-3　在命令提示符下启动 MySQL

注意：要想在命令提示符下操作 MySQL 服务器，前提是在本机的“计算机”→“系统属性”→“环境变量”→Path 中已经完成 MySQL 启动文件所在目录（C:\xampp\mysql\bin）的加载操作，否则将不能通过命令操作 MySQL。系统环境变量的设置如图 3-4 所示。

图 3-4　设置系统变量

3.2.2　连接 MySQL 服务器

MySQL 服务器启动后就可以进行服务器的连接了。选择“开始”→“所有程序”→“附件”→“命令提示符”菜单命令，即可进入 DOS 窗口。

在命令提示符下输入命令“mysql　–uroot　–hlocalhost　–ppassword”。

其中，-u 后输入的是用户名 root，-h 后输入的是 MySQL 数据库服务器地址，-p 后输入的是密码。

为了保护 MySQL 数据库的密码，可以采用如图 3-5 所示的密码输入方式。如果密码在-p 后直接给出，那么密码就以明文显示，如 mysql –uroot –hlocalhost –proot。如果在-p 后不输入密码，直接按 Enter 键，再输入密码，即以隐藏密码的方式显示，然后再按 Enter 键，即可成功连接到 MySQL 服务器。

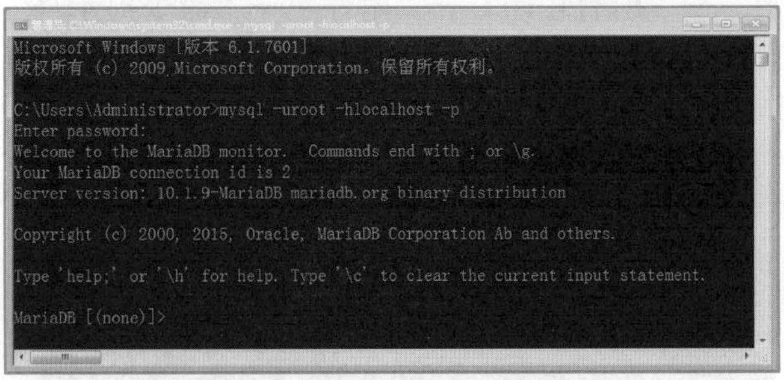

Microsoft Windows [版本 6.1.7601]
版权所有 (c) 2009 Microsoft Corporation。保留所有权利。
C:\Users\Administrator>mysql -uroot -hlocalhost -p
Enter password:
Welcome to the MariaDB monitor. Commands end with ; or \g.
Your MariaDB connection id is 2
Server version: 10.1.9-MariaDB mariadb.org binary distribution
Copyright (c) 2000, 2015, Oracle, MariaDB Corporation Ab and others.
Type 'help;' or '\h' for help. Type '\c' to clear the current input statement.
MariaDB [(none)]>

图 3-5 以隐藏密码的方式连接服务器

3.2.3 关闭 MySQL 服务器

关闭 MySQL 服务器也可以通过系统服务器和命令提示符（DOS）两种方式操作。

1. 通过系统服务器关闭 MySQL

选择“开始”→“控制面板”→“管理工具”→“服务”菜单命令，打开“服务”窗口，从“名称”列中找到 MySQL 服务并右击，在弹出的快捷菜单中选择“停止”命令，如图 3-6 所示。

文件(F) 操作(A) 查看(V) 帮助(H)
服务(本地)
MySQL
停止此服务
暂停此服务
重启动此服务
名称
描述
状态
启动类型
登录为
启动(S)
停止(O)
暂停(U)
恢复(M)
重新启动(E)
所有任务(K)
刷新(F)
属性(R)
帮助(H)
扩展
标准

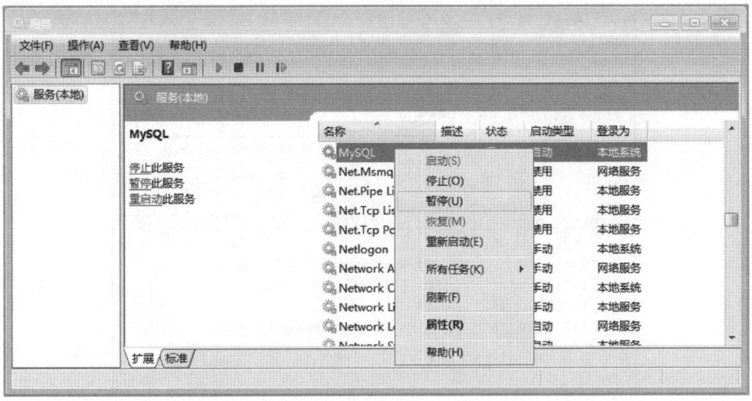

图 3-6 通过系统服务器关闭 MySQL

2. 在命令提示符下关闭 MySQL

选择“开始”→“所有程序”→“附件”→“命令提示符”菜单命令，即可进入 DOS 窗口，在命令提示符下输入指令“net stop mysql”，按 Enter 键后可看到服务停止信息，如图 3-7 所示。

管理员: C:\Windows\system32\cmd.exe
C:\Users\Administrator>net stop mysql
MySQL 服务正在停止.
MySQL 服务已成功停止。
C:\Users\Administrator>

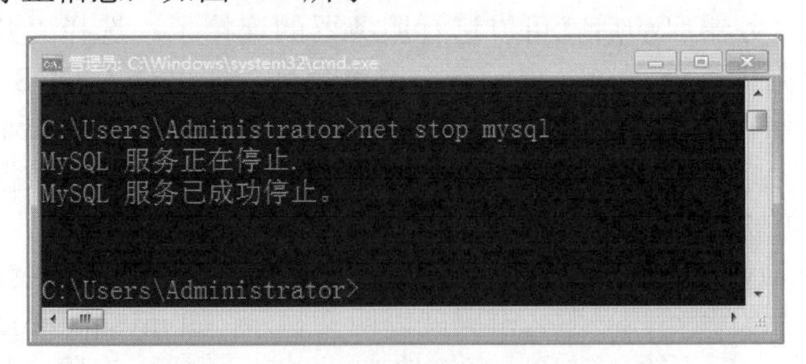

图 3-7 在命令提示符下关闭 MySQL

3.3　MySQL 数据库的基本操作

在 MySQL 命令行中可以对数据库及表进行创建、修改等操作，还可以对数据进行增加、删除、修改、查询等操作。

微课 3-3
MySQL 数据库操作

3.3.1　MySQL 数据库操作

启动并连接 MySQL 服务器后，就可以针对 MySQL 数据库进行操作了，操作 MySQL 数据库主要包括创建、查看、选择、删除、备份和恢复等。

1. 创建数据库

使用 create database 语句可以轻松地创建 MySQL 数据库。

在创建数据库时，数据库命名有以下几项规则。

① 不能与其他数据库重名，否则将发生错误。

② 名称可以由任意英文字母、阿拉伯数字、下画线（_）或者“$”组成，可以使用上述的任意字符开头，但不能使用单独的数字，否则会造成它与数值混淆。

③ 名称最长可由 64 个字符组成，而别名最多可长达 256 个字符。

④ 不能使用 MySQL 关键字作为数据库、表名。

⑤ 默认情况下，在 Windows 系统下，数据库名、表名的大小写是不区分的，而在 Linux 系统下，数据库名、表名的大小写是区分的。为了便于数据库在平台间进行移植，建议采用小写来定义数据库名和表名。

例如，通过 create database 语句创建一个名称为 db_admin 的数据库，如图 3-8 所示。

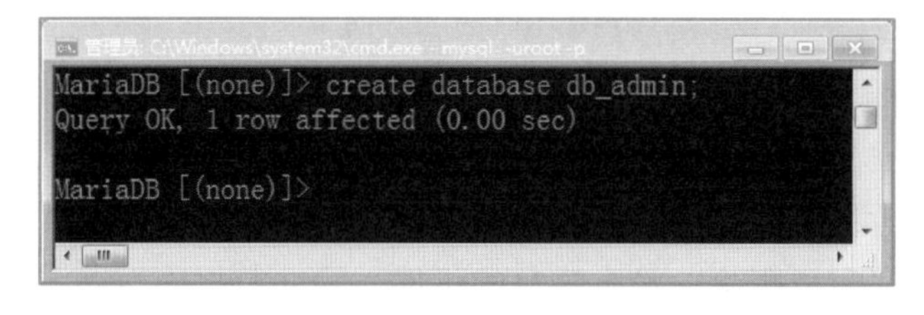

图 3-8　创建 MySQL 数据库

2. 查看数据库

对于一个创建成功的数据库，可以使用 show 命令查看 MySQL 服务器中所有的数据库信息。

例如，上面创建了数据库 db_amdin，下面应用 show databases 语句查看 MySQL 服务器中所有数据库名称，如图 3-9 所示。

从图 3-9 可以看出，通过 show 命令查看 MySQL 服务器中的数据库，结果显示 MySQL 服务器中有 10 个数据库。

3. 选择数据库

成功创建数据库后，并不表示当前就在数据库 db_admin 里，可以应用 use 语句选择一个数据库，使其成为当前默认数据库。

例如，选择名称为 db_admin 的数据库，将其设置为当前默认的数据库，如图 3-10 所示。

```
MariaDB [(none)]> show databases;
+--------------------+
| Database           |
+--------------------+
| db_admin           |
| dedecmsv57utf8sp1  |
| hcit_msg           |
| information_schema |
| msg                |
| mysql              |
| news               |
| performance_schema |
| phpmyadmin         |
| student            |
+--------------------+
10 rows in set (0.00 sec)

MariaDB [(none)]>
```

图 3-9 查看数据库

当用户成功选择了数据库后，接下来应用的 SQL 语句中将针对该数据库进行操作。

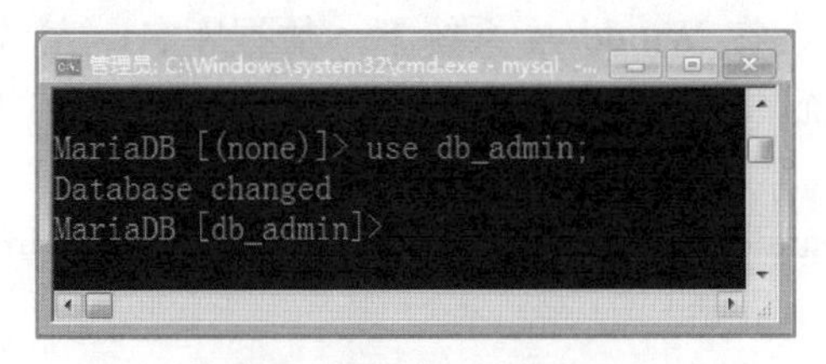

图 3-10 选择数据库

4. 删除数据库

删除数据库的操作可以使用 drop database 语句。

对于删除数据库的操作，应该谨慎使用，一旦执行这项操作，数据库的所有结构和数据都会被删除，没有恢复的可能，除非数据库有备份。

例如，通过 drop database 语句删除名称为 db_amdin 的数据库，如图 3-11 所示。

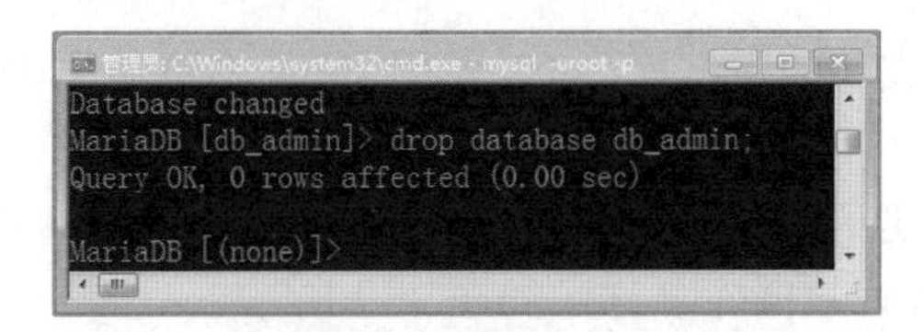

图 3-11 删除数据库

5. 备份和恢复数据库

数据库备份很重要，如果定期做好备份，就可以在发生系统崩溃时恢复数据到最后一次正常的状态，把损失减小到最少。MySQL 提供了一个 mysqldump 命令，可以用它进行数据备份。mysqldump 是 MySQL 用于转存储数据库的实用程序，它主要产生一个 SQL 脚本，其中包含从头重新创建数据库所必需的命令 create table、insert 等。

例如要备份 lamp 数据库，通过 mysqldump 方式备份整个数据库到文件，操作步骤如下。

选择“开始”→“所有程序”→“附件”→“命令提示符”菜单命令，即可进入 DOS 窗口，在命令提示符下输入指令“mysqldump –uroot –proot lamp>D:/lamp_20161212.sql”，按 Enter 键即可。其中，-uroot 中的 root 是 MySQL 服务器的用户名，而 -proot 中的 root 是密码，lamp 是数据库名，“D:/lamp_20161212.sql”是数据库备份存储的位置。

值得注意的是，在上面的代码中，命令的结尾没有任何结束符号。另外，D 盘盘符后的“/”可以省略，但不能写成“\”，否则运行出错。

还原数据库脚本文件可使用 source 命令完成，命令如下：

```
mysql>source D:/lamp_20161212.sql
```

当然，还有很多 MySQL 工具可提供更直观的备份、恢复功能，如 phpMyAdmin 图形化管理工具。

3.3.2 MySQL 数据表操作

在对 MySQL 数据表进行操作之前，首先必须应用 use 语句选择数据库，才能在指定的数据库中对数据表进行操作，例如创建数据表、查看表结构、修改表结构、重命名数据表、删除数据表等，否则无法对数据表进行操作。

微课 3-4
MySQL 数据表操作

1. 创建数据表

使用 create table 语句可以轻松创建 MySQL 数据表。

语法：create [temporary] table [if not exists] 数据表名

```
[(create_definition,…)][table_options][select_statement]
```

create table 语句的关键字及其说明见表 3-3。

表 3-3 create table 语句的关键字及其说明

关键字	说明
temporary	如果使用该关键字，表示创建一个临时表
if not exists	该关键字用于避免表存在时 MySQL 报告的错误
create_definition	这是表的列属性部分。在创建表的时候，MySQL 要求表至少包含一列
table_options	表的一些特性参数
select_statement	select 语句描述部分，用它可以快速地创建表

下面介绍列属性 create_definition 部分，每一列定义的具体格式如下：

```
col_name type[not null][null][default default_value][auto_increment][primary key] [reference_definition]
```

属性 create_definition 的参数说明见表 3-4。

表 3-4 属性 create_definition 的参数说明

参 数	说 明
type	字段类型
not null | null	指出该列是否允许为空值
default default_value	表示默认值
auto_increment	表示是否自动编号，每个表只能有一个 auto_increment 列，并且必须被索引
primary key	表示是否为主键。一个表只能有一个 primary key
reference_definition	为字段添加注释

以上是创建一个数据表的一些基础知识，看起来十分复杂，但在实际应用中，使用最基本的格式创建数据表即可，具体语法格式如下：

```
create table table_name(列名 1 属性,列名 2 属性，…);
```

例如，应用 create table 语句在 MySQL 数据库 db_admin 中创建一个名为 tb_admin 的数据表，该表包括 id、user、password 和 createtime 字段，如图 3-12 所示。

```
MariaDB [db_admin]> create table tb_admin(
    -> id int auto_increment primary key,
    -> user varchar(30) not null,
    -> password varchar(30) not null,
    -> createtime datetime);
Query OK, 0 rows affected (0.29 sec)

MariaDB [db_admin]>
```

图 3-12 创建数据表

2. 查看表结构

对于已经创建成功的数据表，可以使用 show columns 语句或 describe 语句查看指定数据表的表结构。

（1）show columns 语句

show columns 语句的语法如下：

```
show [full] columns from 数据表名 [from 数据库名];
```

或者：

```
show [full] columns from 数据表名.数据库名;
```

例如，应用 show columns 语句查看数据表 tb_admin 表结构，如图 3-13 所示。

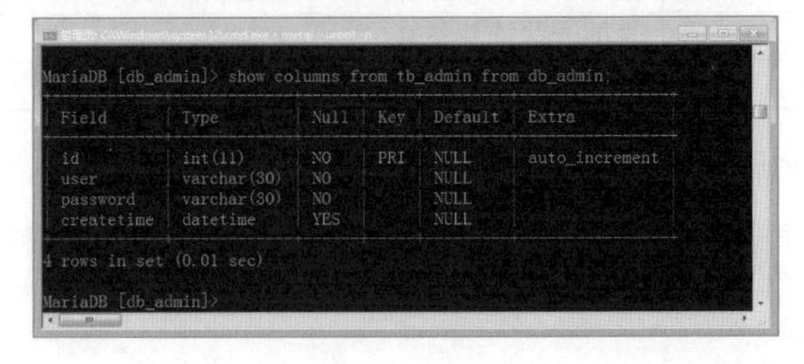

图 3-13 查看数据表结构

（2）describe 语句

describe 语句的语法如下：

```
describe 数据表名;
```

其中，describe 可以简写成 desc。在查看数据表结构时，也可以只列出某一列的信息，其语法格式如下：

```
describe 数据表名 列名;
```

例如，应用 describe 语句的简写形式查看数据表 tb_amin 表的某一列的信息，如图 3-14 所示。

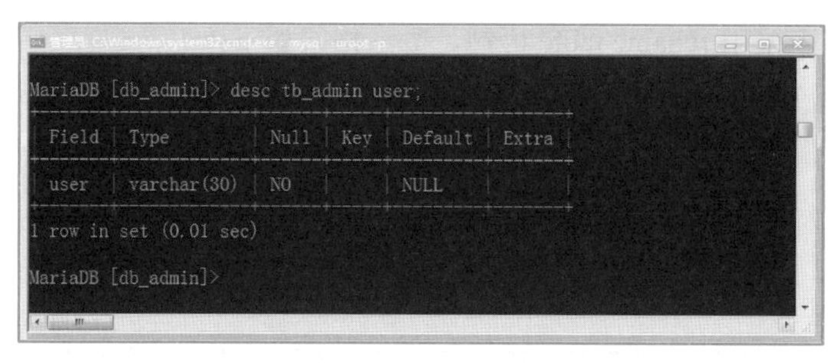

图 3-14 查看表的某一列信息

3. 修改表结构

修改表结构采用 alter table 语句。修改表结构指增加或删除字段、修改字段名称或者字段类型、设置取消主键或外键、设置取消索引以及修改表的注释等。

语法格式如下：

```
alter [ignore] table alter_spec[,alter_spec, …]
```

当指定 ignore 时，如果出现重复关键的行，则只执行一行，其他重复的行被删除。

其中，alter_spec 子句定义要修改的内容，语法格式如下：

```
add [column] create_definition [first|after column_name]        //添加新字段
|add index [index_name] (index_col_name,…)                       //添加索引名称
| add primary key(index_col_name,…)                              //添加主键名称
| add unique [index_name](index_col_name,…)                      //添加唯一索引
| alter [column] col_name{set default literal | drop default}    //修改字段名称
| change [column] old_col_name create_definition                 //修改字段类型
| modify [column] create_definition                              //修改字句定义字段
| drop [column] col_name                                         //删除字段名称
| drop primary key                                               //删除主键名称
| drop index index_name                                          //删除索引名称
| rename [as] new_tbl_name                                       //更改表名
| table_options
```

alter table 语句允许指定多个动作，其动作间使用逗号分隔，每个动作表示对表的一个修改。

例如，添加一个新的字段 email，类型为 varchar(50)，not null，将字段 user 的类型由 varchar(30)改为 varchar(40)，如图 3-15 所示。

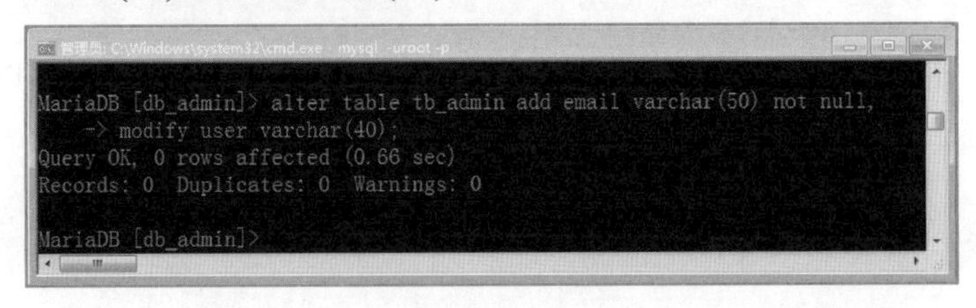

图 3-15 修改表结构

4. 重命名表

重命名表采用 rename table 语句，语法格式如下：

```
rename table 数据表名 1 to 数据表名 2;
```

例如，对数据表 tb_admin 进行重命名，更名后的数据表名为 tb_user，如图 3-16 所示。

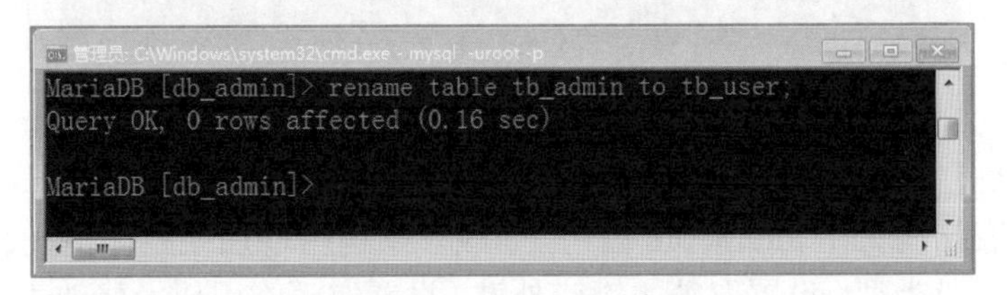

图 3-16 对数据表进行更名

5. 删除表

删除数据表的操作很简单，同删除数据库的操作类似，使用 drop table 语句就可以实现，语法格式如下：

```
drop table 数据表名;
```

对于删除数据表的操作，应该谨慎使用，一旦删除了数据表，那么表中的数据将会全部清除，如果没有备份，则无法恢复。

3.3.3 MySQL 数据操作

微课 3-5
MySQL 数据操作

向数据表中插入、查询、修改和删除记录，可以在 MySQL 命令行中使用 SQL 语句。下面介绍如何在 MySQL 命令行中执行基本的 SQL 语句。

1. 插入记录

建立一个空的数据库和数据表的时候，首先要想到的就是如何向数据表中添加数据。这项操作可以通过 insert 语句来完成。

语法格式如下：

```
insert into 数据表名(column_name,column_name2,…) values(value1,value2,…)
```

在 MySQL 中，一次可以插入多行记录，各行记录的值在 values 关键字后以“,”分隔。

例如，向管理员信息表 tb_admin 中插入一条数据信息，如图 3-17 所示。

```
MariaDB [db_admin]> insert into tb_admin(user,password,createtime,email)
    -> values('Tom','123456','2016-12-12','Tom@163.com');
Query OK, 1 row affected (0.05 sec)
```

图 3-17 向数据表插入数据信息

2. 查询记录

要从数据表中查询数据，就要用到数据查询语句 select。select 语句是最常用的查询语句，它的使用方式有些复杂，但功能强大。

```
select selection_list              //要查询的内容，选择哪些列
from 数据表名                       //指定数据表
where primary_constraint           //查询时需要满足的条件，行必须满足的条件
group by grouping_columns          //如何对结果进行分组
order by sorting_columns           //如何对结果进行排序
having secondary_constraint        //查询时满足的第二条件
limit count                        //限定输出的查询结果
```

（1）使用 select 语句查询一个数据表

使用 select 语句时，首先要确定所要查询的列。“*”代表所有的列。

例如，查询管理员信息表 tb_admin 中的所有数据，如图 3-18 所示。

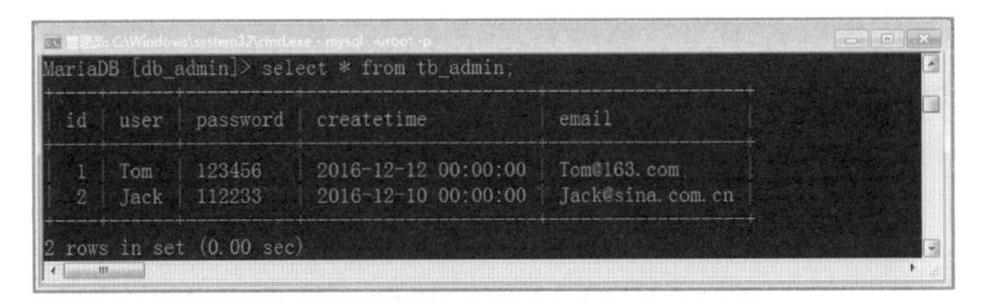

```
MariaDB [db_admin]> select * from tb_admin;
+----+------+----------+---------------------+-------------------+
| id | user | password | createtime          | email             |
+----+------+----------+---------------------+-------------------+
|  1 | Tom  | 123456   | 2016-12-12 00:00:00 | Tom@163.com       |
|  2 | Jack | 112233   | 2016-12-10 00:00:00 | Jack@sina.com.cn  |
+----+------+----------+---------------------+-------------------+
2 rows in set (0.00 sec)
```

图 3-18 查询数据表的全部数据

这是查询整个表中所有列的操作，还可以针对表中的某一列或多列进行查询。

（2）查询表的一列或多列

针对表中的多列进行查询，只要在 select 后面指定要查询的列名即可，多列之间用“,”分隔。

例如，查询管理员信息表 tb_admin 中的 id、user、password、email 字段，并指定查询条件是用户的 id 值为 1，如图 3-19 所示。

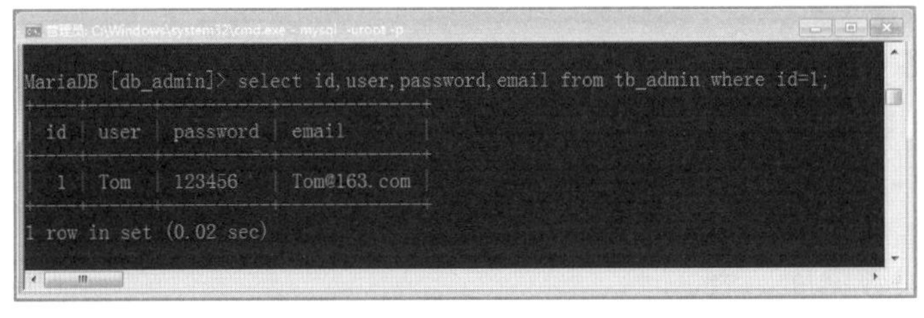

```
MariaDB [db_admin]> select id,user,password,email from tb_admin where id=1;
+----+------+----------+-------------+
| id | user | password | email       |
+----+------+----------+-------------+
|  1 | Tom  | 123456   | Tom@163.com |
+----+------+----------+-------------+
1 row in set (0.02 sec)
```

图 3-19 查看数据表中指定字段的数据

3. 修改记录

要执行修改的操作可以使用 update 语句，该语句的格式如下：

```
update 数据表名 set colmn_name1=new_value1,column_name2=new_value2,… where condition
```

其中，set 子句指出要修改的列和它们给定的值；where 子句是可选的，如果给出，指定记录行将被更新，否则，所有的记录行都被更新。

例如，下面将管理员信息表 tb_admin 中用户名为 Tom 的密码修改为 654321，如图 3-20 所示。

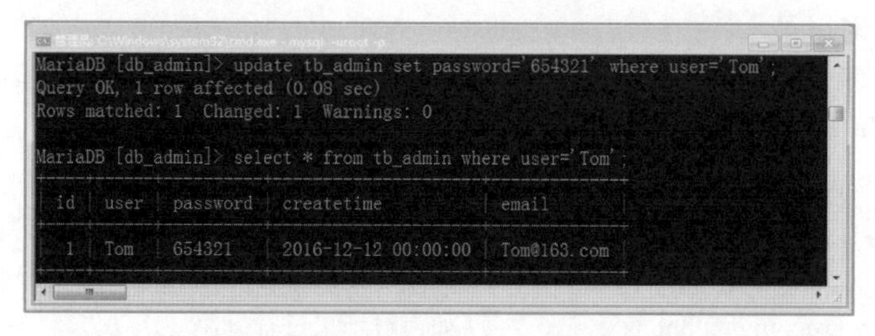

图 3-20 修改指定条件的记录

4. 删除记录

当数据库中的有些数据已经失去意义或者错误，需要将它们删除，此时可以使用 delete 语句，语句格式如下：

```
delete from 数据表名 where condition
```

该语句在执行过程中，如果没有指定 where 条件，将删除所有的记录；如果指定了 where 条件，将按照指定的条件进行删除。

例如，删除管理员数据表 tb_admin 中用户名为 Jack 的记录信息，如图 3-21 所示。

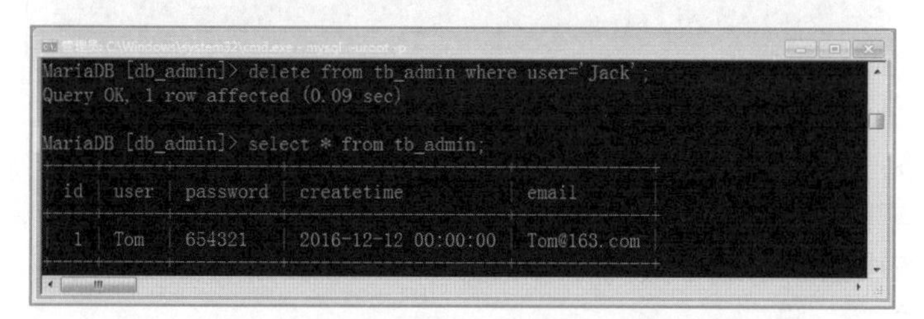

图 3-21 删除数据表中指定条件的记录

微课 3-6
创建同学录数据库

任务实施

1. 任务介绍

综合运用本章学习的数据库相关知识，创建一张同学录表，表中有 ID（主键、自动增长）、学号、姓名、班级、电话等字段。

2. 实施具体要求

① 创建数据库、表。

② 插入本人和自己学号相邻的 3 位同学的相关信息。

③ 按学号查询相关同学的信息。

④ 更新本人的电话号码为 555666。

3. 功能实现过程

（1）创建数据库与表

```
create database student;
create table stu_info (
id int not null auto_increment primary key ,
stuid char(10) not null ,
stuname varchar(10) not null ,
stuclass varchar(20) not null ,
stuphone varchar(10) not null
) ;
```

（2）插入数据

```
insert into stu_info (stuid ,stuname,stuclass ,stuphone )
values (null , '331001', '张三', '软件 1 班', '123456789');
```

（3）查询数据

```
select * from stu_info where stuid='331001';
```

（4）数据更新

```
update stu_info set stuphone = '555666' where stuid='331001';
```

任务拓展

phpMyAdmin 图形化管理工具

（1）phpMyAdmin 简介

phpMyAdmin 是由 PHP 开发的一个可视化图形管理工具。有了该工具，PHP 开发者就不必通过命令来操作 MySQL 数据库了，可以通过可视化的图形界面来操作数据库。phpMyAdmin 可以运行在各种版本的 PHP 及 MySQL 中，对数据库进行操作，如创建、修改和删除数据库、数据表以及数据等。

（2）phpMyAdmin 基本操作

在安装集成开发工具 XAMPP 的过程中，phpMyAdmin 已经成功安装，所以无须再重复安装。确认 XAMPP 服务启动，在浏览器地址栏中输入 http://localhost/phpmyadmin/，进入 phpMyAdmin 图形化管理主界面，接下来就可以进行 MySQL 数据库的操作了。

使用 phpMyAdmin 对数据库进行的操作，包括数据库的管理、表的管理和数据的管理。phpMyAdmin 的界面简洁易用，通过页面上的标签可实现不同功能区的切换。

以下简要介绍如何使用 phpMyAdmin 创建数据库和数据表，以及如何向表中插入数据。

在 phpMyAdmin 的主界面，首先在文本框中输入数据库的名称 mytestdb，然后在右侧的下拉列表中选择要使用的编码，可以选择 utf8_general_ci 编码格式，单击“创建”按钮，创建数据库，如图 3-22 所示。

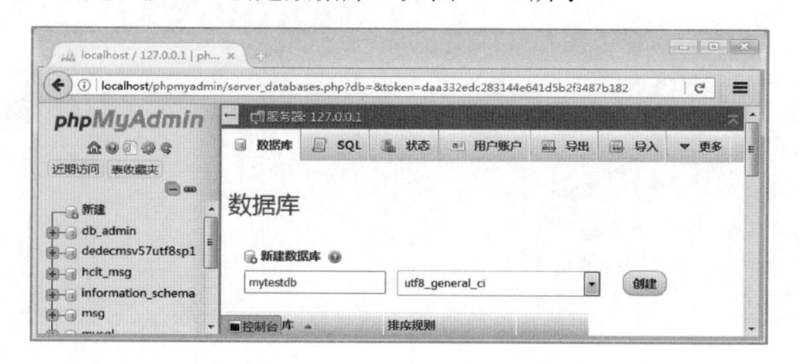

图 3-22 创建数据库

创建数据库 mytestdb 后，在右侧的操作页面中输入数据表的名称和字段数，然后单击“执行”按钮，即可创建数据表，如图 3-23 所示。

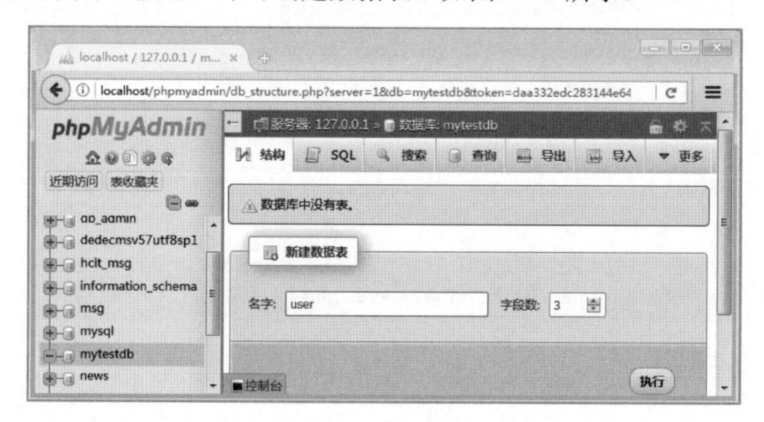

图 3-23 创建数据表

成功创建数据表 user 后，将显示数据表结构界面。在表单中对各个字段的详细信息进行录入，包括字段名、数据类型、长度/值、是否为空、主键等，完成对表结构的详细设置，如图 3-24 所示。

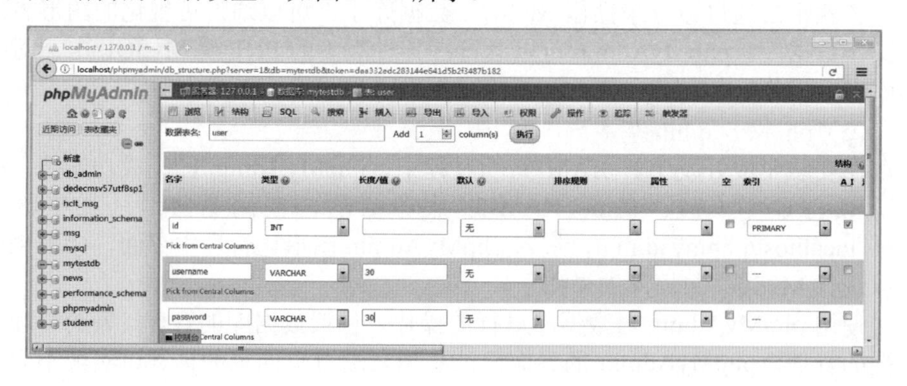

图 3-24 设计表结构

所有的信息都输入完成后，单击“保存”按钮，完成数据表结构的创建，将显示如图 3-25 所示的界面。

一个新的数据表被创建后，进入数据表页面，可以通过改变表的结构来修改表，可以执行添加列、删除列、修改列的数据类型或者字段的长度/值等操作。

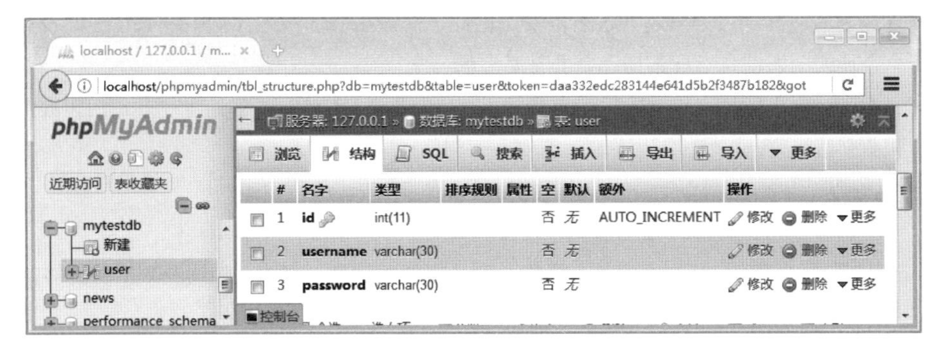

图 3-25　成功创建数据表

选择 user 数据表后，单击页面上方的“插入”标签，进入数据插入界面，如图 3-26 所示。在界面中输入各字段值，单击“执行”按钮即可插入记录。默认情况下，一次可以插入两条记录。

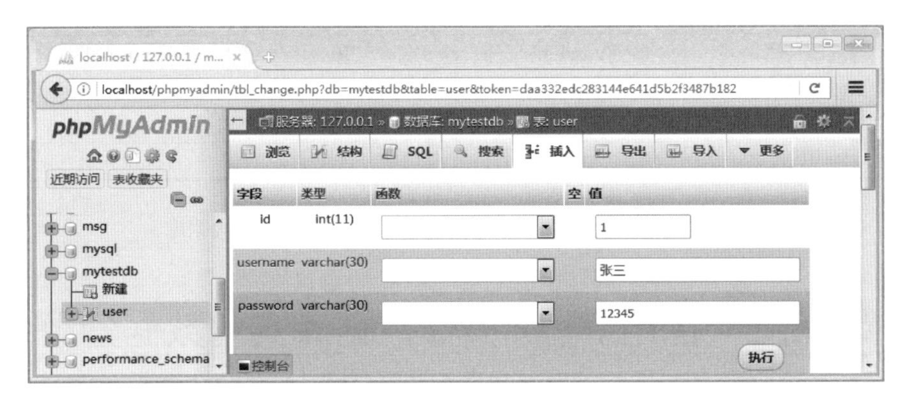

图 3-26　向表中插入数据

选择 user 数据表后，单击“浏览”标签，进入浏览界面，如图 3-27 所示。在界面中，可以对记录进行编辑或删除操作。

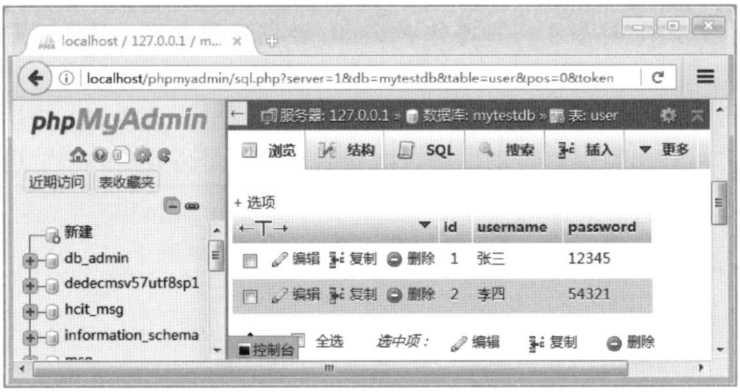

图 3-27　浏览数据表中数据

项目实训 3.1 图书信息管理数据库

【实训介绍】

随着图书馆规模的不断扩大，图书数量也相应增加，传统的人工管理方式会导致图书管理上的混乱，人力与物力过多浪费。因此，需对图书资料进行集中统一管理。设计一个合理的图书信息管理数据库是非常必要的。

本实训要求能使用 MySQL 命令行和 phpMyAdmin 图形管理工具两种方式创建数据库和图书信息表。

【实训目的】

① 掌握 MySQL 服务器的启动、连接和关闭。

② 掌握 MySQL 数据库的基本操作，包括增加、删除、修改、查询及数据备份等。

【实训内容】

① 完成图书信息管理数据库的创建及图书信息表的创建。图书信息表相关字段见表 3-5。

表 3-5 图书信息表相关字段

字段名称	数据类型	长度	备注
书号	char	8	主键
作者	varchar	6	not null
出版社	varchar	30	not null
书籍介绍	varchar	100	not null
出版日期	datetime	默认	
定价	int	4	not null

② 完成图书信息表记录的添加、修改、删除等操作，并备份数据库。

任务 3.2 运用 PHP 操作数据库实现数据分页

任务陈述

PHP 所支持的数据库类型较多，在这些数据库中，MySQL 数据库与 PHP 结合最好，且与 Linux 系统、Apache 服务器构成了当今主流的 LAMP 网站架构模式。并且，PHP 提供了多种操作 MySQL 数据库的方式，从而适合不同需求和不同类型项目的需要。

对于数据库中存储的大量数据，如果要进行输出，最佳的方法就是使用分页。通过分页输出数据，可以保持页面整洁，同时提高数据的浏览速度。

本任务将详细讲述数据表的分页原理及操作方法。

知识准备

3.4 PHP 操作 MySQL 数据库的步骤

MySQL 是一款广受欢迎的数据库，由于它是开源软件，所以市场占有率高，备受 PHP 开发者青睐，一直被认为是 PHP 最好的搭档。同时，PHP 也具有强大的数据库支持能力。

PHP 操作 MySQL 数据库的步骤如图 3-28 所示。

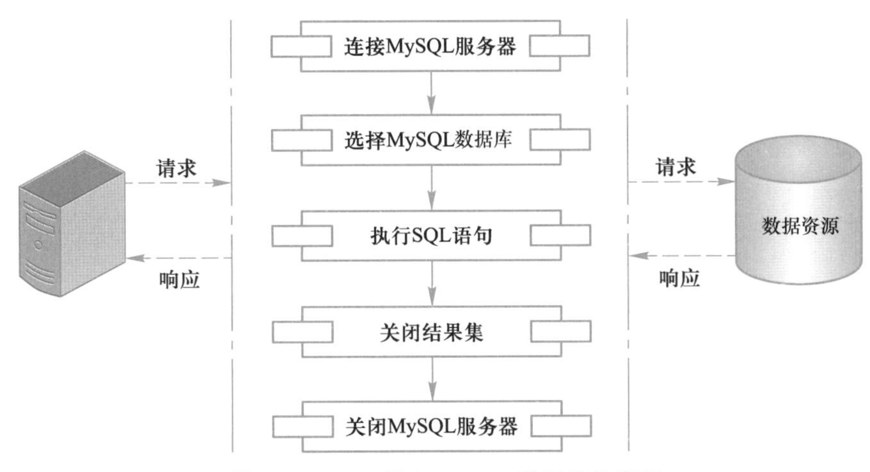

图 3-28　PHP 操作 MySQL 数据库的步骤

3.5　PHP 操作 MySQL 数据库的函数

微课 3-7
PHP 操作 MySQL 数据库的函数

PHP 中提供了很多操作 MySQL 数据库的函数，使用这些函数可以对 MySQL 数据执行各种操作，使程序开发变得更加简单、灵活。

3.5.1　连接 MySQL 服务器

要操作 MySQL 数据库，必须先与 MySQL 服务器建立连接。PHP 通过 mysqli_connect()函数连接 MySQL 服务器，函数语法格式如下：

```
mysqli_connect($servername, $username, $password);
```

参数$servername 是 MySQL 服务器的主机名（或 IP），如果省略端口号，则默认为 3306；参数$username 是登录 MySQL 服务器的用户名；参数$password 是 MySQL 服务器的用户密码。

如果连接成功，则函数返回一个连接标识，失败则返回 False。例如，使用 mysqli_connect()函数连接本地 MySQL 服务器，代码如下：

```
1.   <?php
2.   $conn =@mysqli_connect("localhost", "root", "") or die("连接数据库服务器失败！".
     mysqli_connect_error());
3.   ?>
```

为了方便查询因为连接问题而出现的错误，使用 die()函数生成错误处理机制，使用 mysqli_connect_error()函数提取 MySQL 函数的错误文本。如果没有出错，则返回空字符串。

在 mysqli_connect()函数前面添加符号“@”，可用于限制这个命令的出错信息的显示。如果函数调用出错，将执行 or 后面的语句。die()函数表示向用户输出引号中的内容后程序终止执行。这样是为了防止数据库连接出错时，用户看到一堆莫名其妙的专业名词，而是提示定制的出错信息。但在调试时不要屏蔽出错信息，避免出错后难找到问题。

3.5.2 选择 MySQL 数据库

与 MySQL 服务器连接成功后，使用 mysqli_select_db()函数可以选择 MySQL 服务器中的数据库，函数语法如下：

```
mysqli_select_db(mysqli $link,$dbname);
```

参数$link 是 MySQL 服务器的连接标识；参数$dbname 是选择的 MySQL 数据库名称。

例如，选择 MySQL 服务器中的 db_admin 数据库，代码如下：

```
1.  <?php
2.  //连接 mysql 数据库服务器
3.  $conn = mysqli_connect("localhost", "root", "") or die("连接数据库服务器失败！" .
mysql_connect_error());
4.  //选择服务器中的 db_admin 数据表
5.  $select = mysqli_select_db($conn,"db_admin");
6.  if ($select) { //判断是否连接成功
7.  echo "数据库连接成功！";
8.  }
9.  ?>
```

在开发一个完整的 Web 程序过程中，经常需要连接数据库，如果总是重复编写代码，会造成代码的冗余，而且不利于程序维护，所以通常将连接 MySQL 数据库的代码单独建立一个 PHP 文件，通过 require 语句包含这个文件即可。

3.5.3 执行 SQL 语句

在 PHP 中，通常使用 mysqli_query()函数来执行对数据库操作的 SQL 语句。mysqli_query()函数的语法如下：

```
mysqli_query(mysqli $link,$query)
```

参数$link 是 MySQL 服务器的连接标识；参数$query 是传入的 SQL 语句，包括插入数据语句、修改记录语句、删除记录语句、查询记录语句。

例如，在管理员信息表 tb_admin 中执行 SQL 语句，代码如下：

```
1.  //插入一条记录
2.  $insert_sql = "insert into tb_admin(user,password,createtime,email)
    values('Mary','13579','2013-10-12','Mary@163.com')";
3.  $result1 = mysqli_query($conn,$insert_sql);
4.  //查询记录
5.  $result2 = mysqli_query($conn ,"select * from tb_admin");
```

3.5.4 将结果集返回到数组中

使用 mysqli_query()函数执行 select 语句时，可返回查询结果集。返回结果集后，使用 mysqli_fetch_array()函数可以获取结果集信息，并放入到一个数组中。函数语法如下：

```
array mysqli_fetch_array(resource result[,int result_type])
```

参数 result：资源类型的参数，要传入的是由 mysqli_query()函数返回的数据指针。

参数 result_type：可选参数，设置结果集数组的表述方式，默认值是 MYSQL_BOTH，其可选值如下。

- MYSQL_ASSOC：表示数组采用关联索引。
- MYSQL_NUM：表示数组采用数字索引。
- MYSQL_BOTH：同时包含关联和数字索引的数组。

例如，获取管理员信息表 tb_admin 中的信息，使用 mysqli_fetch_array()函数返回结果集，然后使用 while 循环语句输出用户名、密码和电子邮箱。

① 样式表文件 style.css。

```
1.  table{
2.      font-family:"Trebuchet MS", Arial, Helvetica, sans-serif;
3.      width:60%;
4.      border-collapse:collapse;
5.      margin: 0 auto;}
6.  td,th {
7.      font-size:1em;
8.      border:1px solid #98bf21;
9.      padding:3px 7px 2px 7px;}
10. th {
11.     font-size:1.1em;
12.     text-align:left;
13.     padding-top:5px;
14.     padding-bottom:4px;
15.     background-color:#A7C942;
16.     color:#ffffff;}
17. tr.alt td {
18.     color:#000000;
19.     background-color:#EAF2D3;}
20. a{
21.     color: #000000;
22.     text-decoration: none;}
```

② 获取结果集代码。

```
1.  <?php
2.  echo "<link href='css/style.css' rel='stylesheet'>";
```

```
3.   $conn = mysqli_connect("localhost", "root", "");     //连接 MySQL 数据库服务器
4.   mysqli_select_db($conn, "db_admin");          //选择服务器中的 db_admin 数据库
5.   mysqli_query($conn, "set names utf8");          //设置编码格式
6.   $result = mysqli_query($conn, "select * from tb_admin");          //执行 SQL 语句
7.   echo "<table border=1>";
8.   echo "<tr align=center><th>用户名</th><th>密码</th><th>电子邮箱</th></tr>";
9.   while ($arr = mysqli_fetch_array($result)) {//将查询结果集返回到数组中，使用
     while 输出数组内容
10.      echo "<tr><td>$arr[user]</td><td>$arr[password]</td><td>$arr[email]</td></tr>";
11.  }
12.  echo "</table>";
13.  ?>
```

运行效果如图 3-29 所示。

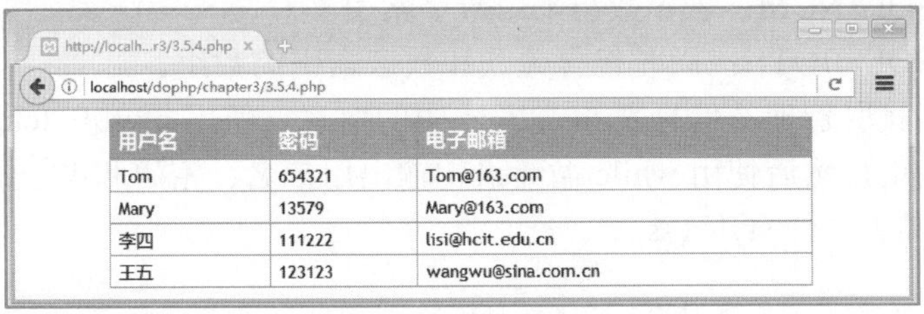

http://localh...r3/3.5.4.php
localhost/dophp/chapter3/3.5.4.php

用户名	密码	电子邮箱
Tom	654321	Tom@163.com
Mary	13579	Mary@163.com
李四	111222	lisi@hcit.edu.cn
王五	123123	wangwu@sina.com.cn

图 3-29　查看管理员信息

mysqli_fetch_row()函数和 mysqli_fetch_array()函数作用类似。区别在于，使用 mysqli_fetch_array()函数获取到的数组可以是数字索引数组，也可以是关联数组；而使用 mysqli_fetch_row()函数获取到的数组只能是数字索引数组。

3.5.5　关闭结果集、关闭连接

1. 关闭结果集

mysqli_free_result()函数用于释放内存，数据库操作完成后需要关闭结果集，以释放系统资源。该函数的语法如下：

```
mysqli_free_result($result);
```

mysqli_free_result()函数将释放所有与结果标识符 result 相关联的内存。在脚本结束后所有关联的内存都会被自动释放。

2. 关闭连接

每使用一次 mysqli_connect()或 mysqi_query()函数，都会消耗系统资源，这在少量用户访问 Web 网站时问题不大，但如果用户连接超过一定数量，就会造成系统性能的下降，甚至死机。为了避免这种现象的发生，在完成数据库的操作后，应使用 mysqli_close()函数关闭与 MySQL 服务器的连接，以节省系统资源。mysqli_close()函数的语法如下：

```
mysqli_close($conn);
```

在 Web 网站的实际项目开发过程中，经常需要在 Web 页面中查询数据信息，查询后使用 mysqli_close()函数关闭数据源即可。

3.6　管理 MySQL 数据库中的数据

管理 MySQL 数据库中的数据主要是对数据进行添加、编辑、删除、查询等操作，只有熟练地掌握这部分知识，才能够独立开发出基于 PHP 的数据库项目。

3.6.1　数据添加

微课 3-8
数据添加

向数据库中添加数据主要通过 mysqli_query()函数和 insert 语句来实现。

例如，向管理员信息表添加信息，首先需要设计注册表单，输入用户名、密码与电子邮箱等信息，当用户单击“注册”按钮时，判断输入内容是否为空，如果不为空，则将数据添加到管理员信息表 tb_admin 中，关键代码如下：

```
1.  <link href="css/style.css" rel="stylesheet">
2.  <table>
3.      <form method="post">
4.          <tr><th colspan="2">管理员信息添加</th></tr>
5.          <tr><td>姓名</td><td><input type="text" name="username"></td></tr>
6.          <tr><td>密码</td><td><input  type="password"  name="password"></td>
        </tr>
7.          <tr><td>邮箱</td><td><input type="text" name="email"></td></tr>
8.          <tr><td colspan="2"><input type="submit"name="submit" value="注册">
        </td></tr>
9.      </form>
10. </table>
11. <?php
12. $conn = mysqli_connect("localhost", "root", "") or die("连接数据库服务器失败！！".
    mysqli_connect_error());
13. mysqli_select_db($conn, "db_admin") or die("无此数据库");
14. mysqli_query($conn, "set names utf8");
15. $useznamc = $_POST['username'];
16. $password = $_POST['password'];
17. $email = $_POST['email'];
18. if (isset($_POST['submit']) && isset($username) && isset($password) && isset
    ($email)) {
19.     $query = "insert into tb_admin(user,password,email) values('$username',
        '$password','$email')";
20.     mysqli_query($conn, $query) or die("执行 SQL 语句失败！！");
21. } else {
22.     echo "数据填写不完整。";
23. }
```

数据添加表单效果如图 3-30 所示，记录添加后浏览效果如图 3-31 所示。

管理员信息添加

姓名	王小利
密码	••••••
邮箱	WangXiaoLi@163.com
注册	

图 3-30 数据添加表单

	id	user	password	createtime	email
编辑 复制 删除	1	Tom	654321	2016-12-12 00:00:00	Tom@163.com
编辑 复制 删除	2	Mary	13579	2016-12-12 00:00:00	Mary@163.com
编辑 复制 删除	7	李四	111222	2016-12-17 17:16:20	lisi@hcit.edu.cn
编辑 复制 删除	8	王五	123123	2016-12-19 10:26:23	wangwu@sina.com.cn
编辑 复制 删除	10	王小二	1234567890	2016-12-19 20:29:48	xiaowang@163.com
编辑 复制 删除	11	王小利	123456	2016-12-19 20:31:41	WangXiaoLi@163.com

图 3-31 数据添加成功

微课 3-9
数据浏览

3.6.2 数据浏览

浏览数据库中的数据时，可通过 mysqli_query()函数和 select 语句查询数据，并使用 mysqli_fetch_assoc()函数将查询结果返回到数组中。

例如，浏览 tb_admin 表中的管理员信息，具体代码如下：

```
1.  <?php
2.  $conn = mysqli_connect("localhost", "root", "") or die("连接服务器失败" . mysqli_
    connect_error());
3.  mysqli_select_db($conn, 'db_admin') or die("无此数据库" . mysqli_error($conn));
4.  mysqli_query($conn, "set names utf8");
5.  $query = "select * from tb_admin";
6.  $result = mysqli_query($conn, $query) or die("执行 SQL 语句失败");
7.  echo "<table>";
8.  echo "<tr><th>用户名</th><th>密码</th><th>电子邮箱</th></tr>";
9.  $count = 0;
10. while ($arr = mysqli_fetch_assoc($result)) {
11.     $count++;
12.     $alt = ($count % 2) ? "alt" : "";
13.     echo "<tr class={$alt}><td>{$arr['user']}</td><td>"
14.     . "{$arr['password']}</td><td>{$arr['email']}</td></tr>";
15. }
16. echo "</table>";
17. mysqli_free_result($result);
18. mysqli_close($conn);
19. ?>
```

运行效果如图 3-32 所示。

浏览数据

localhost/dophp/chapter3/3.6.2.php

用户名	密码	电子邮箱
Tom	654321	Tom@163.com
Mary	13579	Mary@163.com
李四	111222	lisi@hcit.edu.cn
王五	123123	wangwu@sina.com.cn
王小二	1234567890	xiaowang@163.com
王小利	123456	WangXiaoLi@163.com

图 3-32　数据浏览

3.6.3　数据编辑

微课 3-10
数据编辑

编辑数据库数据主要通过 mysqli_query()函数和 update 语句实现。

例如，编辑 tb_admin 表中的管理员信息，具体步骤如下。

① 创建数据库连接文件 conn.php，代码如下：

```
1.  <?php
2.  //连接 MySQL 服务器
3.  $conn = mysqli_connect("localhost", "root", "") or die("连接服务器失败" . mysqli_
    connect_error());
4.  //选择 MySQL 数据库
5.  mysqli_select_db($conn, 'db_admin') or die("无此数据库" . mysqli_error($conn));
6.  //设置编码格式
7.  mysqli_query($conn, "set names utf8");
8.  ?>
```

② 创建 index.php 文件，显示所有管理员信息，代码如下：

```
1.  <?php
2.  require './conn.php';
3.  //执行 SQL 语句
4.  $query = "select * from tb_admin";
5.  $result = mysqli_query($conn, $query) or die("执行 SQL 语句失败");
6.  //将结果集返回到数组
7.  echo "<table>";
8.  echo "<tr><th>用户名</th><th>密码</th><th>电子邮箱</th><th>编辑</th></tr>";
9.  $count = 0;
10. while ($arr = mysqli_fetch_assoc($result)) {
11.     $count++;
12.     $alt = ($count % 2) ? "alt" : "";
13.     echo  "<tr  class={$alt}><td>{$arr['user']}</td><td>{$arr['password']}</td><td>
        {$arr['email']}</td>";
14.     echo "<td><a href='update.php?id={$arr['id']}'>编辑</a></td>";
15.     echo "</tr>";
16. }
17. echo "</table>";
18. //关闭结果集，连接
19. mysqli_free_result($result);
20. mysqli_close($conn);
21. ?>
```

运行结果如图 3-33 所示。

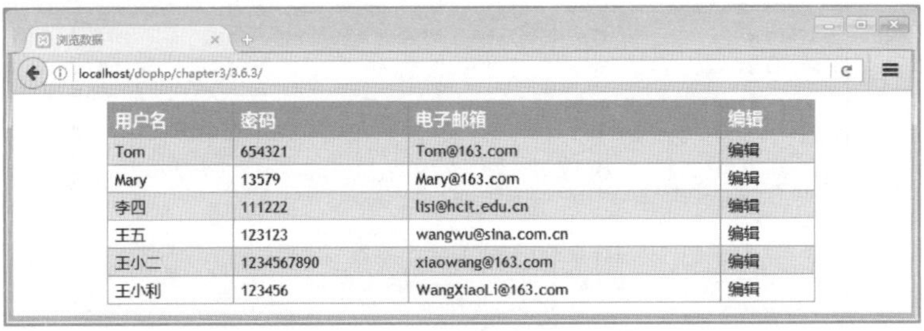

用户名	密码	电子邮箱	编辑
Tom	654321	Tom@163.com	编辑
Mary	13579	Mary@163.com	编辑
李四	111222	lisi@hcit.edu.cn	编辑
王五	123123	wangwu@sina.com.cn	编辑
王小二	1234567890	xiaowang@163.com	编辑
王小利	123456	WangXiaoLi@163.com	编辑

图 3-33 数据编辑页面

③ 创建 update.php 文件，显示要编辑的管理员信息内容，代码如下：

```
1.  <?php
2.  include 'conn.php';
3.  $result = mysqli_query($conn,"select * from tb_admin where id={$_GET['id']}");
4.  $arr = mysqli_fetch_assoc($result);
5.  ?>
6.  <form method="post" action="update_ok.php">
7.  <table>
8.  <tr><th colspan="2">管理员信息</th></tr>
9.  <tr><td>姓名</td><td><input type="text" name="username" value="<?php echo
    $arr['user'] ?>"></td></tr>
10. <tr><td>密码</td><td><input type="text" name="password" value="<?php echo
    $arr['password'] ?>"></td></tr>
11. <tr><td>邮箱</td><td><input type="text" name="email" value="<?php echo $arr
    ['email'] ?>"></td></tr>
12. <tr><td><input type="hidden" name="id" value="<?php echo $arr['id'] ?>"></td>
13.     <td><input type="submit" name="submit" value="修改"></td>
14. </tr>
15. </table>
16. </form>
17. <?php
18. mysqli_free_result($result);
19. mysqli_close($conn);
20. ?>
```

运行结果如图 3-34 所示。

管理员信息	
姓名	王小利
密码	123456
邮箱	WangXiaoLi@163.com
	修改

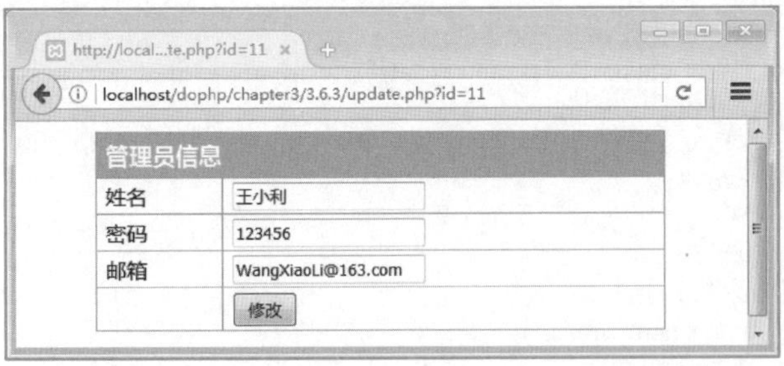

图 3-34 数据修改页面

④ 创建 update_ok.php 文件，完成管理员信息的编辑操作，代码如下：

```
1.   <?php
2.   include 'conn.php';
3.   $username = $_POST['username'];
4.   $password = $_POST['password'];
5.   $email = $_POST['email'];
6.   $id = $_POST['id'];
7.   $query = "update tb_admin set user='{$username}',password='$password',email=
     '{$email}' where id={$id}";
8.   $result = mysqli_query($conn,$query);
9.   if ($result) {
10.      echo "<script>alert('修改成功！');window.location.href='index.php'</script>";
11.  } else {
12.      echo "<script>alert('修改失败！');window.location.href='index.php'</script>";
13.  }
14.  ?>
```

编辑成功后数据浏览如图 3-35 所示。

用户名	密码	电子邮箱	编辑
Tom	654321	Tom@163.com	编辑
Mary	13579	Mary@163.com	编辑
李四	111222	lisi@hcit.edu.cn	编辑
王五	123123	wangwu@sina.com.cn	编辑
王小二	1234567890	xiaowang@163.com	编辑
王小利	654321	WangXiaoLi@hcit.com.cn	编辑

图 3-35　数据记录编辑后浏览效果

3.6.4　数据删除

微课 3-11
数据删除

数据的删除应用 delete 语句，而在 PHP 中需要通过 mysqli_query()函数来执行这个 delete 删除语句，完成 MySQL 数据库中数据的删除操作。

例如，删除 tb_admin 表中的管理员信息，具体步骤如下。

① 修改 index.php 文件，显示所有的管理员信息，并在每一条数据后增加“删除”超链接，关键代码如下：

```
1.   <?php
2.   require './conn.php';
3.   $query = "select * from tb_admin";
4.   $result = mysqli_query($conn, $query) or die("执行 SQL 语句失败");
5.   echo "<table>";
6.   echo  "<tr><th>用户名</th><th>密码</th><th>电子邮箱</th><th>编辑</th><th>
     删除</th></tr>";
7.   $count = 0;
8.   while ($arr = mysqli_fetch_assoc($result)) {
```

```
9.          $count++;
10.         $alt = ($count % 2) ? "alt" : "";
11.         echo "<tr class={$alt}><td>{$arr['user']}</td><td>{$arr['password']}</td><td>
            {$arr['email']}</td>";
12.         echo "<td><a href='update.php?id={$arr['id']}'>编辑</a></td>";
13.         echo "<td><a href='delete.php?id={$arr['id']}'>删除</a></td>";
14.         echo "</tr>";
15.     }
16.     echo "</table>";
17.     ?>
```

运行效果如图 3-36 所示。

用户名	密码	电子邮箱	编辑	删除
Tom	654321	Tom@163.com	编辑	删除
Mary	13579	Mary@163.com	编辑	删除
李四	111222	lisi@hcit.edu.cn	编辑	删除
王五	123123	wangwu@sina.com.cn	编辑	删除
王小二	1234567890	xiaowang@163.com	编辑	删除
王小利	654321	WangXiaoLi@hcit.com.cn	编辑	删除

图 3-36 管理员信息表

② 创建 delete.php 文件，根据超链接传递的 ID 值完成管理员信息的删除操作，代码如下：

```
1.    <?php
2.    include 'conn.php';
3.    $id = $_GET['id'];
4.    $query = "delete from tb_admin where id={$id}";
5.    $result = mysqli_query($conn,$query) or die("执行 SQL 语句失败");
6.    if ($result) {
7.        echo "<script>alert('删除成功');window.location.href='index.php'</script>";
8.    } else {
9.        echo "<script>alert('删除失败');window.location.href='index.php'</script>";
10.   }
```

删除成功提示页面如图 3-37 所示，删除后数据浏览效果如图 3-38 所示。

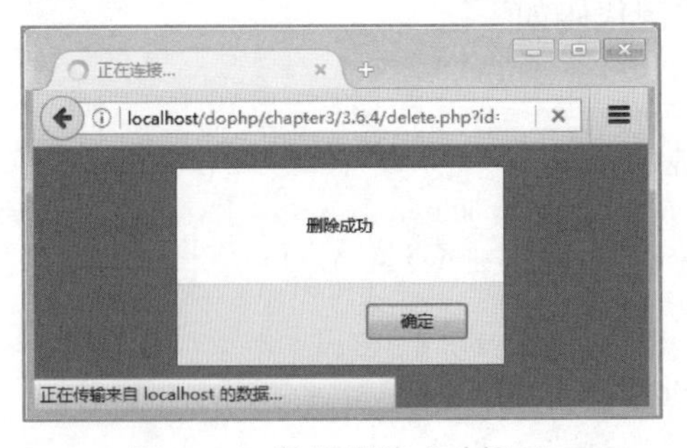

图 3-37 数据删除成功提示

用户名	密码	电子邮箱	编辑	删除
Tom	654321	Tom@163.com	编辑	删除
Mary	13579	Mary@163.com	编辑	删除
李四	111222	lisi@hcit.edu.cn	编辑	删除
王小利	654321	WangXiaoLi@hcit.com.cn	编辑	删除

图 3-38　数据记录删除后浏览效果

微课 3-12
运用 PHP 操作数据库实现数据分页

任务实施

1. 任务介绍

想要实现分页机制，首先为 URL 添加一个参数来定义记录集中的分页偏移，然后生成进入下一个或者上一个页面的链接。通常的做法是使用 mysqli_num_rows() 来读取记录并计算查询结果的总数据，然后利用 mysqli_data_seek()函数将结果指针移动到指定的偏移处。

2. 功能实现

（1）新建数据库和表

① 新建数据库 student，代码如下：

```
create database student;
```

② 新建数据表 student_info，代码如下：

```
create table if not exists student_info (
  id int(11) not null auto_increment primary key,
  stuid varchar(20) not null,
  stuname varchar(20) not null,
  stusex varchar(8) not null,
)
```

数据表结构如图 3-39 所示。

名字	类型	排序规则	属性	空	默认	额外
id	int(11)			否	无	AUTO_INCREMENT
stuid	varchar(20)			否	无	
stuname	varchar(20)			否	无	
stusex	varchar(8)			否	无	

图 3-39　student_info 表结构

③ 添加数据，部分代码如下：

```
insert into student_info values(null, '33913101', '丁露', '女');
insert into student_info values(null, '33913102', '万斌斌', '女');
```

```
insert into student_info values(null, '33913103', '仇倩倩', '女');
insert into student_info values(null, '33913104', '王久芹', '女');
insert into student_info values(null, '33913105', '甘甜', '女');
```

添加数据记录如图 3-40 所示。

←T→	id	stuid	stuname	stusex
编辑 复制 删除	6	33913101	丁露	女
编辑 复制 删除	7	33913102	万斌斌	女
编辑 复制 删除	8	33913103	仇倩倩	女
编辑 复制 删除	9	33913104	王久芹	女
编辑 复制 删除	10	33913105	甘甜	女

图 3-40　添加数据记录

（2）连接数据库服务器

创建 PHP 文件 conn.php，输入如下代码：

```
1.  <?php
2.  $conn=   mysqli_connect("localhost", "root", "") or die("数据库服务器连接失败".
    mysqli_connect_error());
3.  mysqli_select_db($conn,"student") or die("无此数据库");
4.  mysqli_query($conn,"set names utf8");
5.  ?>
```

（3）数据表分页显示

创建 PHP 文件 student_pages.php，完成数据分页显示，具体代码如下：

```
1.  <?php
2.  echo "<link href='../css/style.css' rel='stylesheet'>";
3.  header("Content-Type:text/html;charset=utf-8");
4.  include 'conn.php';
5.  $display = 4;                              //每页显示的记录数
6.  $result = mysqli_query($conn,"select * from student_info order by stuid"); //执行
    SQL 语句
7.  $total = mysqli_num_rows($result);         //查询记录行数
8.  //偏移量
9.  $start = (isset($_GET['start']) && ctype_digit($_GET['start']) && $_GET['start'] <=
    $total) ? $_GET['start'] : 0;
10. mysqli_data_seek($result, $start);         //指针移动到指定的行号
11. echo "<table>";
12. echo "<tr><th>学号</th><th>姓名</th><th>性别</th></tr>";
13. $count = 0;
14. while ($count++ < $display && $arr = mysqli_fetch_assoc($result)) {
15.     echo  "<tr><td>{$arr['stuid']}</td><td>{$arr['stuname']}</td><td>{$arr  ['stusex']}
        </td></tr>";
```

```
16.  }
17.  echo "<tr><td colspan=3>";
18.  if ($start > 0) {                                   //不是第一页
19.       echo "<a href={$_SERVER['PHP_SELF']}?start=0>|第一页|</a>";
20.       echo "<a href={$_SERVER['PHP_SELF']}?start=" . ($start - $display) . ">|上
          一页|</a>";
21.  }
22.  if ($total > ($start + $display)) { //不是最后一页
23.       echo "<a href={$_SERVER['PHP_SELF']}?start=" . ($start + $display) . ">|下
          一页|</a>";
24.       $lastpage = ($total % $display == 0) ? ($total - $display) : ($total - $total %
          $display);
25.       echo "<a href={$_SERVER['PHP_SELF']}?start=" . $lastpage . ">|最后一页|</a>";
26.  }
27.  if($total>$display){
28.       $totalpage=   ceil($total/$display);
29.       echo "共有  ".$totalpage."页";
30.       $currentpage=   ceil($start/$display+1);
31.       echo "现在是第".$currentpage."页";
32.  }
33.  echo "</td></tr>";
34.  echo "</table>";
35.  ?>
```

页面效果如图 3-41、图 3-42 和图 3-43 所示。

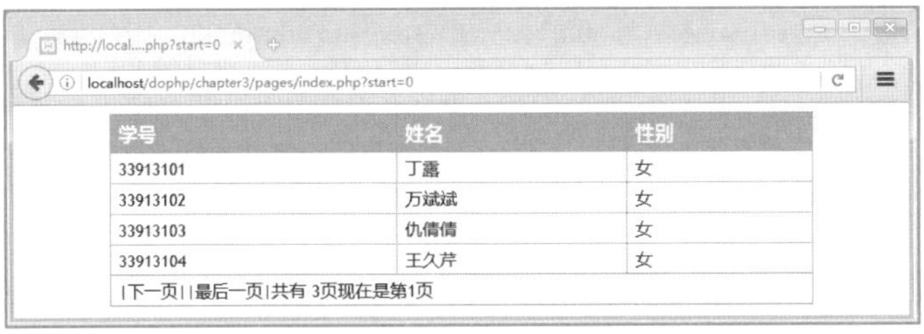

学号	姓名	性别
33913101	丁露	女
33913102	万斌斌	女
33913103	仇倩倩	女
33913104	王久芹	女
|下一页||最后一页|共有 3页现在是第1页		

图 3-41　数据表分页效果（第一页）

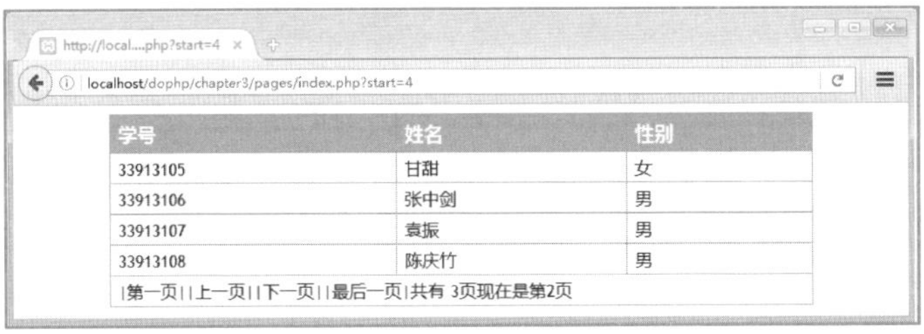

学号	姓名	性别
33913105	甘甜	女
33913106	张中剑	男
33913107	袁振	男
33913108	陈庆竹	男
|第一页||上一页||下一页||最后一页|共有 3页现在是第2页		

图 3-42　数据表分页效果（中间页）

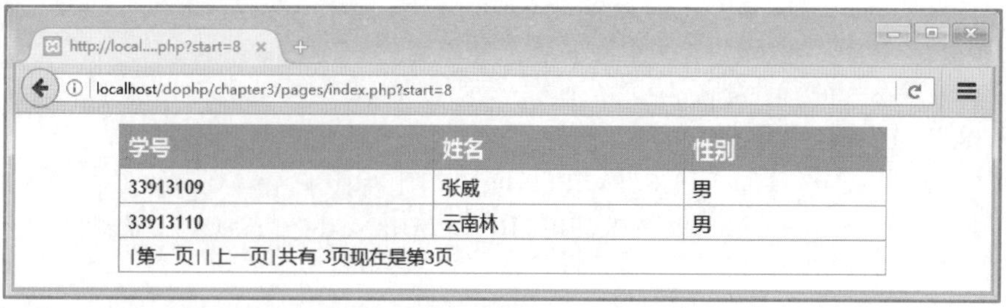

图 3-43 数据表分页效果（最后一页）

任务拓展

数据批量删除

在对数据库中的数据进行管理的过程中，如果要删除的数据非常多，则执行单条删除数据的操作就显得很不合适，这时应该使用批量删除数据的方法来实现数据库中信息的删除。通过数据的批量删除可以快速删除多条数据，从而减少操作执行的时间。

例如，批量删除管理员信息表的相关数据，具体步骤如下。

① 创建数据库连接文件 conn.php。

② 创建 index.php 文件，显示所有的管理员信息，在每一条数据后增加“删除”选项，代码如下：

```
1.  <?php
2.  echo "<link href='css/style.css' rel='stylesheet'>";
3.  include 'conn.php';
4.  $result = mysqli_query($conn, "select * from tb_admin");        //执行 SQL 语句
5.  echo "<table border=1 align=center>";
6.  echo "<form method='post' action='delete.php'";
7.  echo "<tr><th>用户名</th><th>密码</th><th>电子邮箱</th><th>删除</th></tr>";
8.  while ($arr = mysqli_fetch_assoc($result)) { //将查询结果集返回到数组中，使用
                                                  while 输出数组内容
9.      echo "<tr><td>$arr[user]</td><td>$arr[password]</td><td>$arr[email]</td>";
10.     echo "<td><input type='checkbox' name='delete[]' value='$arr[id]'></td>";
11.     echo "</tr>";
12. }
13. echo"<tr><td colspan=5 align=right><input type='submit' name='submit' value='删
    除'></td></tr>";
14. echo "</from>";
15. echo "</table>";
16. ?>
```

运行效果如图 3-44 所示。

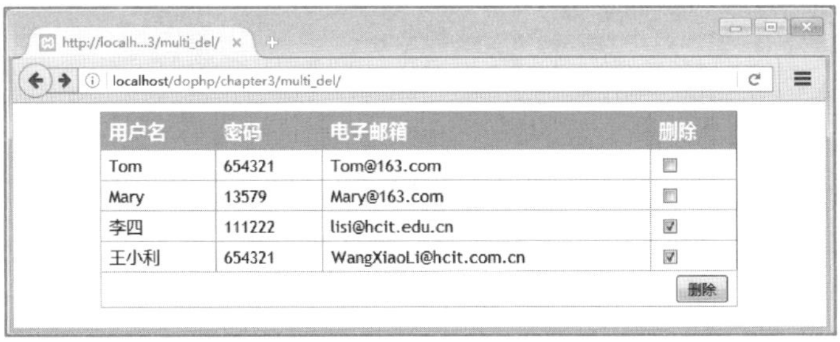

http://localh...3/multi_del/

localhost/dophp/chapter3/multi_del/

用户名	密码	电子邮箱	删除
Tom	654321	Tom@163.com	☐
Mary	13579	Mary@163.com	☐
李四	111222	lisi@hcit.edu.cn	☑
王小利	654321	WangXiaoLi@hcit.com.cn	☑
			删除

图 3-44　管理员信息页面

③ 创建 delete_lot.php 页面，完成批量删除操作，代码如下：

```
1.  <?php
2.  include 'conn.php';
3.  if ($_POST['submit']) {
4.      $id = implode(",", $_POST['delete']);
5.      $delete = mysqli_query($conn,"delete from tb_admin where id in (" . $id . ")");
6.      if ($delete) {
7.          echo "<script>alert('批量删除成功!');window.location.href= 'index.php'</script>";
8.      } else {
9.          echo "<script>alert('批量删除失败!');window.location.href='index. php'</script>";
10.     }
11. }
12. ?>
```

批量删除数据页面如图 3-45 和图 3-46 所示。

图 3-45　删除成功提示

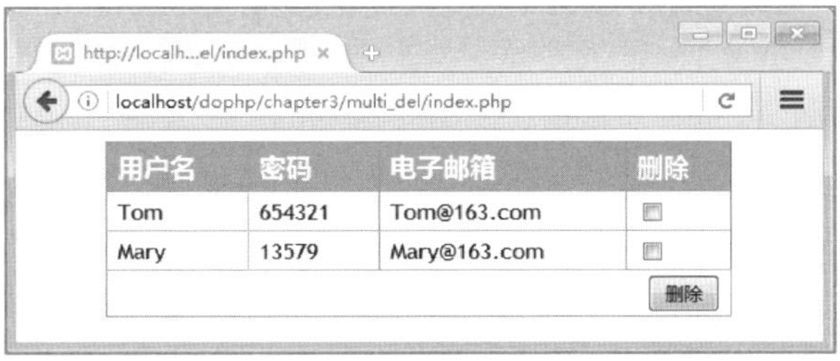

http://localh...el/index.php

localhost/dophp/chapter3/multi_del/index.php

用户名	密码	电子邮箱	删除
Tom	654321	Tom@163.com	☐
Mary	13579	Mary@163.com	☐
			删除

图 3-46　批量删除数据后浏览效果

项目实训 3.2 图书管理系统

【实训介绍】

在项目实训 3.1 中完成了一个图书信息管理数据库及数据表的创建，本实训要求使用 PHP 代码完成数据表记录的网页操作，能够对记录进行增加、删除、修改、查询等操作。

【实训目的】

① 能熟练掌握 SQL 查询语句。

② 能熟练掌握 PHP 操作 MySQL 数据库的方法。

③ 能够综合运用数据库知识完成对图书信息表的相关操作。

单元小结

本单元介绍了 MySQL 数据库的概念、服务器的启动和关闭及 MySQL 的一些基本操作，并在此基础上完成了同学录数据库的构建；通过介绍 PHP 操作 MySQL 数据库的相关知识，学习了数据库表页面的操作，最后通过图书信息管理系统的实训内容加深对知识的理解。

单元 4 面向对象编程

学习目标

【知识目标】

- 了解面向对象思想。
- 掌握类、对象的概念与关系。
- 掌握面向对象的三大特性：继承、重载与封装。
- 掌握面向对象中一些常用的关键字。
- 掌握类的抽象与接口技术。
- 了解类的反射与 PHP 设计模式。

【技能目标】

- 能比较面向对象与面向过程编程的特点。
- 能合理使用面向对象中的常用关键字。
- 能根据掌握的面向对象知识构建图形面积和周长计算器。

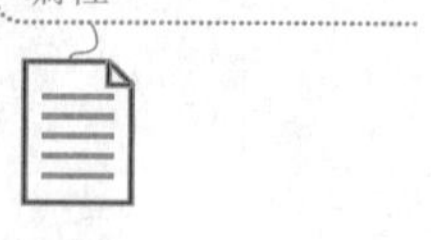

章节设计 面向对象编程

PPT 面向对象编程

引例描述

小王学习了PHP环境的搭建、PHP函数与数据处理以及MySQL数据库的知识，并能完成九九乘法表、同学录数据库、投票统计、分页等实例。想申请到表哥的公司实习。

他又与表哥张经理进行了沟通，张经理充分肯定了小王最近一段时间的表现，张经理说完成了这个单元的学习后就可以到公司实习，联系过程如图4-1所示。

(a) 自信的沟通

(b) 电话指导

图4-1 小王请教张经理的电话交流

张经理安排小王查询图书资料和利用网络认真学习 PHP 面向对象的相关理论知识，并完成一个面向对象的图形面积、周长计算器，为此制定了详细的学习计划。

首先认真学习面向对象的概念，理解面向对象的三大特性，特别是PHP一些关键字的学习；然后完成图形面积和周长计算器、数据库连接类的实例。

任务 面向对象的图形面积和周长计算器

任务陈述

面向对象的编程方式是PHP的突出特点之一，合理使用面向对象编程，可以提高程序的易读性、易维护性和易扩展性，在实际工作中提升研发人员的工作效率，节省时间成本。

另外还需注意的是，不要把面向对象单纯当作一种方法去使用。面向对象编程是一种思想，它符合人类看待事物的一般规律，因此应将其当作一种解决问题的思路去理解。

本任务将详细描述如何运用面向对象的思想实现图形面积和周长的计算，主要分为以下几步完成。

第①步：理解面向对象的概念、构造方法与析构方法。
第②步：掌握类的继承、重载和封装。
第③步：掌握 PHP 面向对象中一些常用的关键字的使用。
第④步：掌握抽象方法、抽象类、接口技术。
第⑤步：综合运用面向对象的理论知识，完成图形面积和周长的计算。

知识准备

微课 4-1
面向对象概述

4.1　面向对象概述

4.1.1　类的概念

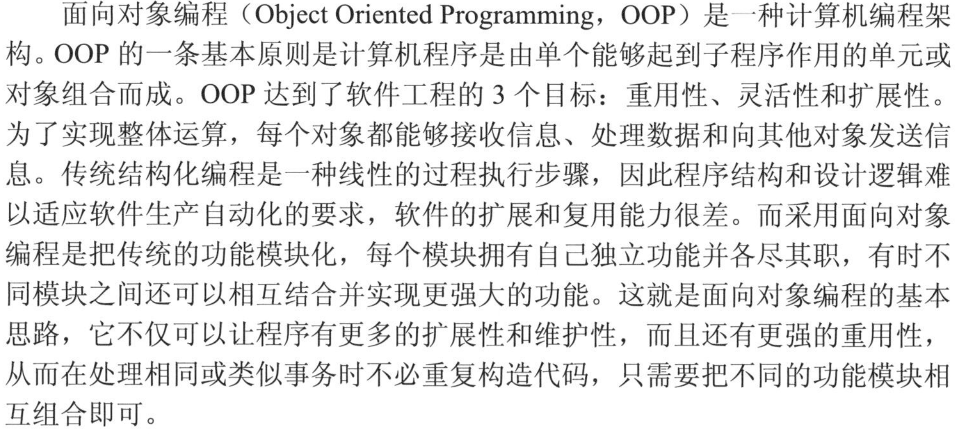

面向对象编程（Object Oriented Programming，OOP）是一种计算机编程架构。OOP 的一条基本原则是计算机程序是由单个能够起到子程序作用的单元或对象组合而成。OOP 达到了软件工程的 3 个目标：重用性、灵活性和扩展性。为了实现整体运算，每个对象都能够接收信息、处理数据和向其他对象发送信息。传统结构化编程是一种线性的过程执行步骤，因此程序结构和设计逻辑难以适应软件生产自动化的要求，软件的扩展和复用能力很差。而采用面向对象编程是把传统的功能模块化，每个模块拥有自己独立功能并各尽其职，有时不同模块之间还可以相互结合并实现更强大的功能。这就是面向对象编程的基本思路，它不仅可以让程序有更多的扩展性和维护性，而且还有更强的重用性，从而在处理相同或类似事务时不必重复构造代码，只需要把不同的功能模块相互组合即可。

严格地讲，PHP 并不是一个真正的面向对象的语言，而是一个混合型语言，用户可以使用面向对象编程，也可以使用面向过程编程。在一些事务处理和小型项目中，面向过程编程还是值得推荐的，因为在性能、开发效率、维护成本等方面会优于面向对象编程。 在一些大型项目中，推荐在 PHP 中使用真正的面向对象编程去声明类，而且在项目中只使用对象和类。

面向对象编程的三大基本要素是继承、封装、多态。

4.1.2　类与对象

类是面向对象编程中的基本单位，它是具有相同属性和功能方法的集合。在类里拥有两个基本的元素：成员属性和成员方法。

通俗地说，一个类就是一个 class 中的所有的内容。成员属性就是类中的变量和常量，注意，是在 class 下面的变量和常量，而不是在 function 程序体中的变量。function 是成员方法，在面向过程编程里称 function 为函数，在面向对象编程中称其为方法。

下面程序代码说明了其含义和作用。

```
1.  <?php
2.  class animal {
3.          public $name = '动物';
```

```
4.        function getInfo() {
5.            return $this->name;
6.        }
7.    }
8.    ?>
```

在这段程序中，animal 是一个类，$name 是这个类的一个属性，getInfo() 是一个方法。

对象是类的实例，对象拥有该类的所有属性和方法，因此对象建立在类基础上，类是产生对象的基本单位。

这个地方可能不太好理解，讲得通俗一点，就是类在大多数实际使用中必须先实例化才能工作。为什么说是大多数情况，因为可以通过类的静态方法等直接调用类中的功能，这个将在后面章节中具体介绍。

下面程序代码说明了其含义和作用。

```
1.    <?php
2.    class animal {
3.        public $name = '动物';
4.        function getInfo() {
5.            return $this->name;
6.        }
7.    }
8.    $animal = new animal();
9.    ?>
```

这段程序中，$animal 就是一个对象，当然它和类名 animal 可以是不一样的。

类和对象的关系为：类的实例化结果就是对象，而对一类对象的抽象就是类。类与对象的关系就如模具和铸件的关系。

再深入讨论一下。如果把动物当作一个类，实例化这个类，叫做 pig，那么 pig 就是这个类的一个实例化对象，而不是 aminal 这个对象。动物类里有许多属性，包括动物称呼、颜色、年龄等，动物又可以叫、跑，这就是其功能，那么实例化出来的 pig 对象就具备了这个动物类里的属性和方法，可以叫、跑。其实无论是动物的属性还是功能，在没有组装在一起前，不能称它为动物，而是零部件。这些零部件生产的过程就是写类的过程。把这些零部件（属性、方法）制造好并通过“组装”变成需要的 pig 动物，就是对象实例化的过程。从这个例子可以看出，类决定着对象的功能和属性，对象只是类变成产品以后对应的名称。

下面程序代码说明了其含义和作用。

```
1.    <?php
2.    class animal {
3.        public $name = '';
```

```
4.        public $color = '';
5.        public $age = '';
6.        function getInfo() {
7.            return $this->name;
8.        }
9.    }
10.   $pig = new animal();
11.   ?>
```

以上代码已经建立了一个基本的类和对象，类的基本格式就是这样，其中class、function,这些定义时用到的词是PHP中内置的关键字，在关键字class后面输入类名并以大括号形式包括起类中的代码片段（成员属性、成员方法）。

抽象出来的基本语法格式如下：

```
class 类名{
成员属性;
成员方法;
}
```

成员属性有点类似面向过程编程中的变量或常量，但使用和定义上又有所区别。

成员方法类似于面向过程编程中的自定义函数，但在类里称为成员方法。

在定义类名时需要注意的是：

① 类名不可与内置关键字或函数重名。

② 类名只能以英文大小写字母或_（下画线）开头。

③ 类名如果是多个单词的组合，则建议从第②个单词开始首字母大写，这个称为驼峰写法，是最常见的规范格式。

接下来对animal类代码做进一步完善和分析，代码如下。

```
1.    <?php
2.    class animal {                    //创建 animal 类
3.        public $name = '';            //成员属性 name
4.        public $color = '';           //成员属性 color
5.        public $age = '';             //成员属性 age
6.        function getInfo() {          //成员方法，返回成员属性 name 的值
7.            return $this->name;
8.        }
9.        function setInfo($name) {     //成员方法，为成员属性 name 赋值
10.           $this->name=$name;
11.       }
12.   }
13.   $pig = new animal();              //通过 new 关键字实例化一个对象，名称为 pig
14.   $pig->setInfo('猪');              //调用 setInfo()方法，为对象属性赋值
```

```
15.  $name = $pig->getInfo();          //调用 getInfo()方法，返回对象属性的值
16.  echo $name;                       //输出属性值
17.  ?>
```

在上述代码中，利用关键字对 animal 类进行实例化操作，同时将类的功能赋值给$pig 对象。这时$pig 拥有了 animal 类的所有属性和功能。在后面的代码操作中，只需要使用$pig 就可以调用 animal 类的所有内容了。从这个过程可以看出，其实对象是对类的功能具体化和有实际操作意义的转换的一个过程。在这个过程中还要明白一点，虽然实例化后，$pig 代表原 animal 的内容，但对象会在计算机中单独开辟一块内存来存储类的所有功能。实际操作过程中对$pig 所有的操作，如赋值、运算、调用等，都不会影响到原来的类。

微课 4-2
$this 关键字

4.1.3 对象的应用和$this 关键字

前面介绍了可以通过“对象->成员”的方式访问对象中的成员，这是在对象的外部去访问对象中成员的方式。如果想在对象的内部，让对象里的方法访问本对象的属性，或是对象中的方法去调用本对象的其他方法，该如何处理呢？因为对象里面的所有的成员都要用对象来调用，包括对象的内部成员之间的调用，所以在 PHP 中提供了一个本对象的引用$this，每个对象里面都有一个对象的引用$this 来代表这个对象，完成对象内部成员的调用。this 的本意就是“这个”。如在下面的例子中，实例化 3 个对象$pig、$crow、$shark，这 3 个对象中就各自存在一个$this，分别代表对象$pig、$crow、$shark。

$this 就是对象内部代表这个对象的引用，在对象内部调用本对象的成员和对象外部调用对象的成员所使用的方式是一样的。

语法格式如下：

```
$this->属性          $this->方法
$this->name;         $this->getInfo();
$this->color;
$this->age;
```

修改 4.1.2 节中示例代码，让每个动物都有自己的称呼、颜色、年龄，具体代码如下。

```
1.  <?php
2.  class animal {
3.      public $name = '';              //成员属性 name
4.      public $color = '';             //成员属性 color
5.      public $age = '';               //成员属性 age
6.      function getInfo() {            //成员方法，返回成员属性 name 的值
7.          return $this->name;
8.      }
9.      function setInfo($name) {       //成员方法，为成员属性 name 赋值
```

```
10.            $this->name = $name;
11.        }
12.  }
13.  $pig = new animal();              //实例化 animal 类，对象名为$pig
14.  $crow = new animal();             //实例化 animal 类，对象名为$crow
15.  $shark = new animal();            //实例化 animal 类，对象名为$shark
16.  $pig->setInfo('猪');              //调用 setInfo()方法，为对象属性赋值
17.  $name = $pig->getInfo();          //调用 getInfo()方法，返回对象属性的值
18.  echo $name;                       //输出属性值
19.  $crow->setInfo('乌鸦');
20.  $name = $pig->getInfo();
21.  echo $name;
22.  $shark->setInfo('鲨鱼');
23.  $name = $pig->getInfo();
24.  echo $name;
25.  ?>
```

需要注意的是，$this 不能在类定义的外部使用，只能在类定义的方法中使用。

微课 4-3
构造方法与析构方法

4.1.4　构造方法与析构方法

1. 构造方法

每个类中都有一个称为构造方法的特殊方法。当创建一个对象时，它将自动调用构造方法，也就是使用 new 关键字来实例化对象时自动调用构造方法。构造方法的声明与其他操作的声明一样，只是其名称必须是__construct()。

语法格式如下：

```
修饰符 function __construct([参数]){…}
```

在一个类中只能声明一个构造方法，而且在每次创建对象时都会调用一次构造方法，不能主动地调用这个方法，所以通常用它执行一些有用的初始化任务，如对成员属性在创建对象时赋初值。修饰符可以省略，默认为 public。

下面的程序代码说明了其含义和作用。

```
1.   class animal {                  //创建 animal 类
2.       public $name;               //成员属性 name
3.       public $color;              //成员属性 color
4.       public $age;                //成员属性 age
5.       /**
6.        * 构造方法
7.        * 特点：方法名唯一 __construct() ，在类实例化时自动调用
8.        * 功能：创建对象时为成员属性赋初值，完成初始化工作
9.        */
10.      public function __construct($name, $color, $age) {
11.          //echo "我是构造方法";
```

```
12.             $this->name = $name;
13.             $this->color = $color;
14.             $this->age = $age;
15.         }
16.         public function getInfo() {
17.             echo "动物的名称：" . $this->name . "<br>";
18.             echo "动物的颜色：" . $this->color . "<br>";
19.             echo "动物的年龄：" . $this->age . "<br>";
20.         }
21.     }
22.     $pig = new animal("猪","白色",2); //通过 new 关键字实例化出一个对象，名称为 pig
23.     $pig->getInfo();
24.     $dog = new animal('狗','黑色',3); //通过 new 关键字实例化出一个对象，名称为 dog
25.     $dog->getInfo();
26.     ?>
```

程序运行效果如图 4-2 所示。

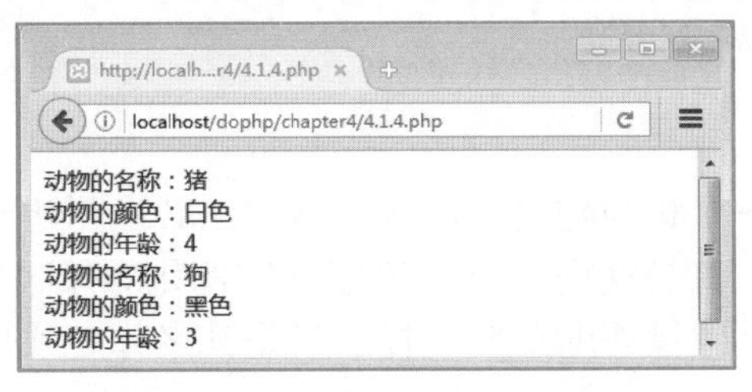

图 4-2 构造方法运行效果

2. 析构方法

与构造方法相对的就是析构方法。析构方法允许在销毁一个类之前执行一些操作或完成一些功能，如关闭文件、释放结果集等。析构方法会在某个对象的所有引用都被删除或者当对象被显式销毁时执行，也就是说，对象在内存中被销毁前调用析构方法。与构造方法的名称类似，类的析构方法名称必须是 __destruct()，且析构方法不能带有任何参数。

语法格式如下：

```
function __destruct() {……}
```

下面的程序代码说明了其含义和作用。

```
1.  <?php
2.  class animal {
3.      public $name;   //成员属性
4.      public $color;
5.      public $age;
6.      public function __construct($name, $color, $age) {
```

```
7.              $this->name = $name;
8.              $this->color = $color;
9.              $this->age = $age;
10.         }
11.         public function getInfo() {
12.             echo "动物的名称：" . $this->name . "<br>";
13.             echo "动物的颜色：" . $this->color . "<br>";
14.             echo "动物的年龄：" . $this->age . "<br>";
15.         }
16.         /**
17.          * 析构方法，在对象销毁时自动调用
18.          */
19.         public function __destruct() {
20.             echo "再见：".$this->name."<br>";
21.         }
22.     }
23.     $pig = new animal('猪','白色',4); //通过 new 关键字实例化出一个对象，名称为 pig
24.     $pig->getInfo();
25.     $dog = new animal('狗','黑色',3); //通过 new 关键字实例化出一个对象，名称为 dog
26.     $dog->getInfo();
27.     ?>
```

程序运行效果如图 4-3 所示。

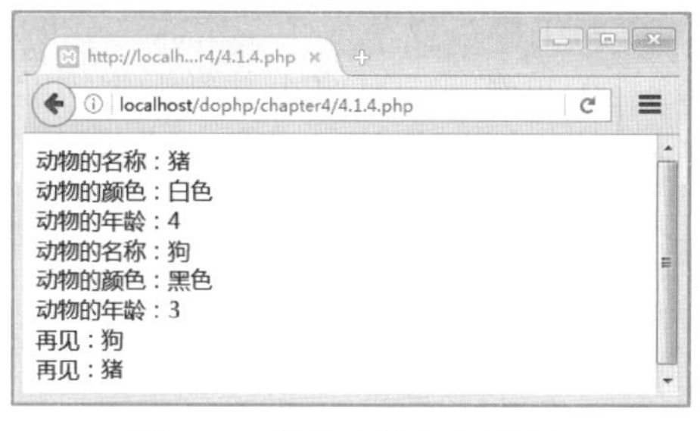

图 4-3　析构方法运行效果

4.2　类的继承和重载

4.2.1　类的继承

微课 4-4
类的继承

继承作为面向对象的 3 个重要特性的一个方面，在面向对象的领域有着极其重要的作用，所有面向对象的语言都支持继承。继承是 PHP5 面向对象程序设计的重要特性之一，它是指建立一个新的派生类，从一个或多个先前定义的类中继承数据和函数，而且可以重新定义或加进新数据和函数，从而建立了类的层次或等级。简单地说，继承是子类自动共享父类的数据结构和方法的机制，这是类之间的一种关系。在定义和实现一个类时，可以在一个已经存在的类的基础上进行，把这个已经存在的类的所定义的内容作为自己的内容，并加入新

的内容。

假如现在已经有一个“动物”类了，该类中有 3 个成员属性，即称呼、颜色和年龄，以及一个成员方法，即获得动物的基本信息。如果现在程序需要一个“鸟”类，因为鸟也是动物，所以鸟也有成员属性（称呼、颜色和年龄）以及成员方法（获得动物的基本信息），这时就可以让“鸟”这个类来继承“动物”这个类。继承之后，“鸟”类就会把“动物”类中的所有属性都继承过来，就不用再重新声明这些成员属性和方法了。因为“鸟”类中还有鸟自有的属性和方法，如翅膀和飞，所以在“鸟”类中除了有继承自“动物”类的属性和方法之外，还要加上鸟特有的属性和方法，这样一个“鸟”类就声明完成了。

继承也可以叫做“扩展”，从上面的描述可以看出，“鸟”类对“动物”类进行了扩展，是在动物类中原有 3 个属性和一个方法的基础上加上一个属性和一个方法扩展出来的一个新的动物类。

继承是面向对象软件技术当中的一个概念。如果一个类 A 继承自另一个类 B，就把 A 称为 B 的子类，而把 B 称为 A 的父类。继承可以使得子类具有父类的各种属性和方法，而不需要再次编写相同的代码。在子类继承父类的同时，可以重新定义某些属性，并重写某些方法，即覆盖父类的原有属性和方法，使其获得与父类不同的功能。另外，为子类追加新的属性和方法也是常见的做法。

在软件开发中，类的继承性使所开发的软件具有开放性、可扩充性，这是信息组织与分类的行之有效的方法，它简化了对象、类的创建工作量，增加了代码的可重用性。通过类的继承关系，使公共的特性能够共享，提高了软件的重用性。

在 C++语言中，一个派生类可以从一个基类派生，也可以从多个基类派生。从一个基类派生的继承称为单继承；从多个基类派生的继承称为多继承。但是在 PHP 和 java 语言中没有多继承，只有单继承，也就是说，一个类只能直接从一个类中继承数据。

下面的程序代码说明了其含义和作用。

```
1.  <?php
2.  class animal {
3.      public $name;
4.      public $color;
5.      public $age;
6.      public function __construct($name, $color, $age) {
7.          $this->name = $name;
8.          $this->color = $color;
9.          $this->age = $age;
10.     }
11.     public function getInfo() {
12.         echo "动物的名称：" . $this->name . "<br>";
13.         echo "动物的颜色：" . $this->color . "<br>";
14.         echo "动物的年龄：" . $this->age . "<br>";
15.     }
16. }
```

```
17.  /**
18.   * 定义一个 bird 类，使用 entends 关键字来继承 animal 类，作为 animal 类的子类
19.   */
20.  class bird extends animal {
21.          public $wing; //bird 类的自有属性$wing
22.          public function fly() {//bird 类自有的方法
23.                  echo 'I can fly!!!';
24.          }
25.  }
26.  $crow = new bird("乌鸦", "黑色", 3);
27.  $crow->getInfo();
28.  $crow->fly();
29.  ?>
```

程序运行效果如图 4-4 所示。

http://localh...r4/4.2.1.php
localhost/dophp/chapter4/4.2.1.php
动物的名称：乌鸦
动物的颜色：黑色
动物的年龄：3
I can fly!!!

图 4-4　类的继承运行效果

在代码中，bird 类通过使用 extends 关键字继承了 animal 类中的所有成员属性和成员方法，并扩展了一个成员属性 wing 和一个方法 fly()。现在，子类 bird 中和使用这个类的实例化的对象都具有 name、color、age 和 wing 属性，具有 getInfo()和 fly()方法。

通过类的继承，减少了对象、类创建时所需的工作量，增加了代码的可重用性。

4.2.2　类的重载

微课 4-5
类的重载

在学习 PHP 语言时会发现，PHP 中的方法是不能重载的。所谓的方法重载，就是定义相同的方法名，通过“参数的个数”不同或“参数的类型”不同，来访问相同方法名的不同方法。但是因为 PHP 是弱类型的语言，所以在方法的参数中本身就可以接收不同类型的数据，又因为 PHP 的方法可以接收不定个数的参数，所以通过传递不同个数的参数调用不同方法名的不同方法也是不成立的。因此在 PHP 中没有方法重载。

这里所指的重载新的方法所指的就是子类覆盖父类已有的方法。那为什么要这么做呢？父类的方法不是可以继承过来吗？但有一些情况是必须覆盖的，如前面提到过的例子中，animal 类中有一个 getInfo()方法，所有继承 animal 类的子类都具有方法。但是 animal 类中的 getInfo()方法获得的是 animal 类中的属性，而 bird 类对 animal 类进行了扩展，又扩展出了几个新的属性，如果使用继

承过来的getInfo()获得基本信息，则只能获得从animal类继承过来的那些属性，新扩展的那些属性使用继承过来的getInfo()方法就无法获得。有的人就会问了，在bird子类中再定义一个新的方法用于获得基本信息不就行了吗？一定不要这么做，从抽象的角度来讲，一个“鸟”不能有两种“获得基本信息”的方法，假如定义了两个不同的 animal 方法来实现想要的功能，那么被继承过来的getInfo()方法可能就没有机会用到了，而且因为是继承过来的，无法删除，因此就要用到覆盖了。

虽然说在PHP中不能定义同名的方法，但是在父子关系的两个类中，可以在子类中定义和父类同名的方法，这样就把父类中继承过来的方法覆盖掉了。

下面的程序代码说明了其含义和作用。

```
1.  <?php
2.  class animal {
3.      public $name;
4.      public $color;
5.      public $age;
6.      public function __construct($name, $color, $age) {
7.          $this->name = $name;
8.          $this->color = $color;
9.          $this->age = $age;
10.     }
11.     public function getInfo() {
12.         echo "动物的名称：" . $this->name . "<br>";
13.         echo "动物的颜色：" . $this->color . "<br>";
14.         echo "动物的年龄：" . $this->age . "<br>";
15.     }
16. }
17. /**
18.  * 定义一个bird类，使用extends关键字来继承animal类，作为animal类的
子类
19.  */
20. class bird extends animal {
21.     public $wing; //bird类自有的属性$wing
22.     public function getInfo() {
23.         parent::getInfo();
24.         echo "鸟类有" . $this->wing . '翅膀<br>';
25.         $this->fly();
26.     }
27.     public function fly() {
28.         //鸟类自有的方法
29.         echo "我会飞翔！！！";
30.     }
31.     public function __construct($name, $color, $age,$swing) {
32.         parent::__construct($name, $color, $age);
33.         $this->wing=$wing;
```

```
34.             }
35.     }
36.     $crow = new bird("乌鸦", "黑色", 4,"漂亮的");
37.     $crow->getInfo();
38.     ?>
```

程序的运行效果如图 4-5 所示。

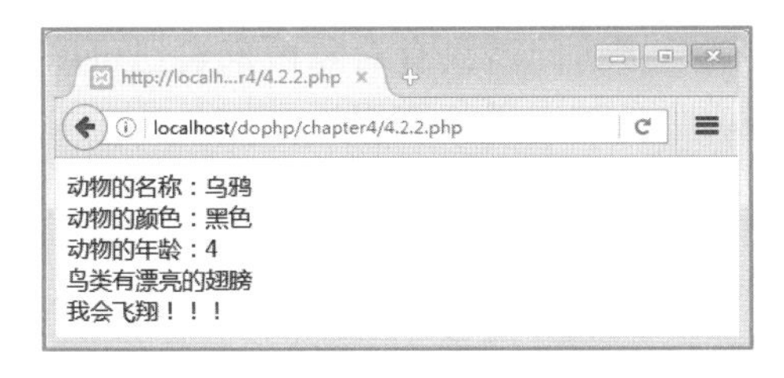

图 4-5 类的重载运行效果

程序代码中，bird 子类通过调用“parent::”的方法，实现了对父类中继承过来的 getInfo()方法和构造方法的覆盖，从而实现了对“方法”扩展。

微课 4-6
类的封装

4.3 类的封装

4.3.1 设置封装

封装性是面向对象编程中的三大特性之一，封装性就是把对象的属性和服务结合成一个独立的单位，并尽可能隐藏对象的内部细节。封装性包含两个含义：一是把对象的全部属性和全部服务结合在一起，形成一个不可分割的独立单位（即对象）；二是信息隐藏，即尽可能隐藏对象的内部细节，对外形成一个边界（或者说形成一道屏障），只保留有限的对外接口，使之与外部发生联系。

封装的原则在软件上的反映是，要求对象以外的部分不能随意存取对象的内部数据（属性），从而有效地避免了外部错误对它的“交叉感染”，使软件错误能够局部化，从而大大减小查错和排错的难度。

下面举个实例来具体说明。假如某个人的对象中的年龄和工资等属性，像这样个人隐私的属性是不想让其他人随意就能获取得到的。如果不使用封装，那么别人想知道就能得到，但是如果封装之后，那么别人就没有办法获得封装的属性了。

再比如，个人计算机都有一个密码，不想让其他人随意登录。还有就是人这个对象，身高和年龄的属性只能是自己来增长，不可以让别人随意的赋值等。

可以使用 private 关键字来对属性和方法进行封装。

原来的成员如下：

```
var $name;      //声明动物的称呼
var $color;     //声明动物的颜色
var $age ;      //声明动物的年龄
fuction getInfo(){……}
```

改成封装形式后如下：

```
private $name;                    //把动物的称呼使用 private 关键字进行封装
private $color;                   //把动物的颜色使用 private 关键字进行封装
private $age ;                    //把动物的年龄使用 private 关键字进行封装
private fuction getInfo(){…} //把获得基本信息的方法使用 private 关键字进行封装
```

通过 private 就可以把成员（成员属性和成员方法）封装了。封装了的成员就不能被类的外部代码直接访问，只有对象内部自己可以访问。

下面的程序代码说明了其含义和作用。

```
1.    <?php
2.    header("Content-Type:text/html;charset=utf-8");
3.    class animal {
4.          private $name; //私有属性 name
5.          private $color; //私有属性 color
6.          private $age;//私有属性 age
7.          public function __construct($name, $color, $age) {
8.                $this->name = $name;
9.                $this->color = $color;
10.               $this->age = $age;
11.         }
12.         public function getInfo() {
13.               echo "动物的名称：" . $this->name . "<br>";
14.               echo "动物的颜色：" . $this->color . "<br>";
15.               echo "动物的年龄：".$this->age."<br>";
16.         }
17.   }
18.   $dog=new animal("小狗", "白色", 5);
19.   //$dog->getInfo();
20.   echo $dog->name;
21.   ?>
```

程序运行效果如图 4-6 所示。

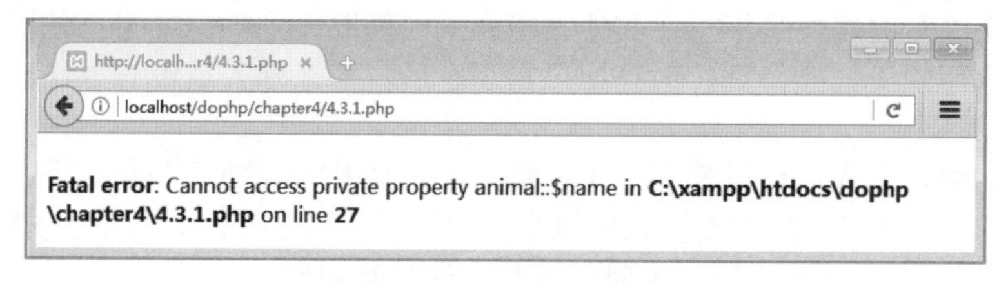

图 4-6 访问私有属性

从上面的实例可以看到，私有的成员是不能被外部访问的，因为私有成员只能在本对象内部自己访问。如$dog 对象，在 getInfo()方法中访问了私有属性，这样是可以的。

类型的访问修饰符允许开发人员对类成员的访问进行限制，这是 PHP5 的新特性，但却是 OOP 语言的一个好的特性，而且大多数 OOP 语言都支持此特性。PHP5 支持如下 3 种访问修饰符，即 public、private、protected。

（1）public

public 是公有修饰符。被定义为 public 的成员，将没有访问限制，所有的外部成员都可以访问这个类成员（包括成员属性和成员方法）。在 PHP5 之前的所有版本中，PHP 中类的成员都是 public。在 PHP5 中，如果类的成员没有指定成员访问修饰符，将被视为 public。

例如：

```
public $name = 'A';                 //成员属性
public function getInfo(){…};   //成员方法
```

（2）private

private 是私有修饰符。被定义为 private 的成员，对于同一个类里的所有成员是可见的，即没有访问限制，但对该类的外部代码是不允许进行访问的，对该类的子类也不能访问。

例如：

```
private $name = 'A';                 //成员属性
private function getInfo(){…};   //成员方法
```

（3）protected

protected 是保护成员修饰符。被修饰为 protected 的成员，不能被该类的外部代码访问。但是对于该类的子类有访问权限，可以进行属性、方法的读写操作。

例如：

```
protected $name = 'A';                 //成员属性
protected function getInfo(){…}   //成员方法
```

面向对象成员的属性权限见表 4-1 所示。

表 4-1　面向对象成员的属性权限

描　　述	public	protected	private
同一个类中	√	√	√
类的子类中	√	√	
所有的外部成员	√		

下面的程序代码说明了其含义和作用。

```
1.   <?php
2.   /**
3.    * 定义类 MyClass
4.    */
5.   class MyClass {
6.        public $public = 'Public';              //定义公共属性$public
```

```
7.      protected $protected = 'Protected';  //定义保护属性$protected
8.      private $private = 'Private';        //定义私有属性$private
9.      function printHello() {              //输出 3 个成员属性
10.         echo $this->public;
11.         echo $this->protected;
12.         echo $this->private;
13.     }
14. }
15. $obj = new MyClass();        //实例化当前类
16. echo $obj->public;           //输出$public
17. //echo $obj->protected; //Fatal error: Cannot access protected property MyClass::
    $protected
18. //echo $obj->private; //Fatal error: Cannot access private property MyClass::$private
19. $obj->printHello();          //输出 3 个成员属性
20. /**
21.  * 定义类 MyClass2
22.  */
23. class MyClass2 extends MyClass {       //继承 MyClass 类
24.     //可以访问公共属性和保护属性，但是私有属性不可以访问
25.     protected $protected = 'Protected2';
26.     function printHello() {
27.         echo $this->public;
28.         echo $this->protected;
29.         echo $this->private;
30.     }
31. }
32. $obj2 = new MyClass2();
33. echo $obj2->public;          //输出$public
34. //echo $obj2->protected;     //Cannot access protected property MyClass2::$protected
35. echo $obj2->private;         //未定义
36. $obj2->printHello();         //只显示公共属性和保护属性，不显示私有属性
37. ?>
```

程序运行效果如图 4-7 所示。

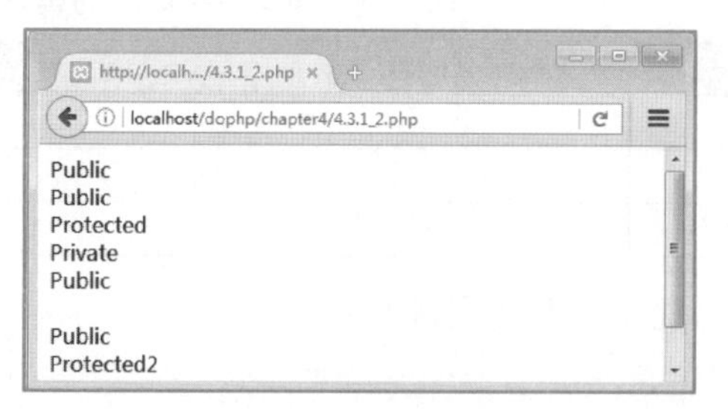

图 4-7 类的访问修饰符

微课 4-7
__set()、__get()方法

4.3.2 __set()、__get()、__isset()、__unset()

一般来说，总是把类的属性定义为 private，这更符合现实的逻辑。但是，由于对属性的读取和赋值操作是非常频繁的，因此在 PHP5 中，使用__get()和

__set()方法来获取和设置其属性，使用__isset()方法用来检查属性，使用__unset()方法用来删除属性。

__set()和__get()这两个方法不是默认存在的，需要手工添加到类中。

1. __get()方法

使用__get()方法，可将如下代码添加到类中。

```
1.  private $property_name;
2.  public function __get($property_name) {
3.  if (isset($this->$property_name)) {
4.  return ($this->$property_name);
5.  } else {
6.  return(NULL);
7.  }
```

__get()方法用来获取私有成员属性值，有一个参数，参数传入要获取的成员属性的名称，返回获取的属性值。该方法不用手工去调用，在使用“echo $animal->name”这样的语句直接获取私有属性值时就会自动调用__get($property_name)方法，将属性 name 传给参数$property_name，通过该方法的内部执行，返回传入的私有属性的值。如果成员属性不封装成私有的，对象本身就不会去自动调用这个方法。

2. __set()方法

使用__set()方法，可将如下代码添加到类中。

```
1.  public function __set($property_name, $value) {
2.  $this->$property_name = $value;
3.  }
```

__set()方法用来为私有成员属性设置值，有两个参数，第 1 个参数为要设置值的属性名，第 2 个参数是要给属性设置的值，没有返回值。这个方法同样不用手工去调用，是在直接设置私有属性值时自动调用的。同样，私有属性已经被封装上了，如果没有__set()方法，是不允许直接赋值的，如“$this->name="猪"”，这样就会出错，但是如果在类中加上了__set($property_name,$value)方法，在直接给私有属性赋值时，就会自动调用它，把属性如 name 传给$property_name，把要赋的值“猪”传给$value，从而达到赋值的目的。如果成员属性不封装成私有的，对象本身不会去自动调用这个方法。

下面的程序代码说明了其含义和作用。

```
1.  <?php
2.  header("Content-Type:text/html;charset=utf-8");
3.  class animla {
4.      private $name; //私有的成员属性
```

```
5.          private $color;
6.          private $age;
7.          //__get()方法用来获取私有属性的值
8.          public function __get($property_name) {
9.                  if (isset($this->$property_name)) {
10.                         return $this->$property_name;
11.                 } else {
12.                         return(NULL);
13.                 }
14.         }
15.         //__set()方法用来设置私有属性的值
16.         public function __set($property_name, $value) {
17.                 $this->$property_name = $value;
18.         }
19. }
20. $dog=new animla();
21. $dog->name="小狗";//自动调用__set()方法
22. $dog->color="白色";
23. $dog->age=4;
24. echo $dog->name."<br>";//自动调用__get()方法
25. echo $dog->color."<br>";
26. echo $dog->age."<br>";
27. ?>
```

程序运行效果如图 4-8 所示。

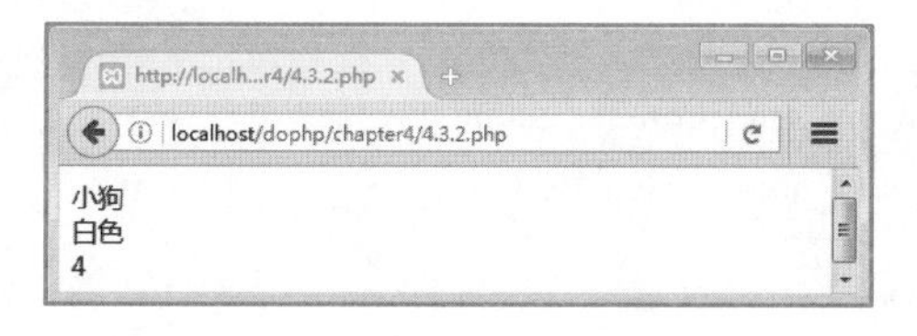

图 4-8 __set()、__get()方法

代码中通过自动调用__get()和__set()方法来直接存取封装的私有成员的。在代码中如果不加上__get()和__set()两个方法，程序就会出错，因为不能在类的外部操作私有成员。

3. __isset()方法

在学习__isset()方法之前先来看一下 isset()函数的应用。isset()是测定变量是否设定的函数，传入一个变量作为参数，如果传入的变量存在则返回 True，否则返回 False。那么如果在一个对象外面使用 isset()函数去测定对象中的成员是否被设定时，可不可以用它呢？分两种情况：如果对象中的成员是公有的，就可以使用这个函数来测定成员属性； 如果是私有成员属性，这个函数就不起作用了。原因就是私有的成员属性被封装了，在外部不可见。那么是否可以在对象的外部使用 isset()函数来测定私有成员属性是否被设定了呢？可以，只要在类中加上__isset()方法即可。当在类外部使用 isset()函数来测定对象中的私有成员是否被设定时，就会自动调用类中的__isset()方法完成这样的操作。

使用__isset()方法，可将如下代码添加到类中。

```
1.    private function __isset($property_name)
2.    {
3.          return isset($this->$property_name);
4.    }
```

4. __unset()方法

在学习__unset()方法之前，先来看一下 unset()函数的应用。unset()函数的作用是删除指定的变量且返回 True，参数为要删除的变量。那么，在一个对象外部删除对象内容的成员属性时，用 unset()函数可不可以呢？也是分为两种情况：如果一个对象中的成员属性是公有的，就可以使用这个函数在对象外面删除对象的公有属性；如果对象的成员属性是私有的，那么这个函数就没有权限去删除。但同样，如果在一个对象中加上__unset()方法，就可以在对象的外部去删除对象的私有成员属性。在对象中加上__unset()方法后，在对象外部使用 unset()函数删除对象内部的私有成员属性时，就会自动调用__unset()方法来帮助人们删除对象内部的私有成员属性。

使用__unset()方法，可将如下代码添加到类中。

```
1.    private function __unset($property_name)
2.    {
3.          unset($this->$property_name);
4.    }
```

下面的程序代码说明了__isset()和__unset()两个方法的含义和作用。

```
<?php

class animal {
      private $name; //私有的成员属性
      private $color;
      private $age;
      //__get()方法用来获取私有属性
      function __get($property_name) {
            if (isset($this->$property_name)) {
                  return ($this->$property_name);
            } else {
                  return(NULL);
            }
      }
      //__set()方法用来设置私有属性
      function __set($property_name, $value) {
            $this->$property_name = $value;
      }
```

```
        //__isset()方法
        function __isset($property_name) {
            return isset($this->$property_name);
        }

        //__unset()方法
        function __unset($property_name) {
            unset($this->$property_name);
        }
    }
    $pig = new animal();
    $pig->name = "小猪";
    echo var_dump(isset($pig->name)) . "<br>";//调用__isset()方法，输出：bool(true)
    echo $pig->name . "<br>";//输出：小猪
    unset($pig->name);//调用__unset()方法
    echo $pig->name;//无输出
    ?>
```

程序的运行效果如图 4-9 所示。

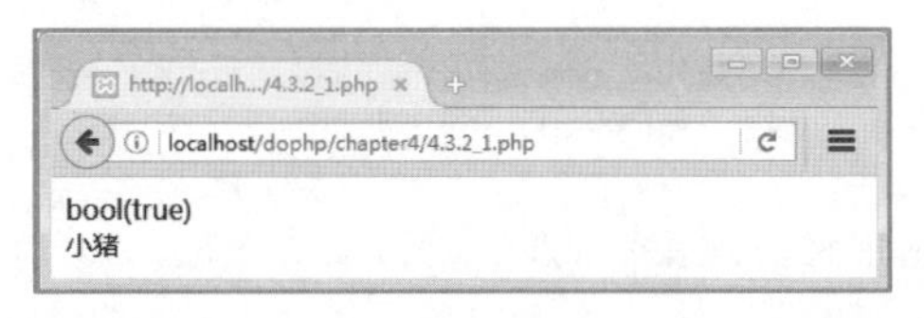

图 4-9 __isset()和__unset()方法

微课 4-8
static 关键字

4.4 常用关键字

4.4.1 static 关键字

static 关键字用来在类中描述成员属性和成员方法是静态的。静态的成员好处是什么呢？前面声明了 animal 类，如果在 animal 类中加上一个“动物性别”的属性，然后用 animal 类实例化出几百个或者更多个实例对象，那么每个对象中就都有“动物性别”的属性了。如果所有实例化的动物性别都是雄性，那么每个对象中就都有一个动物性别是“雄性”的属性，而其他属性是不同的。如果把“动物性别”的属性做成静态的成员，那么该属性在内存中就只有一个，这几百个或更多的对象共用这一个属性。static 成员能够限制外部的访问，因为 static 成员是属于类的，不属于任何对象实例，是在类第一次被加载时分配的空间，其他类是无法访问的，只对类的实例共享，能在一定程度上对类成员形成保护。

下面从内存的角度来分析。内存从逻辑上被分为 4 段，其中对象是放在“堆内存”中，对象的引用被放到了“栈内存”中，而静态成员则放到了“初始化静态段”，是在类第一次被加载时放入的，可以让堆内存中的每个对象所共享。

类的静态变量类似全局变量，能够被所有类的实例共享。类的静态方法也是一样的，类似于全局函数。

下面的程序代码说明了其含义和作用。

```
1.  <?php
2.  class animal {
3.      private $name;
4.      private $color;
5.      private $age;
6.      private static $sex = "雄性"; //私有的静态属性
7.      //静态成员方法
8.      public static function getInfo() {
9.          echo "动物是雄性的。";
10.     }
11. }
12. //echo animal::$sex;           //错误，静态属性私有，外部不能访问
13. animal::getInfo();             //调用静态方法
14. ?>
```

因为静态成员是在类第一次加载时就创建的，所以在类的外部不需要对象而使用类名就可以访问静态成员，使用类名即可。

类中的静态方法能访问类的静态属性，类的静态方法是不能访问类的非静态成员的。原因很简单，要想在本类的方法中访问本类的其他成员，需要使用$this 这个引用，而$this 这个引用指针是代表调用此方法的对象，而静态的方法是不用对象调用的，而是使用类名来访问，所以根本就没有对象存在，也就没有$this 这个引用了，所以类中的静态方法只能访问类的静态属性。因为$this不存在，在静态方法中访问其他静态成员时使用的是一个特殊的类 self。self和$this 相似，只不过 self 是代表这个静态方法所在的类。所以在静态方法中，可以使用 self 来访问其他静态成员。

下面的程序代码说明了其含义和作用。

```
1.  <?php
2.  header("Content-Type:text/html;charset=utf-8");
3.  class animal{
4.      private $name;
5.      private $color;
6.      private $age;
7.      private static $sex = "雄性"; //私有的静态属性
8.      public function __construct($name, $color, $age) {
9.          $this->name = $name;
10.         $this->color = $color;
11.         $this->age = $age;
12.     }
13.     public function getInfo() {
14.         echo "动物的名称：" . $this->name . "<br>";
15.         echo "动物的颜色：" . $this->color . "<br>";
16.         echo "动物的年龄：" . $this->age . "<br>";
```

```
17.             //echo "动物的性别: ".self::$sex;
18.             self::getSex();
19.         }
20.         private static function getSex() {
21.             echo "动物的性别: " . self::$sex;
22.         }
23.     }
24.     $dog = new animal("小狗", "黑色", 4);
25.     $dog->getInfo();
26.     ?>
```

程序的运行效果如图 4-10 所示。

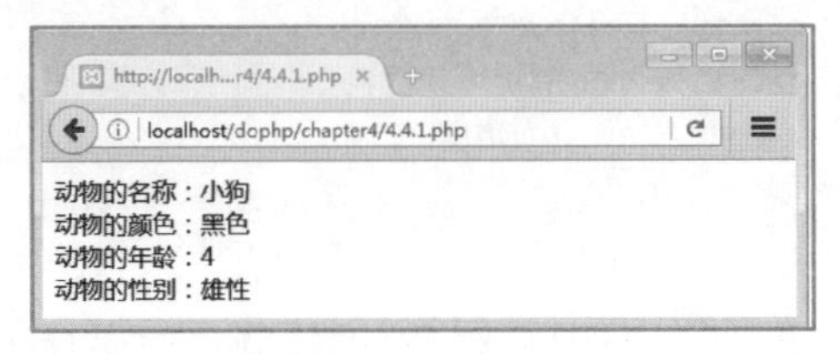

图 4-10 static 关键字

在非静态方法中可不可以访问静态方法呢？当然也是可以的，但是不能使用$this 引用，也要使用类名或“self::成员属性”的形式。

微课 4-9
final 关键字

4.4.2 final 关键字

final 关键字只能用来定义类和方法，不能用来定义成员属性，因为 final 是常量的意思。在 PHP 中定义常量使用的是 define()函数，因此不能使用 final 来定义成员属性。

使用 final 关键字标记的类不能被继承。

下面的程序代码说明了其含义和作用。

```
1.  <?php
2.  final class animal {}
3.  class bird extends animal {}
4.  ?>
```

程序运行效果如图 4-11 所示。

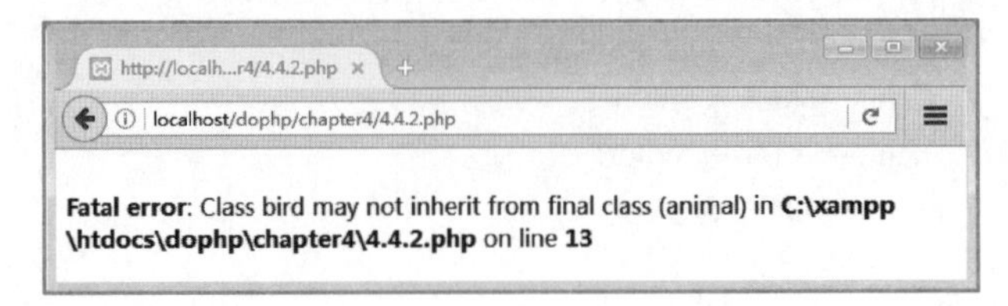

图 4-11 final 关键字的使用

使用 final 关键字标记的方法也不能被子类覆盖。

下面的程序代码说明了其含义和作用。

```
1.  <?php
2.  class animal{
3.        final public function getInfo(){
4.        }
5.  }
6.  class bird extends animal{
7.        public function getInfo(){
8.        }
9.  }
10. $crow=new bird();
11. $crow->getInfo();
12. ?>
```

程序运行效果如图 4-12 所示。

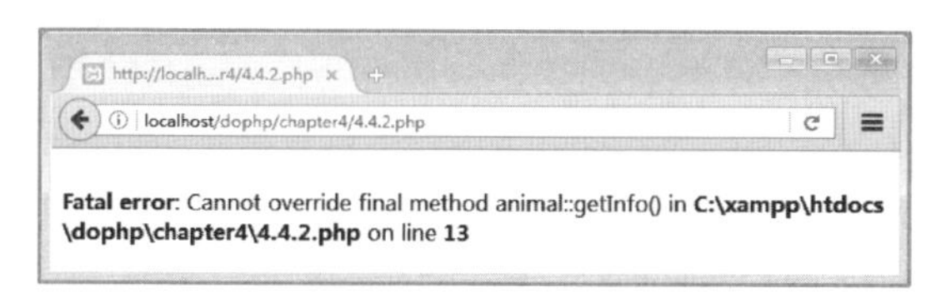

图 4-12　final 关键字的使用

4.4.3　self 关键字

self 是指向类本身，也就是说，self 关键字不指向任何已经实例化的对象。self 一般用来指向类中的静态变量。

下面的程序代码说明了其含义和作用。

```
1.  <?php
2.  class animal {
3.        private static $firstCry = 0; //私有的静态变量
4.        private $lastCry;
5.        //构造方法
6.        function __construct() {
7.              $this->lastCry = ++self::$firstCry;
8.        }
9.        function printLastCry() {
10.             var_dump($this->lastCry);
11.       }
12. }
13. $bird = new animal();          //实例化对象
14. $bird->printLastCry();         //输出: int(1)
15. ?>
```

在代码中定义了一个静态变量$fisrtCry，并且初始值为 0，当调用这个值时，使用的是关键字 self 关键字，并且中间使用“::”来连接。那么，这时调用的就是类自己定义的静态变量$fristCry，静态变量与下面对象的实例无关，只跟类有关。当调用本身的属性时，就无法使用$this 来引用，可以使用 self 关键字来引用，因为 self 是指向类本身，与任何对象实例无关。

4.4.4 const 关键字

const 是一个定义常量的关键字，在 PHP 中定义常量使用 define()函数，但是在类中定义常量使用的是 const 关键字。如果在程序中改变了它的值，则会出现错误。用 const 修饰的成员属性的访问和 static 修饰的成员属性访问的方式差不多，也是使用“类名”，或在方法中使用 self 关键字。但是不能使用“$”符号，也不能使用对象来访问。

下面的程序代码说明了其含义和作用。

```
1.    <?php
2.    class MyClass {
3.         //定义一个常量
4.         const constant = '我是个常量！';
5.         function showConstant() {
6.              echo self::constant."<br>"; //类中访问常量
7.         }
8.    }
9.    echo MyClass::constant."<br>"; //使用类名来访问常量
10.   $class = new MyClass();
11.   $class->showConstant();
12.   ?>
```

4.4.5 __toString()方法

在类中声明的以“__”开始的方法，都是在某种情况下自动调用并执行的方法。__toString()方法也一样，是在直接输出对象引用时自动调用的。前面讲过对象引用是一个指针，如$pig=new animal()中，$pig 就是一个引用，不能使用 echo 直接输出$pig，这样会出现错误。如果在类中定义了__toString()方法，在直接输出对象引用时就不会产生错误，而是自动调用__toString()方法，输出__toString()方法中返回的字符，所以__toString()方法一定要有个返回值。

下面的程序代码说明了其含义和作用。

```
1.    <?php
2.    class TestClass {
3.         public $foo;
4.         public function __construct($foo) {
5.              $this->foo = $foo;
6.         }
7.         //定义一个__toString()方法，返回一个成员属性$foo
```

```
8.          public function __toString() {
9.                  return $this->foo;
10.         }
11.   }
12.   $class = new TestClass('Hello');
13.   //直接输出对象
14.   echo $class;        //输出结果为'Hello'
15.   ?>
```

4.4.6　__clone()方法

有时需要在一个项目中使用两个或多个一样的对象，如果使用 new 关键字重新创建对象并赋相同的属性，会比较烦琐且容易出错，所以根据对象克隆出一模一样的对象是非常有必要的，而且克隆以后，两个对象互不干扰，使用 clone 关键字克隆对象。

下面的程序代码说明了其含义和作用。

```
1.    <?php
2.    class animal {
3.          private $name ; //成员属性 name
4.          private $color;
5.          private $age;
6.          public function __construct($name, $color, $age) {
7.                  $this->name = $name;
8.                  $this->color = $color;
9.                  $this->age = $age;
10.         }
11.         public function getInfo() {
12.                 echo '名字：' . $this->name . ',颜色：' . $this->color . ',年龄：' . $this->age .
'.';
13.         }
14.
15.   }
16.   $pig = new animal('猪', '白色', '1 岁');
17.   $pig2 = clone $pig;     //克隆对象
18.   $pig2->getInfo();
19.   ?>
```

PHP 中还定义了一个特殊的方法__clone()，是在对象克隆时自动调用的方法。使用__clone()方法将建立一个与原对象拥有相同属性和方法的对象，如果想在克隆后改变原对象的内容，需要在__clone()中重写属性和方法。

下面的程序代码说明了其含义和作用。

```
1.    <?php
```

```
2.  class animal {
3.      private $name ;  //私有成员属性
4.      private $color;
5.      private $age;
6.      public function __construct($name, $color, $age) {
7.          $this->name = $name;
8.          $this->color = $color;
9.          $this->age = $age;
10.     }
11.     public function getInfo() {
12.         echo '名字：' . $this->name . ',颜色：' . $this->color . ',年龄：' . $this->age .
'.<br>';
13.     }
14.     public function __clone() {
15.         $this->name = "狗";
16.         $this->color="黑";
17.         $this->age = "2 岁";
18.     }
19. }
20. $pig = new animal('猪', '白', '1 岁');
21. $pig->getInfo();
22. $pig2 = clone $pig;//克隆对象
23. $pig2->getInfo();
24. ?>
```

程序运行效果如图 4-13 所示。

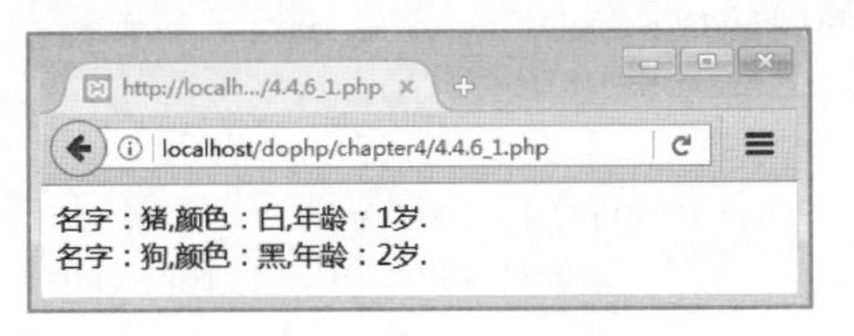

图 4-13　__clone()方法

4.4.7　__call()方法

在程序开发中，当使用对象调用其内部方法时，如果调用的方法不存在，那么程序就会出错并自动退出。为了避免当调用的方法不存在时产生错误，可以使用 __call() 方法。该方法在调用的方法不存在时会自动调用，程序仍会继续执行下去。

下面的程序代码说明了其含义和作用。

```
1.  <?php
2.  class Test {
3.      function __call($function_name, $args) {
4.          print "你所调用的函数：$function_name(参数：";
```

```
5.            print_r($args);
6.            print ")不存在！ <br>";
7.        }
8.    }
9.    $test = new Test();
10.   $test->demo("one", "two", "three");
11.   ?>
```

在__call()方法中有两个参数，第①个参数为对象调用不存在的方法时，把这个不存在的方法名传给第①个参数；第②个参数则是把这个方法的多个参数以数组的形式传进来。

程序运行效果如图 4-14 所示。

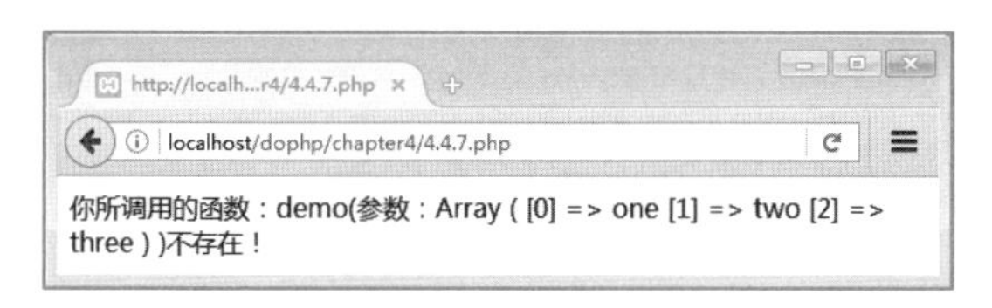

图 4-14 __call()方法

4.4.8 __autoload()方法

在 PHP 开发过程中，如果希望从外部引入一个 class，通常会使用 include 和 require 方法把定义这个 class 的文件包含进来。但是，在大型开发项目中，这么做会产生大量的 require 或者 include 方法的调用，这样不仅会降低效率而且使代码难以维护。如果不小心忘记引入某个类的定义文件，PHP 就会报告一个致命错误，导致整个应用程序崩溃。

为了解决上述问题，PHP 提供了类的自动加载机制，即定义一个__autoload()方法，它会在试图使用尚未被定义的类时自动调用。通过调用此函数，脚本引擎在 PHP 出错前有最后一个机会加载所需的类。__autoload()方法接收的一个参数，就是用户想加载的类的类名。

为了方便理解自动加载机制，接下来通过一个案例来说明__autoload()是如何实现自动加载的。

首先在当前目录下，定义类文件 MyClass1.class.php，代码如下：

```
1.    <?php
2.    class MyClass1{
3.    }
4.    ?>
```

定义类文件 MyClass2.class.php，代码如下：

```
1.    <?php
2.    class MyClass2{
3.    }
```

```
4.  ?>
```

需要注意的是，对于类定义文件，通常使用类名.class.php 这种形式的文件名，这样便于程序的编写。

下面的程序代码说明了__autoload()方法的含义和作用。

```
1.  <?php
2.  function __autoload($classname){
3.      require_once $classname.".class.php";
4.  }
5.  $obj1=new MyClass1();
6.  $obj2=new MyClass2();
7.  print_r($obj1);
8.  echo "<br>";
9.  print_r($obj2);
10. ?>
```

程序的运行效果如图 4-15 所示。

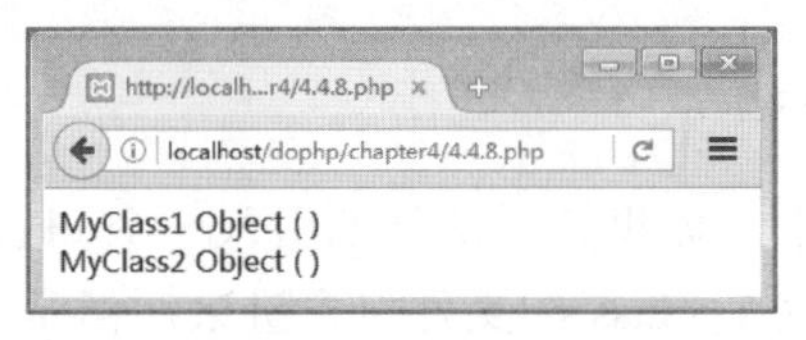

图 4-15 __autoload()方法

在代码中没有使用 include(或 require)将类的定义文件包含，但是却获得了这两个类的对象。由此说明，__autoload()方法可以实现自动加载功能。

需要注意的是，自动加载是指当需要类定义文件而没有找到时，会自动调用__autoload()方法，它不只限于实例化对象，还包括继承、序列化等操作。而且，自动加载并不能自己完成加载类的功能，它只提供了一个时机，具体的加载代码还需要用户编写代码实现。

微课 4-10
抽象方法与抽象类

4.5 抽象类

当在定义一个类的时候，其中所需的某些方法暂时并不能完全定义出来，而是让其继承的类来实现，此时就可以用到抽象类。例如定义一个动物类，每种动物都有“叫”的方法，而每种动物叫的方式不同，因此可以将动物类定义为一个抽象类。定义抽象类需要使用 abstract 关键来修饰，语法格式如下：

```
abstract class 类名{
//类的成员
}
```

由于每种动物叫的方式不同，所以需要将动物叫的 shout()方法定义成抽象的，即只有方法声明而没有方法体的方法，在子类继承时再来编写该方法的具体实现，这种特殊的方法称为抽象方法，其语法格式如下：

```
abstract function  方法名();
```

下面的程序代码说明了其含义和作用。

```
1.  <?php
2.  header("Content-Type:text/html;charset=utf-8");
3.  //使用 abstract 关键字声明一个抽象类
4.  abstract class animal{
5.      //在抽象类中声明抽象方法
6.      abstract public function shout();
7.  }
8.  //定义 dog 类继承 animal 类
9.  class dog extends animal{
10.     //实现抽象方法
11.     public function shout() {
12.         echo "汪汪……<br>";
13.     }
14. }
15. //定义 cat 类继承 animal 类
16. class cat extends animal{
17.     //实现抽象方法
18.     public function shout() {
19.         echo "喵喵……<br>";
20.     }
21. }
22. $dog=new dog();
23. $dog->shout();
24. $cat=new cat();
25. $cat->shout();
26. ?>
```

程序运行效果如图 4-16 所示。

图 4-16　抽象类

代码中先定义了一个抽象类 animal，然后使 dog 类和 cat 类继承 animal 类并实现抽象方法 shout()。最后分别调用 dog 对象和 cat 对象的 shout()方法，输出不同的叫声。

特别需要注意的是：

① 抽象类不能被实例化。

② 抽象类可以没有抽象方法，但有抽象方法的抽象类才有意义。一旦类包含了抽象方法，则这个类必须声明为abstract。

微课4-11
接口技术

③ 抽象类中可以有非抽象方法、成员属性和常量。

④ 抽象方法不能有函数体，它只能存在于抽象类中。

⑤ 如果一个类继承了某个抽象类，则它必须实现该抽象类的所有抽象方法，除非它自己也声明为抽象类。

4.6 接口

如果一个抽象类中的所有方法都是抽象的，则可以将这个类用另外一种方式来定义，即接口。在定义接口时，需要使用interface关键字，具体示例代码如下：

```
1.  interface animal{
2.      function run();
3.      function shout();
4.  }
```

定义接口与定义一个标准的类类似，但其中定义的所有的方法都是空的。需要注意的是接口中的所有方法都是公有的，也不能使用final关键来修饰。

由于接口中定义的都是抽象方法，没有具体实现，需要通过类来实现接口，实现接口使用implements关键字。

下面的程序代码说明了其含义和作用。

```
1.  <?php
2.  header("Content-Type:text/html;charset=utf-8");
3.  //定义接口
4.  interface animal{
5.          //声明抽象方法
6.          function run();
7.          function shout();
8.  }
9.  //定义dog类，实现animal接口
10. class dog implements animal{
11.         //实现接口中的抽象方法
12.         public function run() {
13.                 echo "小狗在奔跑<br>";
14.         }
15.         public function shout() {
16.                 echo "汪汪……<br>";
17.         }
18. }
19. //定义cat类，实现animal接口
```

```
20.  class cat implements animal{
21.      //实现接口中的方法
22.      public function run() {
23.          echo "小猫在奔跑<br>";
24.      }
25.      public function shout() {
26.          echo "喵喵……<br>";
27.      }
28.  }
29.  $dog=new dog();
30.  $dog->run();
31.  $dog->shout();
32.  $cat=new cat();
33.  $cat->run();
34.  $cat->shout();
```

程序运行效果如图 4-17 所示。

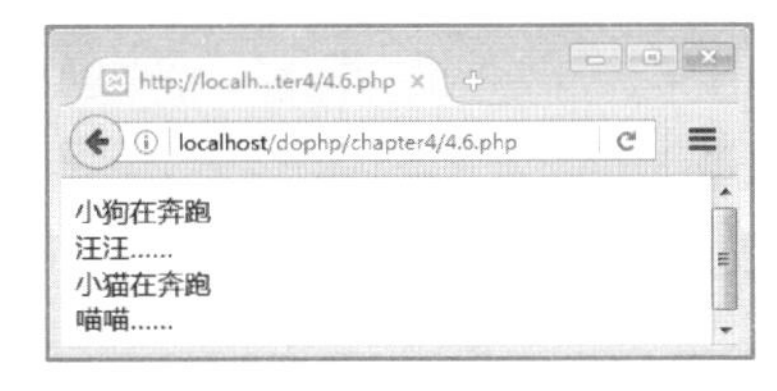

图 4-17　接口

在代码中，首先定义了接口 animal，在接口 animal 中声明了抽象方法 run()和 shout()，然后分别通过 dog 类和 cat 类实现了 animal 接口。最后通过 dog 和 cat 对象调用 run()和 shout()方法。

在 PHP 中类是单继承的，但一个类却可以实现多个接口，并且这些接口之间用逗号分隔开。

下面的程序代码说明了其含义和作用。

```
1.   <?php
2.   header("Content-Type:text/html;charset=utf-8");
3.   //定义 animal 接口
4.   interface animal{
5.       function run();
6.       function shout();
7.   }
8.   //定义 landanimal 接口
9.   interface landanimal{
10.      public function liveonland();
11.  }
12.  //定义 dog 类，实现 animal 接口和 landanimal 接口
13.  class dog implements animal,  landanimal{
14.      //实现接口中的抽象方法
```

```
15.         public function run() {
16.             echo "小狗在奔跑<br>";
17.         }
18.         public function shout() {
19.             echo "汪汪……<br>";
20.         }
21.         public function liveonland() {
22.             echo "小狗在陆地上生活<br>";
23.         }
24.     }
25.     $dog=new dog();
26.     $dog->run();
27.     $dog->shout();
28.     $dog->liveonland();
29.     ?>
```

程序运行效果如图 4-18 所示。

图 4-18 实现多接口

在代码中，动物类 dog 同时实现了接口 animal 和 landanimal，通过 dog 对象调用了 landanimal 中的 liveonland()方法和 animal 接口中的 run()和 shout()方法。

在使用 implements 关键字实现接口的同时，还可以使用 extends 关键字继承一个类。即在继承一个类的同时实现接口，但一定要先使用 extends 继承一个类，再使用 implements 实现接口，具体示例如下：

```
class 类名 extends 父类名 implements 接口 1,接口 2,…,接口 n{
//实现所有接口中的抽象方法
}
```

PHP 的单继承机制可保证类的纯洁性，比 C++中的多继承机制简洁。但是不可否认，对子类功能的扩展有一定影响。所以实现接口可以看作是对继承的一种补充，实现接口可以在不打破继承关系的前提下，对类的功能进行扩展，非常灵活。

4.7 多态

在设计一个成员方法时，通常希望该方法具备一定的通用性。例如要实现一个动物叫的方法，由于每个动物的叫声是不同的，因此可以在方法中接收一个动物类型的参数的对象。当传入猫类对象时就发出猫类的叫声，传入犬类对象时就发出犬类的叫声，这种向方法中传入不同的对象，方法执行效果各异的现象就是多态。

下面的程序代码说明了其含义和作用。

```
1.   <?php
2.   header("Content-Type:text/html;charset=utf-8");
3.   abstract class animal {
4.       public abstract function shout();
5.   }
6.   //定义 dog 类，实现抽象类中的方法
7.   class dog extends animal {
8.       public function shout() {
9.           echo "汪汪……<br>";
10.      }
11.  }
12.  //定义 cat 类,实现抽象类中的方法
13.  class cat extends animal {
14.      public function shout() {
15.          echo "喵喵……<br>";
16.      }
17.  }
18.  function animalshout($obj){
19.      if($obj instanceof animal){
20.          $obj->shout();
21.      }   else {
22.      echo "Error:对象错误！";
23.      }
24.  }
25.  $cat=new cat();
26.  $dog=new dog();
27.  animalshout($cat);
28.  animalshout($dog);
29.  animalshout($crow);
30.  ?>
```

程序运行的效果如图 4-19 所示。

图 4-19　多态

在代码中，通过向 animalshout()方法中传入不同的对象，animalshout()输出不同动物的叫声。由此可见，多态使程序变得更加灵活，有效地提高了程序的扩展性。

任务实施

1. 任务介绍与实施思路

能够综合运用 PHP 面向对象的知识，完全采用面向对象的程序设计、编码完成 3 个图形（圆、三角形、矩形）的面积和周长的计算，并能对输入的数值进行判断，如果输入合法，则计算出面积和周长。

2. 任务效果展示

任务完成后效果如图 4-20、图 4-21 和图 4-22 所示。

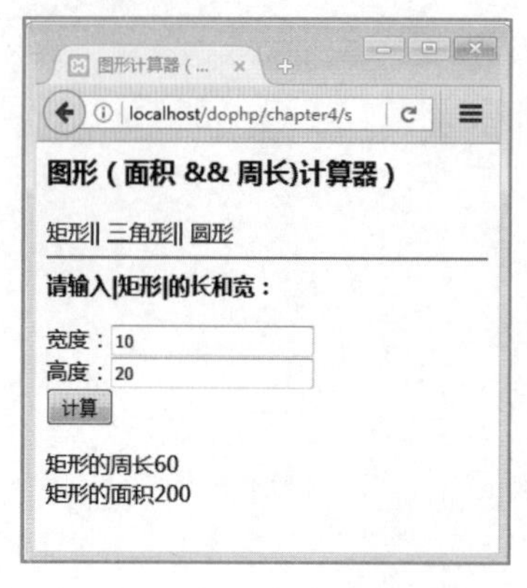

图 4-20 矩形的面积和周长

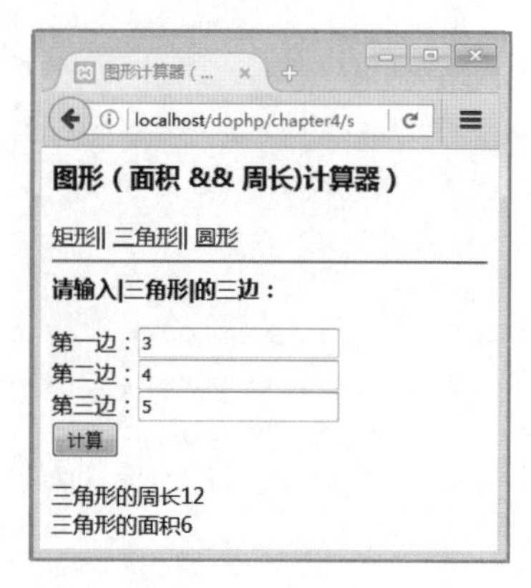

图 4-21 三角形的面积和周长

图 4-22 圆的面积和周长

微课 4-12
面积和周长计算器 1

3. 功能实现过程

（1）首页 index.php

```
1.    <html>
2.        <head>
3.            <title>图形计算器（面向对象）</title>
4.            <meta http-equiv="Content-Type" content="text/html;charset=utf-8">
5.        </head>
6.        <body>
7.            <h3>图形（面积 && 周长)计算器</h3>
8.            <!--点击链接的时候使用 GET 传递图形的形状属性给 index.php,也就是
```

```
            页面本身-->
9.          <a href="index.php?action=rect">矩形</a>||
10.         <a href="index.php?action=triangle">三角形</a>||
11.         <a href="index.php?action=circle">圆形</a>
12.         <hr>
13.         <?php
14.         /* 自动加载类
15.          * PHP 遇到不认识的类就会调用该方法自动加载
16.          */
17.         function __autoload($className) {
18.             include strtolower($className) . ".class.php";
19.         }
20.         /*
21.            1.先 new 一个 Form 对象，发现没有 form 类的定义，
22.            把类名 Form 传递到自动加载类的函数参数进行类的自动加载。
23.            2.echo 一个对象的引用，会调用该对象的__toString 方法返回一个字符串，
24.            echo 输出的就是对象返回的字符串，这里输出一个表单等待用户的输入。
25.          */
26.         echo new Form("index.php");
27.         /* 如果用户点击了提交按钮，自动加载 result 类，输出结果 */
28.         if (isset($_POST["sub"])) {
29.             echo new Result();
30.         }
31.         ?>
32.     </body>
33. </html>
```

微课 4-13
面积和周长计算器 2

（2）表单类 form.class.php

```
1.  <?php
2.  class Form {
3.      private $action;
4.      private $shape;
5.      function __construct($action = "") {
6.          $this->action = $action;
7.          $this->shape = isset($_REQUEST["action"]) ? $_REQUEST["action"] : "rect";
8.      }
9.      /* __toString() 方法用于一个类被当成字符串时应怎样回应。
10.      * 例如 echo $obj; 应该显示些什么。此方法必须返回一个字符串
11.      * 在此输出一个表单
12.      * */
13.     function __toString() {
14.         $form = '<form action="' . $this->action . '" method="post">';
15.         switch ($this->shape) {
16.             case"rect":
17.                 $form.=$this->getRect();
```

```
18.                 break;
19.             case"triangle":
20.                 $form.=$this->getTriangle();
21.                 break;
22.             case"circle":
23.                 $form.=$this->getcircle();
24.                 break;
25.             default:
26.                 $form.='请选择一个形状';
27.         }
28.         $form.='<input type="submit" name="sub" value="计算">';
29.         $form.='</form>';
30.         return $form;
31.     }
32.     private function getRect() {
33.         $input = '<b>请输入|矩形|的长和宽：</b><p>';
34.         $input.='宽度：<input type="text" name="width" value="' . $_POST['width'] .
        '"><br>';
35.         $input.='高度：<input type="test" name="height" value="' . $_POST['height'] .
        '"><br>';
36.         $input.='<input type="hidden" name="action" value="rect">';
37.         return $input;
38.     }
39.     private function getTriangle() {
40.         //$input = '<b>请输入|三角形|的三边：</b><p>';
41.         $input = '<b>请输入|三角形|的三边：</b><p>';
42.         $input.='第一边：<input type="text" name="side1" value="' . $_POST['side1'] .
         '"><br>';
43.         $input.='第二边：<input type="test" name="side2" value="' . $_POST['side2'] .
         '"><br>';
44.         $input.='第三边：<input type="test" name="side3" value="' . $_POST['side3'] .
        '"><br>';
45.         $input.='<input type="hidden" name="action" value="triangle">';
46.         return $input;
47.     }
48.     private function getCircle() {
49.         $input = '<b>请输入|圆形|的半径：</b><p>';
50.         $input.='半径：<input type="text" name="radius" value="' . $_POST['radius'] .
        '"><br>';
51.         $input.='<input type="hidden" name="action" value="circle">';
52.         return $input;
53.     }
54. }
55. ?>
```

（3）结果类 result.class.php

微课 4-14
面积和周长计算器 3

```
1.   <?php
2.   class Result {
3.       private $shape;
4.       /*
5.        * 根据 form.class.php 里传过来的$post['action']方法接受参数
6.        *   */
7.       function __construct() {
8.           switch ($_POST['action']) {
9.               case 'rect':
10.                  $this->shape = new Rect();
11.                  break;
12.              case 'triangle':
13.                  $this->shape = new Triangle();
14.                  break;
15.              case 'circle':
16.                  $this->shape = new Circle();
17.                  break; //没有 break 会导致 default 的执行
18.              default:
19.                  $this->shape = false;
20.          }
21.      }
22.      function __toString() {
23.          if ($this->shape) {
24.              $result = $this->shape->shapeName . '的周长' . $this->shape->
                  perimeter() . '<br>';
25.              $result.=$this->shape->shapeName. '的面积'. $this->shape->area(). '<br>';
26.              return $result;
27.          } else {
28.              return '没有这个形状';
29.          }
30.      }
31.  }
32.  ?>
```

（4）形状类 shape.class.php

微课 4-15
面积和周长计算器 4

```
1.   <?php
2.   /*
3.    *所有的实体类都要继承 shape 以便于统一方法和属性
4.    *这是一个抽象类，好处就在于，第一个，定义了统一的属性和方法。
5.    *这样在 result 里面就可以统一的调用$shapename 属性和 area()和 perimeter()。
6.    *同时还可以构造公用的方法，比如验证方法 validate。
7.    *   */
```

```
8.    abstract class shape {
9.        public $shapeName;
10.       abstract function area();
11.       abstract function perimeter();
12.       /* 验证 validate 方法一致 */
13.       protected function validate($value, $message = "形状") {
14.           if ($value == "" || !is_numeric($value) || $value < 0) {
15.               echo '<font color="red">' . $message . '必须为非负值的数字，并且不
                  能为空</font><br>';
16.               return false;
17.           } else {
18.               return true;
19.           }
20.       }
21.   }
22.   ?>
```

（5）矩形类 rect.class.php

```
1.    <?php
2.    class Rect extends Shape {
3.        private $width = 0;
4.        private $height = 0;
5.        function __construct() {
6.            $this->shapeName = "矩形";
7.      if ($this->validate($_POST["width"], '矩形宽度') & $this->validate($_POST
        ["height"], '矩形高度')) {
8.                $this->width = $_POST["width"];
9.                $this->height = $_POST["height"];
10.           } else {
11.               exit;
12.           }
13.       }
14.       function area() {
15.           return $this->width * $this->height;
16.       }
17.       function perimeter() {
18.           return 2 * ($this->width + $this->height);
19.       }
20.   }
21.   ?>
```

微课 4-16
面积和周长计算器 5

微课 4-17
面积和周长计算器 6

（6）三角形类 triangle.class.php

```
1.    <?php
```

```
2.  class Triangle extends Shape {
3.      private $side1 = 0;
4.      private $side2 = 0;
5.      private $side3 = 0;
6.      function __construct() {
7.          $this->shapeName = "三角形";
8.          if ($this->validate($_POST['side1'], '三角形的第一边')) {
9.              $this->side1 = $_POST["side1"];
10.         }
11.         if ($this->validate($_POST['side2'], '三角形的第一边')) {
12.             $this->side2 = $_POST["side2"];
13.         }
14.         if ($this->validate($_POST['side3'], '三角形的第一边')) {
15.             $this->side3 = $_POST["side3"];
16.         }
17.         $this->side1 = $_POST["side1"];
18.         $this->side2 = $_POST["side2"];
19.         $this->side3 = $_POST["side3"];
20.         if (!$this->validateSum()) {
21.             echo '<font color="red">三角形的两边之和必须大于第三边</font>';
22.             exit;
23.         }
24.     }
25.      //海伦公式
26.     function area() {
27.         $s = ($this->side1 + $this->side2 + $this->side3) / 2;
28.         return sqrt($s * ($s - $this->side1) * ($s - $this->side2) * ($s - $this->
            side3));
29.     }
30.     function perimeter() {
31.         return $this->side1 + $this->side2 + $this->side3;
32.     }
33.     private function validateSum() {
34.         $condition1 = ($this->side1 + $this->side2) > $this->side3;
35.         $condition2 = ($this->side1 + $this->side3) > $this->side2;
36.         $condition3 = ($this->side2 + $this->side3) > $this->side1;
37.         if ($condition1 && $condition2 && $condition3) {
38.             return true;
39.         } else {
40.             return false;
41.         }
42.     }
43. }
44. ?>
```

微课 4-18
面积和周长计算器 7

（7）圆形类 circle.class.php

```
1.  <?php
2.  class Circle extends Shape {
3.      private $radius = 0;
4.      function __construct() {
5.          $this->shapeName = "圆形";
6.          if ($this->validate($_POST['radius'], '圆的半径')) {
7.              $this->radius = $_POST["radius"];
8.          } else {
9.              exit;
10.         }
11.         $this->radius = $_POST["radius"];
12.     }
13.     function area() {
14.         return pi() * $this->radius * $this->radius;
15.     }
16.     function perimeter() {
17.         return 2 * pi() * $this->radius;
18.     }
19. }
20. ?>
```

任务拓展

设计模式

在编写程序时经常会遇到一些典型的问题或需要完成某种特定需求，设计模式就是针对这些问题和需求，在大量的实践中总结和理论化之后优选的代码结构、编程风格，以及解决问题的思考方式。设计模式就像是经典的棋谱，不同的棋局，使用不同的棋谱，免得自己再去思考和摸索。下面将针对 PHP 应用程序中最常用的两种设计模式进行详细讲解。

（1）单例模式

单例模式是 PHP 的一种设计模式，它是指在设计一个类时，需要保证在整个程序运行期间针对该类只存在一个实例对象。就像世界上只有一个月亮，假设现在要设计一个类表示月亮，该类只能有一个实例对象，否则就违背了事实。

单例模式按字面来看就是某一个类只有一个实例，如数据库的连接，只需要实例化一次，不需要每次都去 new 了，这样极大地降低了资源的耗费。

下面的程序代码说明了单例模式的含义和作用。

```
1.  <?php
2.  /**
3.   * 单例模式
```

```
4.      */
5.    class Db{
6.        private static $_instance = null;//该类中的唯一一个实例
7.        private $dbConn;
8.        private function __construct(){//防止在外部实例化该类
9.            $this->dbConn = new MySQLi("localhost","root","","student");
10.           $this->dbConn->query("set names utf8");
11.       }
12.       private function __clone(){}//禁止通过复制的方式实例化该类
13.       public static function getInstance(){
14.           if(self::$_instance == null){
15.               self::$_instance = new self();
16.           }
17.           return self::$_instance;
18.       }
19.       public function select($table){//数据库操作方法
20.           $result = $this->dbConn->query("select * from ".$table);
21.           $result_arr = array();
22.           while($query = $result->fetch_assoc()){
23.               $result_arr[]     = $query;
24.           }
25.           return $result_arr; //结果集以数组的形式返回
26.       }
27.   }
28.   $db = Db::getInstance();
29.   $result = $db->select('student_info limit 0,2');
30.   echo '<pre>';
31.   print_r($result);
32.   echo '</pre>';
33.   ?>
```

程序运行的效果如图 4-23 所示。

图 4-23　单例模式

单例类至少拥有以下 3 种公共元素：

- 必须拥有一个构造函数，并且必须被标记为 private。
- 拥有一个保存类的实例的静态成员变量。
- 拥有一个访问这个实例的公共的静态方法。

（2）工厂模式

工厂模式的作用就是“生产”对象，工厂方法的参数是要生产对象的类名。下面通过一个案例来说明如何使用工厂模式获取 MySQL 和 SQLite 的驱动对象。

首先在要根目录下创建 MySQL.php 文件，代码如下：

```
1.  <?php
2.  class MySQL{
3.      //操作 MySQL 的驱动类
4.  }
5.  ?>
```

然后在根目录下创建 SQLite.php 文件，代码如下：

```
1.  <?php
2.  class SQLite{
3.      //操作 SQLite 的驱动类
4.  }
5.  ?>
```

最后定义一个工厂方法来获取各驱动对象，代码如下：

```
1.  <?php
2.  header("Content-type:text/html;charset=utf-8");
3.  class DB {
4.      //工厂方法
5.      public static function factory($type) {
6.          if (include_once $type . '.php') {
7.              $classname = $type;
8.              return new $classname();
9.          } else {
10.             echo "Error!";
11.         }
12.     }
13. }
14. //获得 MySQL 驱动对象
15. $mysql=DB::factory('MySQL');
16. //获取 SQLite 驱动对象
17. $sqlite=DB::factory('SQLite');
18. var_dump($mysql);
19. echo "<br>";
20. var_dump($sqlite);
```

```
21.  ?>
```

程序的运行效果如图 4-24 所示。

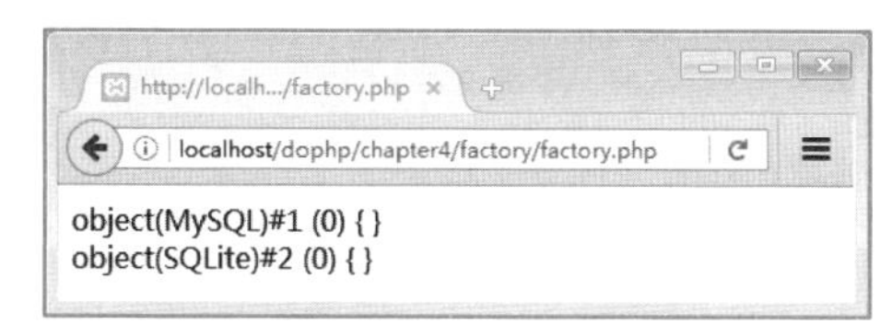

图 4-24　工厂模式

代码中定义了一个静态方法 factory()，这就是工厂方法，该方法的参数为类名。从运行结果可以看出，工厂方法成功地创建了两个驱动类对象。

项目实训　数据库连接类

【实训目的】

① 掌握面向对象的定义、封装及构造方法。

② 掌握面向对象的数据库连接类的编写。

【实训内容】

实训运行效果如图 4-25 所示。首先在图中的文本框内输入连接 MySQL 数据库服务器所需的必选参数，然后单击“连接”按钮即可建立与指定的 MySQL 数据库服务器的连接，并将结果打印在页面中。

图 4-25　数据库连接

类是对事物的抽象，在对类进行定义时，合理地设置类的属性和方法较为重要。例如，在本实训中所应用的数据库连接类中，将数据库服务器地址、数据库服务器用户名及用户密码、数据库名称以及数据库字符集作为类的属性保存，而将数据库连接的实现过程定义为类的方法，这是因为数据库连接参数在类的生命周期内基本没有变化，而且属于特性范围，所以定义为类的属性，而数据库连接方法属于类的动作或功能，所以定义成类的方法。

【实施过程】

要实现本实训，首先需要定义数据库连接类，然后建立数据库参数录入表单来指定数据库连接时所需要的连接参数。

① 定义数据库连接类，并通过类的属性保存连接 MySQL 数据库所需的参数，具体实现代码如下：

```
1.  <?php
2.  class ConnDb {
3.        private $host;            //MySQL 数据库服务器地址
4.        private $username;        //用户名
5.        private $password;        //密码
6.        private $charset;         //数据库密码
7.        private $dbname;          //数据库的名称
8.        public function __construct($host, $username, $password, $dbname, $charset
= 'utf8') {
9.              $this->host = $host;                  //初始服务器地址
10.             $this->username = $username;          //初始用户名
11.             $this->password = $password;          //初始用户密码
12.             $this->dbname = $dbname;              //初始数据库名称
13.             $this->charset = $charset;            //初始数据库字符集
14.       }
15.       public function getConnId() {       //数据库连接方法
16.         @$connId  =  mysqli_connect($this->host,  $this->username,  $this->password);
                                                       //获得数据库连接句柄
17.         @mysqli_select_db( $connId,$this->dbname);       //选择数据库
18.         @mysqli_query($connId,'set names' . $this->charset);     //设置字符集
19.           return $connId;                    //返回连接句柄
20.       }
21. }
22. ?>
```

在代码中定义了$host、$username、$password、$charset 和$dbname 5 个私有属性，分别用来保存数据库服务器的主机地址或名称、数据库服务器用户名及用户密码、字符集和要连接的数据库名，并通过构造方法__construct()实现数据库连接参数的初始化，最后定义 getConnId()方法返回数据库连接句柄。

② 建立数据库连接参数录入表单，具体实现代码如下：

```
1.  <form method="post" >
2.        <tr><th colspan="2" align="center"><b>数据库连接类的应用</b></th></tr>
3.        <tr><td>服务器地址</td><td><input type="text" name="host"></td></tr>
4.        <tr><td>用户名</td><td><input type="text" name="username"></td></tr>
5.        <tr><td>密码</td><td><input type="password" name="password"> </td>
           </tr>
6.        <tr><td>数据库</td><td><input type="text" name="dbname"></td></tr>
7.        <tr><td>字符集</td><td><input  type="text"  name="charset"  value= "utf8">
          </td></tr>
8.        <tr><td><input type="submit" name="submit" value="连接"></td>
```

```
9.            <td><input type="reset" value="重置"></td></tr>
10. </form>
```

③ 当单击数据库参数录入表单中的“连接”按钮，将会使用如下代码判断是否成功连接上数据库。

```
1.  if (isset($_POST['submit'])) {
2.  require 'ConnDb.php';
3.  $host = $_POST['host'];
4.  $username = $_POST['username'];
5.  $password = $_POST['password'];
6.  $dbname = $_POST['dbname'];
7.  $charset = $_POST['charset'];
8.  $connDb = new ConnDb($host, $username, $password, $dbname, $charset);
9.  echo!$connDb->getConnId() ? '数据库连接失败!' : '数据库连接成功！';
10. }
```

上述代码中，首先通过 isset($_POST['submit'])判断用户是否已经提交了表单，如果是则使用 require()语句包含数据库连接类，然后使用 new 关键字实例化该类，并通过调用类中的 getConnId()方法来返回数据库连接状态，最后输出连接结果。

单元小结

使用面向对象编程可以为大型软件项目提供解决方案，尤其是多人合作的项目。用 OOP 的思想来进行 PHP 的高级编程，对于提高 PHP 编程能力和规划好 Web 开发构架都是非常有意义的。通过本单元的学习，读者可以充分体会了面向对象编程的强大功能，建立了正确的面向对象编程思想，能够了解面向对象与结构化程序设计的区别，掌握了类及其成员的访问控制、抽象类与接口，也了解了 PHP 面向对象的高级应用—PHP 设计模式。

单元 5 综合项目实战

学习目标

【知识目标】

- 熟练应用 PHP 基本语法。
- 掌握 PHP 各类函数的应用。
- 掌握 PHP 中的数据处理。
- 掌握 MySQL 数据库的应用。
- 掌握面向对象的编程思路。
- 掌握 ThinkPHP 框架的使用。
- 掌握综合应用项目的开发过程。

【技能目标】

- 理解综合项目的开发过程。
- 能运用 PHP 语言基础解决实际问题。
- 能应用依据项目需求完成数据库的设计。
- 能应用依据项目需求完成功能设计。
- 能综合应用 PHP 开发中小型项目。

章节设计 综合项目实战

PPT 综合项目实战

引例描述

小王同学终于可以到表哥张经理的公司去实习了，张经理安排了实战的项目，联系过程如图5-1所示。

(a) 电话沟通　　(b) 任务安排

图5-1　小王与张经理交流

张经理为小王安排了两个实战项目。

项目1：留言板系统。

项目2：学生管理系统。

任务5.1　留言板系统

5.1　系统分析

留言板在网络上随处可见，是网站中重要的交流平台。利用留言板，站长可以随时倾听访客们的评论和意见，并给予回复。

当用户看到留言板时，首先看到的是历史留言的列表，并且可以发表新的留言。当用户发表留言时，需要填写自己的名称和联系方式。管理员可以从后台登录留言管理系统，对留言进行回复、修改和删除等操作。

留言板系统前台页面如图5-2所示，后台管理页面如图5-3所示。

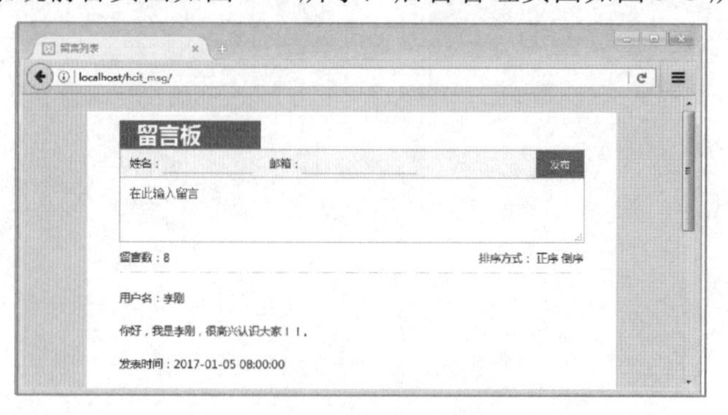

图5-2　留言板系统前台页面

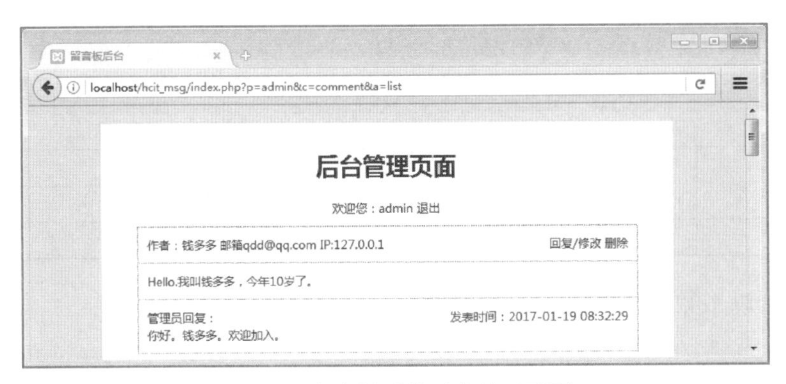

图 5-3 留言板系统后台管理页面

5.1.1 模块划分

根据留言板项目的需求，整个系统的功能模块可以划分前台、后台两个主要功能模块，如图 5-4 所示。

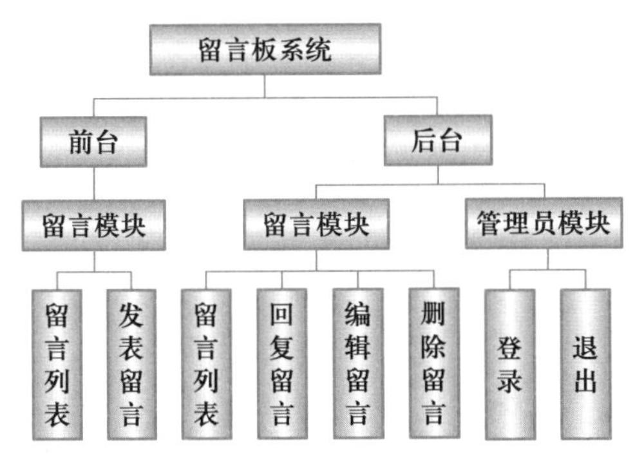

图 5-4 功能模块划分

从图 5-4 中可以看出，留言板系统分为前台和后台。前台模块有留言列表、发表留言两个功能。后台留言模块有留言列表、回复留言、编辑留言、删除留言 4 个功能。后台管理员模块有登录和退出两个功能。

5.1.2 数据库设计

系统需要创建“留言表”和“管理员表”。其中，留言表用于记录所有的留言和发表人的信息，管理员表用于后台系统登录。

具体表结构见表 5-1 和表 5-2。

微课 5-1
数据库设计

表 5-1 留言表的结构

字段名	数据类型	描述
id	int unsigned	主键 ID，自动增长
date	datetime	发表日期
poster	varchar(20)	留言者名称
mail	varchar(60)	留言者邮箱
comment	text	留言内容
reply	text	留言的回复
ip	char(15)	留言者 IP 地址

表 5-2 管理员表的结构

字段名	数据类型	描述
id	int unsigned	主键 ID，自动增长
username	varchar(20)	用户名
password	varchar(32)	密码
salt	char(4)	密码加密 salt

根据以上数据表的结构，建表的 SQL 语句如下：

```
1.  create database hcit_msg;
2.  create table comment(
3.  id int unsigned not null primary key auto_increment,
4.  date datetime not null,
5.  poster varchar(20) not null,
6.  comment text not null,
7.  reply text not null,
8.  mail varchar(60) not null,
9.  ip varchar(15) not null
10. )default charset=utf8;
11. create table admin(
12. id int unsigned not null primary key auto_increment,
13. username varchar(20) not null,
14. password varchar(32) not null,
15. salt char(4) not null
16. )default charset=utf8;
```

上述 SQL 语句在 hcit_msg 数据库中建立了 comment 和 admin 两张表，分别是留言表和管理员表。具体字段和表中的结构一致。

5.1.3 设计模型

MVC 是在 20 世纪 80 年代发明的一种软件设计模式，如今已被广泛应用。MVC 设计模式强制性地使应用程序中的输入、处理和输出分开，将软件系统分成了模型（Model）、视图（View）、控制器（Controller）3 个核心部件，它们各自处理自己的任务，MVC 这个名称就是由 Model、View、Controller 这 3 个单词的首字母组成的。

在用 MVC 进行的 Web 程序开发中，模型是指处理数据的部分，视图是指显示在浏览器中的网页，控制器是指处理用户交互的程序。例如，提交表单时，由控制器负责读取用户提交的数据，然后向模型发送数据，再通过视图将处理结果显示给用户。MVC 的工作流程如图 5-5 所示。

从图 5-5 中可以看出，客户端向服务器的控制器发送 HTTP 请求，控制器就会调用模型来读取数据，然后调用视图，将数据分配到网页模板中，再将最终结果的 HTML 网页返回给客户端。

MVC 是优秀的设计思想，使开发团队能够更好地分工协作，显著提高工作效率。

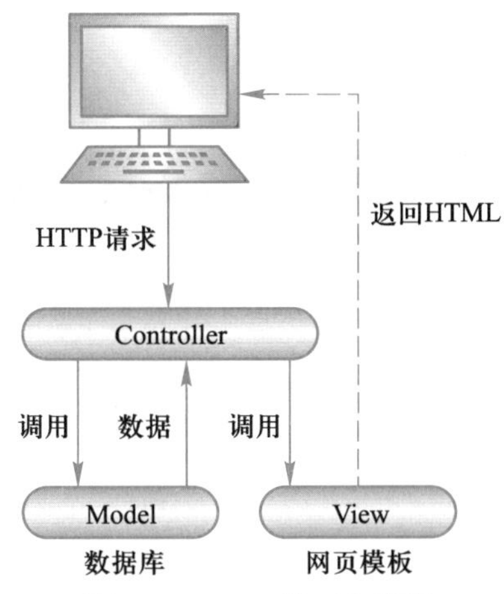

图 5-5 MVC 的工作流程

5.1.4 项目布局

系统采用 MVC 模式设计，将整个项目分成了应用（application）与框架（framework）两部分，在应用中处理与当前站点相关的业务逻辑，在框架中封装所有项目公用的底层代码，形成一个框架式的开发模式。

项目首先分成 application 和 framework 两个目录，application 存放与当前站点的业务逻辑相关的文件，framework 存放与业务逻辑无关的底层库文件。application 下的 config 目录用于保存当前项目的配置文件，admin 和 home 目录代表了网站的平台，其中 home 代表前台，admin 表示后台，为用户提供服务。前台和后台下都有 controller、model 和 view 三个子目录，用于存放与之相关的代码文件。

将数据库操作类、基础模型类、前后台模型类、控制器类、视图文件、入口文件等以如图 5-6 所示的目录结构进行分配。

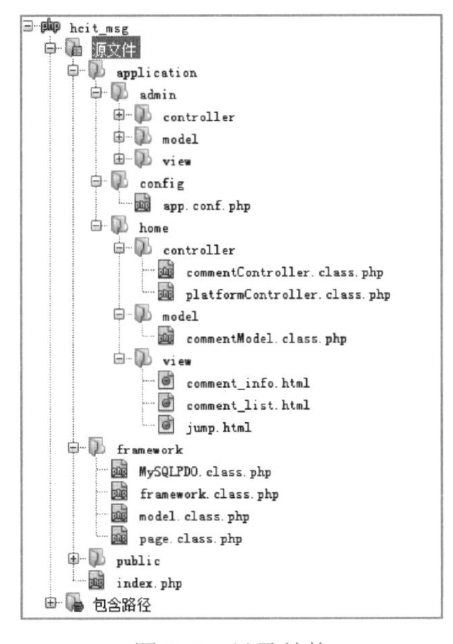

图 5-6 目录结构

具体目文件路径及文件描述见表 5-3。

表 5-3 文件目录结构

文件路径	文件描述
\index.php	入口文件
\framework\framewok.class.php	框架基础类
\framework\MySQLPDO.class.php	数据库操作类
\framework\model.class.php	基础模型类
\application\config\app.conf.php	项目配置文件
\application\home\model\commentModel.class.php	前台 commnet 模型
\application\home\controller\commentController.class.php	前台 comment 控制器
\application\home\controller\platformController.class.php	前台平台控制器
\application\view\comment_list.html	前台 comment_list 视图文件
\application\admin\model\adminModel.class.php	后台 admin 模型
\application\admin\model\commentModel.class.php	后台 comment 模型
\application\admin\controller\commentController.class.php	后台 comment 控制器
\application\admin\controller\platformController.class.php	后台平台控制器
\application\admin\controller\adminController.class.php	后台 admin 控制器
\application\admin\view\admin_login.html	后台 admin_login 视图文件
\application\admin\view\comment_list.html	后台 comment_list 视图文件
\application\admin\view\comment_reply.html	后台 comment_reply 视图文件
\public\	公共文件目录

数据操作类和基础模型类是通用的代码，在任何项目中都可以使用，因此放在 framework 目录中。此外，还需要为项目创建配置文件，利用配置文件来统一管理项目中所有可修改的参数和设置。public 是公共文件目录，用于存放图片、CSS 文件、JS 文件、用户上传的文件等。

5.2 设计模式

MVC 是目前广泛流行的一种软件开发模式。利用 MVC 设计模式可以将程序中的功能实现、数据处理和界面显示分离，从而在开发复杂的应用程序时，开发者可以专注于其中的某个方面，进而提高开发效率和项目质量。

结合留言板系统的模块划分及设计模型的选择，项目从模型、控制器、框架 3 个方面来实现 MVC 模型操作。

5.2.1 模型的实现

在面对复杂问题时，面向对象编程可以更好地描述现实中的业务逻辑，所以 MVC 的程序也是通过面向对象的方式实现的。

微课 5-2
数据库操作类

1. 数据库操作类

模型是处理数据的，而数据是存储在数据库里的。在项目中，所有对数据库的直接操作，都应该封装到一个数据库操作类中，运用面向对象、数据库操作等相关知识，就可以封装一个 PDO 的数据库操作类。

\framework\MySQLPDO.class.php

```
1.  <?php
2.  header("Content-Type:text/html;charset=utf-8");
3.  class MySQLPDO {
4.      private $dbConfig = array(
5.          'db' => 'mysql', //数据库
6.          'host' => 'localhost', //服务器
7.          'port' => '3306', //端口
8.          'pass' => '', //密码
9.          'charset' => 'utf8', //字符集
10.         'dbname' => 'msg', //默认数据库
11.     );
12.     //PDO 实例
13.     private $db;
14.     //单例模式，本类对象使用
15.     private static $instance;
16.     /**
17.      * 私有的构造方法
18.      * @param type $params
19.      */
20.     private function __construct($params) {//构造方法 类实例化时自动调用
21.         //初始化属性
22.         $this->dbConfig = array_merge($this->dbConfig, $params);
23.         //连接服务器
24.         $this->connect();
25.     }
26.     /**
27.      * 获得单例对象
28.      * @param $params array 数据库连接信息
29.      * @return object 单例对象
30.      */
31.     public static function getInstance($params = array()) {
32.         if (!self::$instance instanceof self) {
33.             self::$instance = new self($params);
34.         }
35.         return self::$instance; //返回对象
36.     }
37.     /**
38.      * 私有克隆
39.      */
40.     private function __clone() {
41.     }
42.     /**
43.      * 连接目标服务器
44.      */
45.     private function connect() {
46.         try {
47.             $dsn = "{$this->dbConfig['db']}:host={$this->dbConfig['host']};"
```

```
48.                     . "port={$this->dbConfig['port']};dbname={$this->dbConfig['dbname']};"
49.                         . "charset={$this->dbConfig['charset']}";
50.                 //实例化 PDO
51.                 $this->db = new PDO($dsn, $this->dbConfig['user'], $this->dbConfig
                    ['pass']);
52.                 //设定字符集
53.                 $this->db->query("set names {$this->dbConfig['charset']}");
54.             } catch (PDOException $e) {
55.                 //错误提示
56.                 die("数据库操作连接失败：{$e->getMessage()}");
57.             }
58.         }
59.         /**
60.          * 执行 SQL 语句
61.          * @param string $sql SQL 语句
62.          * @return object PDOStatement
63.          */
64.         public function query($sql) {
65.             $rst = $this->db->query($sql);
66.             if ($rst === false) {
67.                 $error = $this->db->errorInfo();
68.                 //print_r($error);
69.                 die("执行 SQL 语句失败：ERROR{$error[1]}($error[0]:{$error[2]}))");
70.             }
71.             return $rst;
72.         }
73.         /**
74.          * 取得一行记录
75.          * @param $sql $string 执行 SQL 语句
76.          * @return array 关联数组结果
77.          */
78.         public function fetchRow($sql) {
79.             return $this->query($sql)->fetch(PDO::FETCH_ASSOC); //关联数组
80.         }
81.         /**
82.          * 取得所有结果
83.          * @param string $sql 执行 SQL 语句
84.          * @return array 关联数组结果
85.          */
86.         public function fetchAll($sql) {
87.             return $this->query($sql)->fetchAll(PDO::FETCH_ASSOC);
88.         }
89.     }
```

将封装的数据库操作保存为 MySQLPDO.php。在 MySQLPDO 类中有连接数据库、执行 SQL 语句和处理结果集 3 个主要功能。成员变量$dbConfing 保存的是数据库默认连接信息。getInstance()方法用于实例化类对象，参数是数据库的连接信息，如果省略了这个参数，就会自动使用默认的连接信息。query()方法用于执行 SQL 语句，返回结果集。fetchRow()和 fetchAll()方法用于执行 SQL 语句并处理结果集，返回关联数组结果。

将数据库操作类定义好之后，接下来通过一个案例演示如何使用这个类。

首先向数据库表 comment 中插入两行数据，具体语句如下：

```
1.  insert into comment values (null, '2016-08-05 ', '李刚', '你好，我是李刚，很高兴认识大家！！。', '我是王明，也很高兴认识你，做个朋友吧。', '12345@qq.com', '192.168.0.1');
2.  insert into comment values(null, '2016-08-05', '王小利', '大家好。我是王小利。', '', '12345@qq.com', '192.168.0.1');
```

接着在相同目录下创建测试文件 test_MySQLPDO.php，用于实例化并调用数据库操作类。

\framework\test_MySQLPDO.class.php

```
1.  <?php
2.  header('Content-Type:text/html;charset=utf8');
3.  //载入类文件
4.  require 'MySQLPDO.class.php';
5.  //配置数据库连接信息
6.  $dbConfig=array('user'=>'root','pass'=>'','dbname'=>'hcit_msg');
7.  //实例化 MySQLPDO 类
8.  $db=MySQLPDO::getInstance($dbConfig);
9.  //执行 SQL 查询，取得全部结果
10. $data=$db->fetchAll('select * from comment');
11. //输出查询结果
12. echo '<pre>';
13. print_r($data);
14. echo "</pre>";
```

在上述程序中，第 4 行代码载入数据库操作类，第 8 行实例化这个类，第 10 行执行 SQL 语句并取得全部结果，第 13 行输出结果。第 6 行的代码用于配置数据库连接信息，数组成员参照 MySQLPDO 类中的$dbConfig 属性，这里的配置会覆盖默认的数据库连接信息。

运行结果如图 5-7 所示。

2. 模型类

在实际项目中，通常是一个数据库中建立多个表来管理数据。MVC 中的模型，其实就是为项目中的每个表建立一个模型。如果用面向对象的思想，那么每个模型都是一个模型类，对表的所有操作，都要放到模型类中完成。

微课 5-3
模型类

```
http://loca...ySQLPDO.php
localhost/hcit_msg/framework/test_MySQLPDO.php

Array
(
    [0] => Array
        (
            [id] => 6
            [date] => 2017-01-05 08:00:00
            [poster] => 李刚
            [comment] => 你好，我是李刚，很高兴认识大家！！。
            [reply] => 我是王明，也很高兴认识你，做个朋友吧。
            [mail] => 12345@qq.com
            [ip] => 192.168.0.1
        )

    [1] => Array
        (
            [id] => 7
            [date] => 2017-01-05 08:00:00
            [poster] => 王小利
            [comment] => 大家好。我是王小利。
            [reply] =>
            [mail] => 12345@qq.com
            [ip] => 192.168.0.1
        )
```

图 5-7 数据库操作类测试结果

前面学习了数据库操作类，实例化数据库操作类是所有模型类都要经历的一步，因此需要一个基础模型类来完成这个任务。

（1）创建基础模型类

\framework\model.class.php

```
1.  <?php
2.  /**
3.   * 基础模型类 model.class.php
4.   */
5.  class model{
6.      protected $db;//保存数据库对象
7.      public function __construct() {
8.          $this->initDB();//初始化数据库
9.      }
10.     private function initDB(){
11.         //配置数据库连接信息
12.         $dbConfig=array('user'=>'root','pass'=>'','dbname'=>'hcit_msg');
13.         //实例化数据库操作类
14.         $this->db=   MySQLPDO::getInstance($dbConfig);
15.     }
16. }
```

（2）创建留言模型类

\framework\commentModel.class.php

```
1.  <?php
2.  /**
3.   * comment 表的操作类，继承基础模型类
4.   */
5.   class commentModel extends model{
6.       /*查询所有留言*/
7.       public function getAll(){
```

```
8.          $data=$this->db->fetchAll("select * from comment");
9.                return $data;
10.         }
11.         /*查询指定 ID 号的留言*/
12.         public function getByID($id){
13.               $data=$this->db->fetchRow("select * from comment where id={$id}");
14.               return $data;
15.         }
16.   }
```

（3）测试留言模型类

\framework\test_commentModel.php

```
1.   <?php
2.   header("Content-Type:text/html;charset=utf8");
3.   //载入数据库操作类
4.   require 'MySQLPDO.class.php';
5.   //载入模型类
6.   require 'model.class.php';
7.   require 'commentModel.class.php';
8.   //实例化 comment 模型
9.   $comment=new commentModel();
10.  //调用模型中的方法取得结果
11.  echo '<pre>';
12.  print_r($comment->getAll());
13.  //print_r($comment->getByID(6));
14.  echo '</pre>';
```

在浏览器中访问 test_commentModel.php，运行结果如图 5-8 所示。

图 5-8 测试模型类结果

基础模型类负责实例化数据库操作类，comment 模型类负责处理与

comment 表相关的数据，最后在 test_commentModel.php 中只需调用 comment 模型中的方法即可获得数据。由此可见，将所有与数据相关的操作交给模型类之后，处理数据的代码就被分离出来，使代码更易于管理，开发团队能更好地分工协作。

5.2.2 控制器的实现

控制器是 MVC 应用程序中的指挥官，它接收用户的请求，并决定需要调用哪些模型进行处理，再用相应的视图显示从模型返回的数据，最后通过浏览器呈现给用户。

1. 模块

用面向对象的方式实现控制器，就需要先理解模块（Module）的概念。一个成熟的项目是由多个模块组成的，每个模块又是一系列相关功能的集合。接下来通过一个图例来演示项目中的模块，如图 5-9 所示的教务管理系统模块。

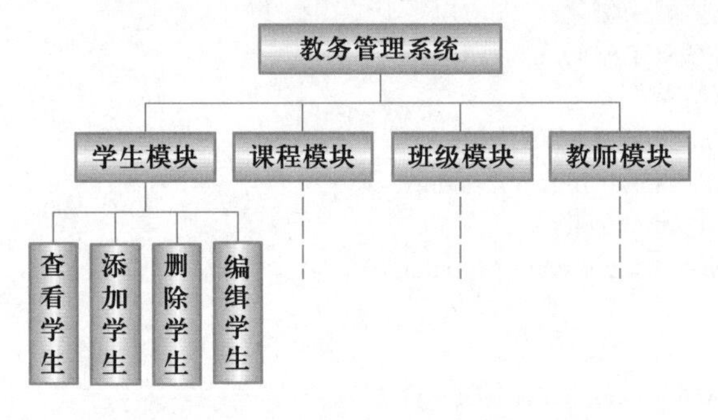

图 5-9 教务管理系统模块

在图 5-9 中，教务管理系统分成了学生、课程、班级、教师 4 个模块，在学生模块下有“查看学生”、“添加学生”、“删除学生”、“编辑学生”四个功能，其中，学生模块是学生相关功能的集合。

2. 控制器类

微课 5-4
控制器类

正如模型是根据数据表创建的，控制器则是根据模块创建的，即每个模块对应一个控制器类，模块中的功能都在控制器类中完成。因此，控制器类中定义的方法，就是模块中的功能（Action）。

（1）创建留言控制器类

\framework\commentController.class.php

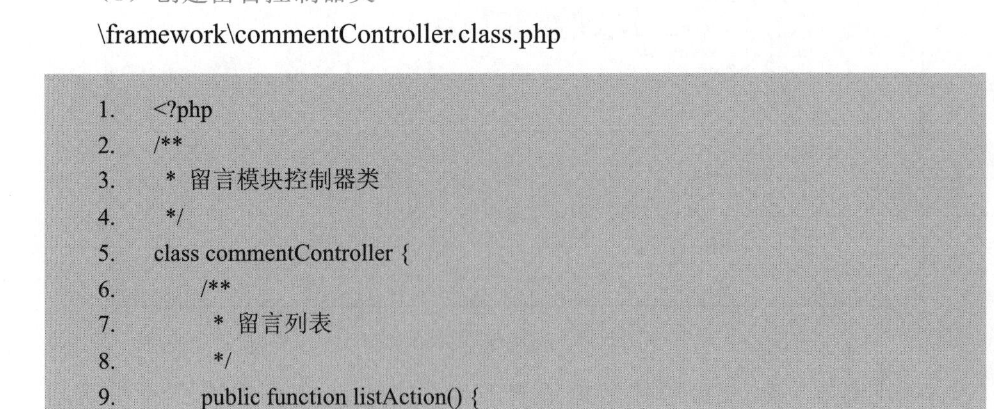

```
1.  <?php
2.  /**
3.   * 留言模块控制器类
4.   */
5.  class commentController {
6.      /**
7.       * 留言列表
8.       */
9.      public function listAction() {
```

```
10.             //实例化模型，取出数据
11.             $comment = new commentModel();
12.             $data = $comment->getAll();
13.             //print_r($data);
14.             //载入视图文件
15.             require 'comment_list.html';
16.         }
17.         /**
18.          * 查看指定留言信息
19.          */
20.         public function infoAction() {
21.             //接收请求参数
22.             $id = $_GET['id'];
23.             //实例化模型，取出数据
24.             $commend = new commentModel();
25.             $data = $commend->getByID($id);
26.             //载入视图文件
27.             require 'comment_info.html';
28.         }
29.     }
```

（2）创建留言列表视图文件

\framework\comment_list.html

```
1.      <!DOCTYPE html>
2.      <html>
3.          <head>
4.              <title>留言列表</title>
5.              <meta charset="UTF-8">
6.          </head>
7.          <style>
8.              table,h1{width: 600px; margin: 0 auto}
9.              td{border: solid 1px blue;}
10.         </style>
11.         <body>
12.             <h1>留言列表</h1>
13.          <table>
14.         <tr><td>ID</td><td>姓名</td><td>留言内容</td><td>发表日期</td><td>操
            作</td></tr>
15.                 <?php foreach($data as $v):?>
16.                 <tr>
17.                     <td><?php echo $v['id'];?></td>
18.                     <td><?php echo $v['poster'];?></td>
19.                     <td><?php echo $v['comment'];?></td>
20.                     <td><?php echo $v['date'];?></td>
```

```
21.                 <td><a href="index.php?id=<?php echo $v['id']?>">查看</a></td>
22.             </tr>
23.             <?php endforeach;?>
24.         </table>
25.     </body>
26. </html>
```

（3）创建留言详细信息视图文件

\framework\comment_info.html

```
1.  <!DOCTYPE html>
2.  <html>
3.      <head>
4.          <title>留言详细信息</title>
5.          <meta charset="UTF-8">
6.      </head>
7.      <style>
8.          table,h1{width: 600px;margin: 0 auto;}
9.          td{border: solid 1px blue;}
10.     </style>
11.     <body>
12.         <h1>留言列表</h1>
13.         <table>
14.             <tr><td>ID</td><td><?php echo $data['id'];?></td></tr>
15.             <tr><td>姓名</td><td><?php echo $data['poster'];?></td></tr>
16.             <tr><td>留言内容</td><td><?php echo $data['comment'];?></td></tr>
17.             <tr><td>日期</td><td><?php echo $data['date'];?></td></tr>
18.             <tr><td>地址</td><td><?php echo $data['ip'];?></td></tr>
19.             <tr><td>电子邮箱</td><td><?php echo $data['mail'];?></td></tr>
20.             <tr><td>回复内容</td><td><?php echo $data['reply'];?></td></tr>
21.         </table>
22.     </body>
23. </html>
```

（4）测试控制器类

\framework\index.php

```
1.  <?php
2.  header('Content-Type:text/html;charset=utf8');
3.  //载入数据库操作类
4.  require 'MySQLPDO.class.php';
5.  //载入模型文件
6.  require 'model.class.php';
7.  require 'commentModel.class.php';
8.  //载入控制器类
```

```
9.  require 'commentController.class.php';
10. $comment = new commentController();
11. //根据有无 get 参数调用不同的 Action
12.     if (empty($_GET)) {
13.         $comment -> listAction();
14.     } else {
15.         $comment->infoAction();
16.     }
```

在浏览器中访问 index.php 文件，留言列表页面如图 5-10 所示，留言详细信息页面如图 5-11 所示。

留言列表

localhost/hcit_msg/framework/

留言列表

ID	姓名	留言内容	发表日期	操作
6	李刚	你好，我是李刚，很高兴认识大家！！。	2017-01-05 08:00:00	查看
7	王小利	大家好。我是王小利。	2017-01-05 08:00:00	查看
8	Tom	Hello.My name is Tom.	2017-01-19 06:03:35	查看
9	Jack	Hello.My name is Jack.	2017-01-19 06:04:06	查看
10	Nancy	Hello.My name is Nancy.	2017-01-19 06:04:31	查看
11	张三	大家好。我叫张三。很高兴认识大家。	2017-01-19 06:05:12	查看
12	小王	大家好。我是小王，很高兴和各位做朋友。	2017-01-19 06:06:11	查看
13	钱多多	Hello.我叫钱多多，今年10岁了。	2017-01-19 08:32:29	查看

图 5-10 留言列表视图

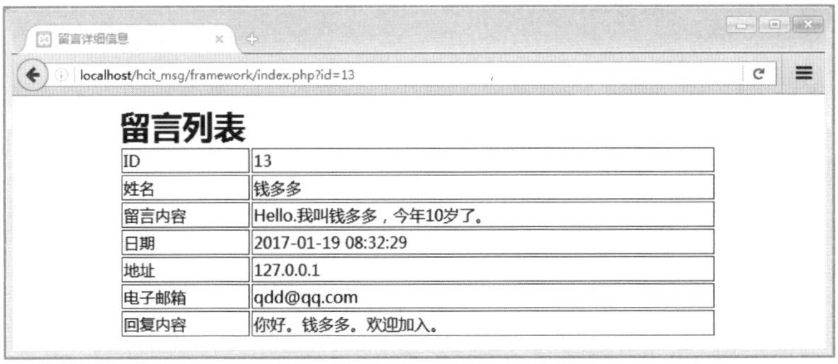

留言详细信息

localhost/hcit_msg/framework/index.php?id=13

留言列表

ID	13
姓名	钱多多
留言内容	Hello.我叫钱多多，今年10岁了。
日期	2017-01-19 08:32:29
地址	127.0.0.1
电子邮箱	qdd@qq.com
回复内容	你好。钱多多。欢迎加入。

图 5-11 留言详细信息视图

第 1 步创建了 comment 控制器类，类中有 listActio()和 infoAction()两个方法，用于查看留言列表和留言详细信息。在 listActio()中，首先载入模型文件，然后实例化模型，调用 getAll()方法取得数据，最后载入 comment_list.html 视图。

第 2 步创建了 comment_list.html 视图文件，使用 PHP 替代语法和 HTML 结合的形式，输出$data 数组中的数据。

第 3 步创建视图文件 comment_info.php。

第 4 步创建 index.php 入口文件，用于载入和实例化 comment 控制器，根据有无 GET 参数调用不同的方法。至此，模型、视图和控制器三者的分离已经实现了。

微课 5-5
前端控制器

3. 前端控制器

前端控制器是指项目入口文件 index.php。使用 MVC 开发的是一种单一入口的应用程序，传统的 Web 程序是多入口的，即通过访问不同的文件来完成用户请求。单入口程序只有一个 index.php 提供给用户访问。

前端控制器又称请求分发器（Dispather），通过 URL 参数判断用户请求了哪个功能，然后完成相关控制器的加载、实例化、方法调用等操作。

通过一个图例来演示请求分发的流程，如图 5-12 所示。

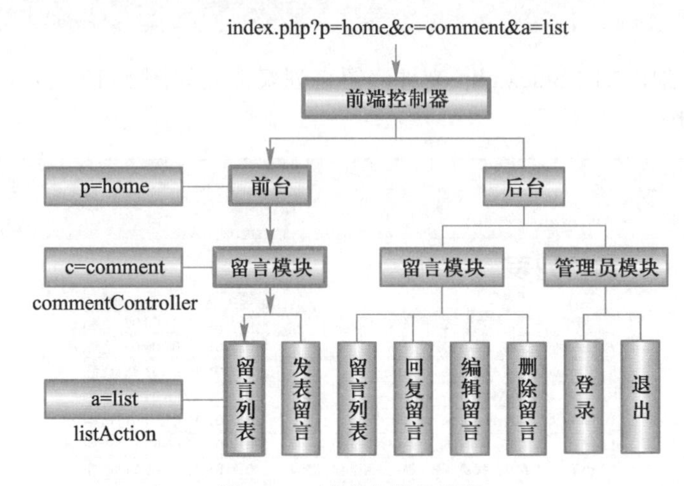

图 5-12 请求分发的流程

前端控制器 index.php 接收到 3 个 GET 参数：p、c 和 a。p 代表平台、c 代表 controller、a 代表 Aciton，所以 p=home&c=comment&a=list 表示前台留言控制器里的 list 方法。

接下来，分步讲解实现前端控制器的请求分发。

① 编辑入口文件 index.php。

\framework\index.php

```
1.  <?php
2.  /**
3.   * 前端控制器
4.   */
5.  header("Content-Type:text/html;charset=utf-8");
6.  //载入数据库操作类
7.  require 'MySQLPDO.class.php';
8.  //载入模型类
9.  require 'model.class.php';
10. require 'commentModel.class.php';
11. //得到控制器文名
12. $c = isset($_GET['c']) ? $_GET['c'] : 'comment';
13. //载入控制器类
14. require './' . $c . 'Controller.class.php';
15. //实例化控制器（可变变量）
```

```
16.  $controller_name = $c . 'Controller';
17.  $controller = new $controller_name();
18.  //得到方法名
19.  $action = isset($_GET['a']) ? $_GET['a'] : 'list';
20.  //调用方法（可变方法）
21.  $action_name = $action . 'Action';
22.  $controller->$action_name();
```

② 修改视图文件中的链接。将 comment_list.html 的第 21 行修改为：

```
<a href="index.php?c=comment&a=info&id=<?php echo $v['id'];?>">查看</a>
```

③ 在浏览器中访问 index.php，运行结果与图 5-10 相同。

在程序中，第 12 行获取 GET 参数中的控制器名，默认为 comment；第 19 行获取 GET 参数中的方法名，默认为 list。因此在访问 index.php 时，没有 GET 参数访问到的是默认的“留言列表”方法，而“留言详细信息”需要完整的 GET 参数才能访问。以上就是一个典型的前端控制器的实现。

5.2.3　框架的实现

微课 5-6
框架的实现

1. 配置文件

为项目创建配置文件，利用配置文件来统一管理项目中所有可修改的参数和设置。

\application\config\app.conf.php

```
1.   <?php
2.   return array(
3.   //数据库配置
4.        'db' => array(
5.   //数据库环境
6.             'user' => 'root',
7.             'pass' => '',
8.             'dbname' => 'hcit_msg',
9.        ),
10.  //整体信息
11.       'app' => array(
12.            'default_platform'=>'home',//默认平台
13.       ),
14.  //前台配置
15.       'home' => array(
16.            'default_controller'=>'comment',//默认控制器
17.            'default_action'=>'list',//默认方法
18.       ),
19.  //后台配置
20.       'admin' => array(
```

```
21.             'default_controller'=>'',//默认控制器
22.             'default_action'=>'',//默认方法
23.         ),
24.     );
```

使用多维数组的方式，分组保存了数据库配置、整体项目配置、前后台配置。默认的平台、控制器、方法指定为 home 平台下 comment 控制器的 list 方法。

在设计好项目的布局及配置文件后，还需要解决类文件的加载问题。在项目中大量使用 require 语句显然是不可取的，将使用自动加载解决这个问题。

2. 框架基础类

在程序的初始化阶段，需要完成读取配置、载入类库、请求分发等操作，这些都是项目中的底层代码，可以封装一个框架基础类来完成这些任务。

接下来通过一个图例来演示框架基础类的工作流程，如图 5-13 所示。

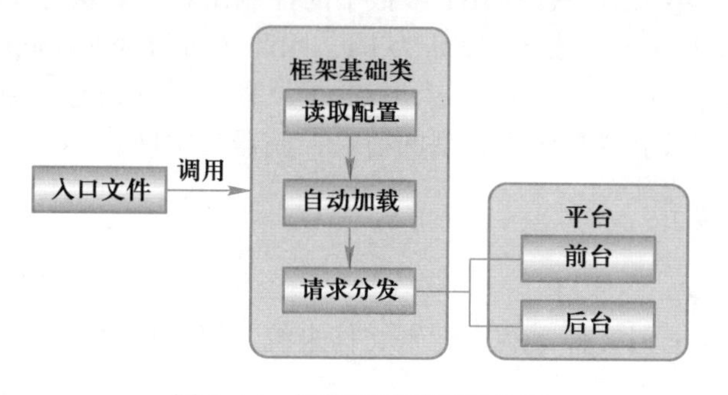

图 5-13 框架基础类工作流程

框架基础类封装了读取配置、自动加载和请求分发的工作，而入口文件只需要调用框架基础类即可完成作为前端控制器的所有任务。

接下来分步骤学习框架基础类的封装与使用。

① 在 framework 目录下创建一个框架基础类 framework.class.php。

\framework\framework.class.php

```
1.  <?php
2.  /**
3.   * 框架基础类
4.   */
5.  class framework {
6.      public function runApp() {
7.          $this->loadConfig(); //加载配置
8.          $this->registerAutoLoad(); //注册自动加载方法
9.          $this->getRequestParams(); //获得请求参数
10.         $this->dispatch(); //请求分发
11.     }
12.     /**
13.      * 注册自动加载方法
14.      */
```

```
15.     private function registerAutoLoad() {
16.         spl_autoload_register(array($this, 'user_autoload'));
17.     }
18.     /**
19.      * 自动加载方法
20.      * @param $class_name string 类名
21.      */
22.     public function user_autoload($class_name) {
23.         //定义基础类列表
24.         $base_classes = array(
25.             //类名=>所有位置
26.             'model' => './framework/model.class.php',
27.             'MySQLPDO' => './framework/MySQLPDO.class.php',
28.         );
29.         //依次判断 基础类、模型类、控制器类
30.         if (isset($base_classes[$class_name])) {
31.             require $base_classes[$class_name];
32.         } elseif (substr($class_name, -5) == 'Model') {
33.             require './application/' . PLATFORM . "/model/{$class_name}.class.php";
34.         } elseif (substr($class_name, -10) == 'Controller') {
35.             require './application/' . PLATFORM . "/controller/{$class_name}.
                class.php";
36.         }
37.     }
38.     /**
39.      * 载入配置文件
40.      */
41.     private function loadConfig() {
42.         //使用全局变量保存配置
43.         $GLOBALS['config'] = require './application/config/app.conf.php';
44.     }
45.     /**
46.      * 获取请求参数，p=平台 c=控制器 a=方法
47.      */
48.     private function getRequestParams() {
49.         //当前平台
50.         define('PLATFORM', isset($_GET['p']) ? $_GET['p'] :
                        $GLOBALS['config']['app']['default_platform']);
51.         //得到当前控制器名
52.         define('CONTROLLER', isset($_GET['c']) ? $_GET['c'] :
                    $GLOBALS['config'][PLATFORM]['default_controller']);
53.         //当前方法名
54.         define('ACTION', isset($_GET['a']) ? $_GET['a'] :
                    $GLOBALS['config'][PLATFORM]['default_action']);
55.     }
```

```
56.         /**
57.          * 请求分发
58.          */
59.         private function dispatch() {
60.             //实例化控制器
61.             $controller_name = CONTROLLER . 'Controller';
62.             $controller = new $controller_name;
63.             //调用当前方法
64.             $action_name = ACTION . 'Action';
65.             $controller->$action_name();
66.         }
67.     }
68.     ?>
```

上述代码封装了读取配置、自动加载、请求分发三大功能，并提供了一个runApp()方法，只需一次调用即可完成所有的操作。在读取配置时，将配置文件中的数组保存到了全局变量$GLOBALS['config']中。自动加载使用了spl_autoload_register()函数，参数 array($this, 'user_autoload')代表本类对象中的user_autoload()方法。请求分发实现了从 GET 参数中获取平台、控制器、方法 3 个请求参数，并支持配置文件中的默认参数，例如访问 home 平台下的 comment 控制器中的 list 方法，可以直接访问 index.php，也可以用完整的 URL 地址 index.php?p=home&c=comment&a=list 进行访问。

② 修改基础模型类 model.class.php 中的 initDB()方法，修改结果如下。

```
$this->db = MySQLPDO::getInstance($GLOBALS['config']['db']);
```

通过以上修改，使模型类在实例化数据库操作类时，直接使用全局的数据库配置信息。

③ 修改控制器 commentController.class.php 中载入视图的代码，具体如下。

listAction()方法中的载入视图代码修改为：

```
require './application/home/view/comment_list.html';
```

infoAction()方法中的载入视图代码修改为：

```
require './application/home/view/comment_info.html';
```

④ 修改入口文件 index.php，具体代码如下。

```
1.  <?php
2.  require './framework/framework.class.php';
3.  $app=new framework;
4.  $app->runApp();
```

⑤ 在浏览器中访问 index.php，运行结果与图 5-10 相同。

框架基础类封装了读取配置、自动加载、请求分发三大功能，入口文件只需要实例化框架基础类，调用其中的 runApp()方法即可完成前端控制器的所有任务。

5.3 前台模块实现

微课 5-7
前台页面展示

前台模块包括留言列表和发表留言两个功能，留言列表需要分页显示，同时支持正序排列和倒序排列两种排序方式。接下来分步骤详细讲解前台模块具体功能的实现过程。

5.3.1 页面展示

前台页面是留言的列表页，同时具有发表留言的表单。为了更直观地看到完成效果，首先对前台的静态页面进行展示。

① 制作留言板前台页面的视图文件。

\applicaton\home\view\comment_list.html

```
1.  <!DOCTYPE html>
2.  <html>
3.      <head>
4.          <meta charset="UTF-8">
5.          <title>留言列表</title>
6.          <link rel="stylesheet" href="./public/css/home.css">
7.      </head>
8.      <body>
9.          <div id="box">
10.             <h1>留言板</h1>
11.             <div class="postbox">
12.                 <form>
13.                     <ul class="userbox">
14.                         <li>姓名：</li>
15.                         <li class="user_name">
16.                             <input type="text">
17.                         </li>
18.                         <li>邮箱：</li>
19.                         <li class="user_email">
20.                             <input type="text">
21.                         </li>
22.                         <li class="user_post">
23.                             <input class="post_button" value="发布" type=
                                "submit">
24.                         </li>
25.                     </ul>
26.                     <textarea>在此输入留言</textarea>
```

```
27.                     </form>
28.                 </div>
29.                 <div class="comment_info">
30.                     留言数：2
31.                     <span class="sort">
32.                         排序方式：<a href="#">正序</a> <a href="#">倒序</a>
33.                     </span>
34.                 </div>
35.                 <ul class="comments">
36.                     <li>
37.                         <p>用户名：张三</p>
38.                         <p>大家好。我是张三，很高兴认识各位。</p>
39.                         <p>发表时间：2016 年 10 月 10 日</p>
40.                         <ul class="comment_reply">
41.                             <p>管理员回复：</p>
42.                             <p>嗨，你好。我是系统管理员，欢迎您的到来。</p>
43.                         </ul>
44.                     </li>
45.                     <li>
46.                         <p>用户名：李四</p>
47.                         <p>大家好。我是李四，很高兴认识各位。</p>
48.                         <p>发表时间：2016 年 10 月 10 日</p>
49.                     </li>
50.                 </ul>
51.                 <div class="comments_footer">
52.                     <a href="#" class="curr">1</a>
53.                     <a href="#" >2</a>
54.                     <a href="#">3</a>
55.                 </div>
56.             </div>
57.         </body>
58. </html>
```

② 创建层式表文件，保存在公共文件目录 public 中的 css 目录中。

\public\css\home.css

```
1.  body,h1,textarea,input,ul,p{margin:0;padding:0;}
2.  ul{list-style:none;}
3.  body{background:#eaedee;text-align:center;font-size:13px;}
4.  h1{margin:20px;}
5.  #box{color:#666;width:70%;background:#fff;margin:20px  auto;padding:10px  5%
    40px;}
6.  #box textarea{border:1px solid #ccc;width:96%;padding:2%;height:54px;outline: none;
        font-size:14px;color:#777;border-top:0;}
7.  #box .userbox{width:98%;border:1px solid #ccc;height:32px;line-height:31px;text-
```

```
    align:left;padding-left:2%;float:left;background:#fbfbfb;}
8.  #box .userbox li{float:left;}
9.  #box .userbox input{border:0;border-bottom:1px solid #ddd;color:#777;
        padding-left:1%;height:22px;outline: none;width:100%;background:#fbfbfb;}
10. #box .userbox .user_name{width:20%;margin-right:20px;}
11. #box .userbox .user_email{width:25%;}
12. #box .userbox .user_post{width:58px;height:100%;float:right;line-height:0;}
13. #box .userbox .post_button{width:100%;height:100%;text-align:center;padding:0;
        background:#909faf;border:0;color:#fff;font-size:12px;cursor:pointer;}
14. #box .comment_info{height:35px;line-height:35px;text-align:left;border-bottom:
    1px dotted #ddd;}
15. #box .comment_info .sort{float:right;}
16. #box .comment_info a{text-decoration:none;color:#666;}
17. #box .comment_info a:hover{color:#315F99;}
18. #box .comment_info .curr{color:#315F99;}
19. #box .comments{text-align:left;}
20. #box .comments li{border-bottom: 1px dotted #ddd;}
21. #box .comments p{margin: 20px auto;}
22. #box .comments_footer{height:35px;line-height:35px;}
23. #box .comments_footer a{border:1px solid #fff;text-decoration:none;color:#999;
    padding:2px 4px;
        margin:0 2px;line-height:20px;}
24. #box .comments_footer a:hover{background:#f0f0f0;border:1px solid #999;}
25. #box .comments_footer .curr{background:#f0f0f0;border:1px solid #999;}
26. #box .comment_reply{margin-left:50px;}
27. #box .comment_reply li{border:0;border-top: 1px dotted #ddd;}
```

③ 创建前台默认的控制器和方法。

\application\home\controller\commentController.class.php

```
1.  <?php
2.  /**
3.   * 留言模块控制器类
4.   */
5.  class commentController {
6.      /**
7.       * 留言列表
8.       */
9.      public function listAction() {
10.         //载入视图文件
11.         //require 'comment_list.html';
12.         require './application/home/view/comment_list.html';
13.     }
14. }
```

在浏览器中访问，运行效果如图 5-14 所示。

图 5-14 留言板前台页面

从图 5-14 中可以看出，留言板的前台页面已经展示成功。其中第 1 部分是发表留言的表单，第 2 部分是留言总数，第 3 部分是留言列表排列方式的选项，第 4 部分是留言列表，第 5 部分是管理员留言，第 6 部分是分页导航。

5.3.2 发表留言

微课 5-8
发表留言

发表留言是留言板系统的基本功能，用户通过表单填写留言，然后提交给相关的控制器和模型处理即可。下面分步骤来实现发表留言的功能。

① 在视图文件 comment_list.html 发表留言的位置添加 form 标签，并为表单域添加 name 属性。

\application\home\view\comment_list.html

```
1.  <form method="post" action="index.php?p=home&c=comment&a=add">
2.      <ul class="userbox">
3.          <li>姓名：</li>
4.          <li class="user_name">
5.              <input name="poster" type="text">
6.          </li>
7.          <li>邮箱：</li>
8.          <li class="user_email">
9.              <input name="mail" type="text">
10.         </li>
11.         <li class="user_post">
```

```
12.                     <input class="post_button" value="发布" type="submit">
13.                 </li>
14.         </ul>
15.         <textarea name="comment" required>在此输入留言</textarea>
16.     </form>
```

在上述代码中，表单的提交位置指定为前台 comment 控制器中的 add 方法。表单中的姓名、邮箱、留言内容分别以 poster、mail、comment 命名。通过 required 属性指定 comment 为必填项。

② 在 comment 控制器中添加 addAction()方法，用来处理表单。

\application\home\controller\commentController.class.php

```
1.   /**
2.    * 发表留言
3.    */
4.   public function addAction() {
5.       //判断是否是 POST 方式提交
6.       if (empty($_POST)) {
7.           return false;
8.       }
9.       //实例化 comment 模型
10.      $commentModel = new commentModel();
11.      //调用 inert 方法
12.      $pass = $commentModel->insert();
13.      //判断是否成功
14.      if ($pass) {
15.          echo "发表留言成功";
16.      } else {
17.          echo "发表留言失败";
18.      }
19.  }
```

在上述代码中，首先判断是否收到 POST 方式提交的表单，如果接收到则继续执行程序，如果没有接收到则返回 false。接着实例化 comment 模型，调用模型中的 insert()方法并传入 POST 数据。最后判断 insert()方法是否执行成功，输出成功或者失败的结果。

③ 创建 comment 模型并实现 insert()方法。

\application\home\model\commentModel.class.php

```
1.   <?php
2.   /**
3.    * comment 表的操作类，继承基础模型类
4.    */
5.   class commentModel extends model {
```

```
6.          /**
7.           * 添加留言
8.           */
9.          public function insert() {
10.             //接收输入数据
11.             $data['poster'] = $_POST['poster'];
12.             $data['mail'] = $_POST['mail'];
13.             $data['comment'] = $_POST['comment'];
14.             //为其他字段赋值
15.             $data['reply'] = '';
16.             $data['date'] = date('Y-m-d H:i:s');
17.             $data['ip'] = $_SERVER['REMOTE_ADDR'];
18.             // 拼接 SQL 语句
19.             $sql = "insert into comment set ";
20.             foreach ($data as $k => $v) {
21.                 $sql.="$k='$v',";
22.             }
23.             $sql=   rtrim($sql,',');//删除最右边的逗号
24.             //执行 SQL 并返回
25.             return $this->db->query($sql);;
26.         }
27.  }
```

在上述代码中，insert()方法用于将新留言的相关数据插入到数据库的comment 表中。第 11 行～第 17 行使用数组准备了要插入的数据，第 19 行～第 23 行拼接 SQL 语句，第 25 行执行 SQL 语句，完成添加留言的数据库操作。

需要注意的是，第 11 行～第 13 行的$data 数组在接收外部数据时没有进行过滤，会带来安全问题，后面将详细讲解如何对数据进行安全处理。

④ 测试留言发表功能。

在表单中输入测试数据，如图 5-15 所示。

图 5-15 输入测试数据

单击“发布”按钮提交表单，程序处理成功后会显示“发表留言成功!”，如图 5-16 所示。

图 5-16　留言发表成功

启动 MySQL 数据库可视化工具 PHPMyAdmin，查看留言数据是否已经存入数据库中。如图 5-17 所示。

date ▽ 1	poster	comment	reply	mail	ip
2017-01-19 08:32:29	钱多多	Hello.我叫钱多多，今年10岁了。		qdd@qq.com	127.0.0.1
2017-01-19 06:06:11	小王	大家好。我是小王，很高兴和各位做朋友。		xiaowang@hcit.edu.cn	127.0.0.1
2017-01-19 06:05:12	张三	大家好。我叫张三。很高兴认识大家。		zhangsan@hcit.edu.cn	127.0.0.1
2017-01-19 06:04:31	Nancy	Hello.My name is Nancy.		Nancy@163.com	127.0.0.1

图 5-17　查看留言数据

微课 5-9
留言列表

从图 5-17 中可以看出，留言数据已经成功保存到数据库中。

5.3.3　留言列表

留言列表是留言板系统的默认首页，除了显示网站中所有的留言，还可以显示留言总数和排序链接。下面分步骤讲解留言列表功能的开发过程。

① 修改 comment 控制器中的 listAction()方法，调用模型获取需要的数据。

\application\home\controller\commentController.class.php

```
1.    /**
2.     * 留言列表
3.     */
4.    public function listAction() {
5.        //实例化 comment 模型
6.        $commentModel=new commentModel();
7.        //取得所有留言数据
8.        $data=$commentModel->getAll();
9.        //取得留言总数
10.       $num=$commentModel->getNumber();
11.       //载入视图文件
12.       require './application/home/view/comment_list.html';
13.   }
```

在上述代码中，通过调用模型取得了需要的数据，其中，留言数据保存到了$data 中，留言总数保存到了$num 数组中。

② 在 comment 模型中添加 getAll()方法和 getNumber()方法。

\application\home\controller\commentModel.class.php

```
1.     /**
2.      * 留言列表
3.      */
4.    public function getAll() {
5.        //获得排序参数
6.        $order = '';
7.        if (isset($_GET['sort']) && $_GET['sort'] == 'desc') {
8.            $order = ' order by id desc';
9.        }
10.       //拼接 SQL
11.       $sql = "select poster,comment,date,reply from comment $order";
12.       //查询结果
13.       $data = $this->db->fetchAll($sql);
14.       return $data;
15.   }
16.   /**
17.    * 留言总数
18.    */
19.   public function getNumber(){
20.       $data=   $this->db->fetchRow("select count(*) from comment");
21.       return $data['count(*)'];
22.   }
```

在上述代码中，getAll()方法用于查询留言列表，当收到用 GET 方式传递的 sort 排序参数时，就在查询的 SQL 语句中增加 order by 进行排序。getNumber()方法用于查询留言总数。

③ 修改视图文件 comment_list.html，在 HTML 中嵌入 PHP 代码输出数据。

\application\home\view\comment_list.html

```
1.    <div class="comment_info">
2.        留言数：<?php echo $num; ?>
3.        <span class="sort">
4.            排序方式：
5.            <a href="index.php" <?php if (!isset($_GET['sort'])) echo 'class="curr"';
              ?>>正序</a>
6.            <a href="index.php?sort=desc"<?php if (isset($_GET['sort']) && $_GET
              ['sort'] == 'desc') echo 'class="curr"'; ?>>倒序</a>
7.        </span>
8.    </div>
9.    <ul class="comments">
10.       <?php foreach ($data as $v): ?>
11.           <li>
12.               <p>用户名：<?php echo $v['poster'] ?></p>
13.               <p><?php echo $v['comment'] ?></p>
14.               <p>发表时间：<?php echo $v['date'] ?></p>
```

```
15.                 <?php if ($v['reply'] !== ''): ?>
16.                     <ul class="comment_reply">
17.                         <li>
18.                             <p>管理员回复：</p>
19.                             <p>嗨，你好。我是系统管理员，欢迎您的到来。</p>
20.                         </li>
21.                     </ul>
22.                 <?php endif; ?>
23.             </li>
24.             <?php endForeach; ?>
25.     </ul>
```

在上述代码中，第 2 行输出留言总数。第 4 行～第 6 行是排序链接，默认为正序排列，当使用倒序排列时传递 sort=desc 参数，根据$_GET['sort']参数为符合当前排序的链接添加选中样式。第 10 行～第 24 行为留言列表，通过循环输出所有的留言。第 15 行判断该条评论是否有管理员的回复，如果有则显示回复。

④ 测试留言列表功能。

通过发表留言，查看留言列表的输出结果，如图 5-18 所示。单击“倒序”连接，查看倒序的输出结果，如图 5-19 所示。从图中可以看出，留言列表功能和列表排序功能已经实现。

微课 5-10
页面跳转

5.3.4　页面跳转

当发表留言的 addAction()方法执行完成后，为了提升用户体验，应该自动跳转到留言列表页面。因为跳转是公用的功能，因此需要在平台的控制器中定义跳转方法。下面分步骤实现页面的跳转功能。

① 创建前台的平台控制器并实现跳转。

\application\home\controller\platformController.class.php

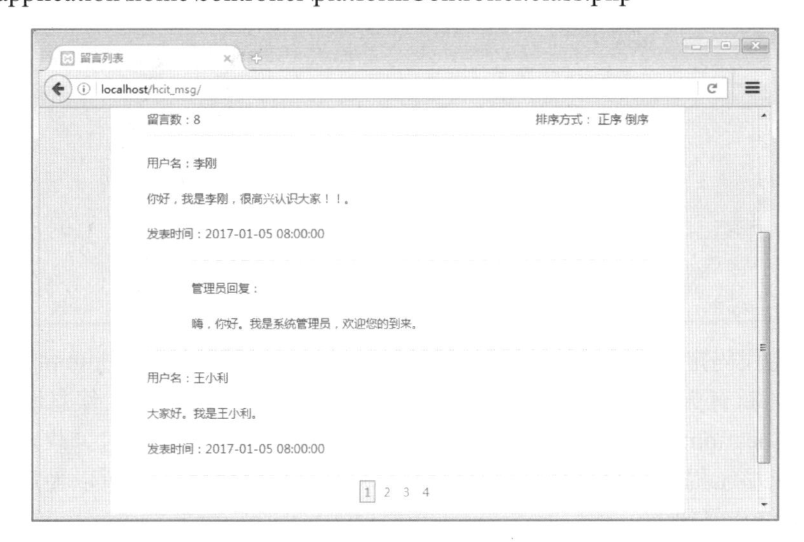

图 5-18　留言列表输出结果

图 5-19 留言列表倒序输出结果

```
1.  <?php
2.  /**
3.   * home 平台控制器
4.   */
5.  class platformController {
6.      /**
7.       * 跳转
8.       * @param   $url  目标 URl
9.       * @param   $msg   提示信息
10.      * @param   $time   提示停留秒数
11.      */
12.     protected function jump($url, $msg = '', $time = 2) {
13.         if ($msg == '') {
14.             //没有提示信息
15.             header('Location:$url');
16.         } else {
17.             //有提示信息
18.             require './application/home/view/jump.html';
19.         }
20.         //终止脚本执行
21.         die;
22.     }
23. }
```

上述代码定义了平台控制器 platformController 和跳转方法 jump()。第 13 行代码判断有无提示信息，使用不同的跳转方式。当没有提示信息时，使用 header('Location:$url'); 方式直接跳转到目标地址，有提示信息时，载入页面视图文件以显示提示信息。由于跳转后当前程序不用继续执行，所以最后使用了 die 语句终止了脚本。

② 创建跳转的视图文件 jump.html，输出提示信息并进行跳转。

\application\home\view\jump.html

```
1.  <!DOCTYPE html>
2.  <html>
3.      <head>
4.          <title>留言板</title>
5.          <meta charset="UTF-8">
6.          <meta http-equiv="refresh" content="<?php echo $time;?>;url=<?php echo
            $url;?>">
7.          <link rel="stylesheet" href="./public/css/home.css">
8.      </head>
9.      <body>
10.         <div id="box">
11.             <h1>留言板</h1>
12.             <div style="font-size: 14px;margin: 40px;">
13.                 <?php echo $msg;?>正在跳转...
14.             </div>
15.         </div>
16.     </body>
17. </html>
```

上述代码中使用 HTML 的方法进行跳转，第 6 行指定跳转的停留秒数和目标地址，第 13 行输出提示信息。

③ 修改 comment 控制器，继承平台控制器，调用 jump()方法进行跳转。

修改 comment 控制器，使 comment 控制器继承平台控制器：

```
class commentController extends platformController{
```

添加留言后，调用 jump()方法实现跳转：

```
1.  //判断是否成功
2.  if ($pass) {
3.       //成功时
4.      $this->jump('index.php','发表留言成功');
5.  } else {
6.      //失败时
7.      $this->jump('index.php','发表留言失败');
8.  }
```

上述代码在调用 jump()方法时传递了两个参数，第 1 个参数是要跳转的目标地址，第 2 个参数是跳转时提示的信息。jump()方法的第 3 个参数是停留的秒数，如果省略这个参数，默认为 2 秒。

④ 测试跳转功能。

发表留言，页面跳转时的效果如图 5-20 所示。

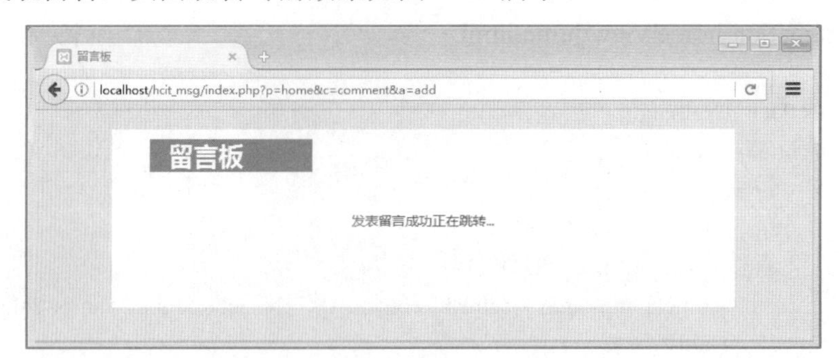

图 5-20 页面跳转效果

微课 5-11
数据分页

5.3.5 数据分页

当留言数量过多时，留言列表应该以分页的形式展示留言，例如一共有 100 条留言，每页显示 15 条留言，则一共需要 7 页进行显示。由于数据分页是项目公用的功能，所以可以在框架中封装一个分页类，用于处理页面导航链接和 SQL 语句中的 LIMIT 条件。下面分步骤讲解分页类的创建和使用。

① 修改配置文件，为前台、后台配置添加每页显示评论数。

\application\config\app.conf.php

```
1.  //前台配置
2.      'home' => array(
3.          'default_controller'=>'comment',//默认控制器
4.          'default_action'=>'list',//默认方法
5.          'pagesize'=>2,//每页评论数
6.      ),
7.  //后台配置
8.      'admin' => array(
9.          'default_controller'=>'comment',//默认控制器
10.         'default_action'=>'list',//默认方法
11.         'pagesize'=>10,//每页评论数
12.     ),
```

② 在框架中封装一个分页类，实现自动生成 LIMIT 和分页导航链接。

\framework\page.class.php

```
1.  <?php
2.  class page {
3.      private $total; //总页数
4.      private $size; //每页记录数
5.      private $url; //URL 地址
6.      private $page; //当前页码
7.      /**
```

```
8.          * 构造方法
9.          * @param $total  总记录数
10.         * @param $size  每页记录数
11.         * @param $url URL 地址
12.         */
13.        public function __construct($total, $size, $url = '') {
14.            //计算页数，向上取整
15.            $this->total = ceil($total / $size);
16.            //每页记录数
17.            $this->size = $size;
18.            //为 URL 添加 GET 参数
19.            $this->url = $this->setUrl($url);
20.            //获得当前页码
21.            $this->page = $this->getNowPage();
22.        }
23.        /**
24.         * 获得当前页码
25.         */
26.        private function getNowPage() {
27.            $page = !empty($_GET['page']) ? $_GET['page'] : 1;
28.            if ($page < 1) {
29.                $this->page = 1;
30.            } else if ($page > $this->total) {
31.                $page = $this->total;
32.            }
33.            return $page;
34.        }
35.        /**
36.         * 为 URL 添加 GET 参数，去掉 page 参数
37.         */
38.        private function setUrl($url) {
39.            $url .="?";
40.            foreach ($_GET as $k => $v) {
41.                if ($k != 'page') {
42.                    $url.="$k=$v&";
43.                }
44.            }
45.            return $url;
46.        }
47.        /**
48.         * 获得分页导航
49.         */
50.        public function getPageList() {
51.            //总页数不超过 1 时直接返回空结果
52.            if ($this->total <= 1) {
```

```
53.                 return '';
54.             }
55.             //拼接分页导航的 HTML
56.             $html = '';
57.             if ($this->page > 4) {
58.                 $html = "<a href=\"{$this->url}page=1\">1</a>...";
59.             }
60.             for ($i = $this->page - 3, $len = $this->page + 3; $i <= $len && $i <=
            $this->total; $i++) {
61.                 if ($i > 0) {
62.                     if ($i == $this->page) {
63.                         $html.="<a href=\"{$this->url}page=$i\" class=\"curr\">
                        $i</a>";
64.                     } else {
65.                         $html.="<a href=\"{$this->url}page=$i\">$i</a>";
66.                     }
67.                 }
68.             }
69.             if ($this->page + 3 < $this->total) {
70.                 $html.="...<a href=\"{$this->url}page={$this->total}\">{$this->total}
                </a>";
71.             }
72.             //返回拼接结果
73.             return $html;
74.         }
75.         /**
76.          * 获得 SQL 中的 limit
77.          */
78.         public function getLimit() {
79.             if ($this->total == 0) {
80.                 return '0,0';
81.             }
82.             return ($this->page - 1) * $this->size . ",{$this->size}";
83.         }
84. }
```

上述代码中，第 13 行的构造方法接收 3 个参数，分别是记录总数、每页显示的记录数和 URL 地址。第 50 行的 getPageList()方法用于获取分页导航链接。第 78 行的 getLimit()方法用于获取 SQL 中的 LIMIT 条件。

③ 在框架基础类中，将分页类添加到自动加载方法的基础类列表中。

\framework\framework.class.php

```
1.  //定义基础类列表
2.  $base_classes = array(
3.  //类名=>所有位置
```

```
4.   'model' => './framework/model.class.php',
5.   'MySQLPDO' => './framework/MySQLPDO.class.php',
6.   'page' => './framework/page.class.php',
7.   );
```

④ 在 comment 控制器的 listAction()方法中实例化并调用分页类。

\application\home\controller\commentController.class.php

```
1.   /**
2.   * 留言列表
3.   */
4.   public function listAction() {
5.   //实例化 comment 模型
6.   $commentModel=new commentModel();
7.   //取得留言总数
8.   $num=$commentModel->getNumber();
9.   //实例化分页类
10.  $page=new page($num, $GLOBALS['config'][PLATFORM]['pagesize']);
11.  //取得所有留言数据
12.  $data=$commentModel->getAll($page->getLimit());
13.  //取得分页导航链接
14.  $pageList=$page->getPageList();
15.  //载入视图文件
16.  require './application/home/view/comment_list.html';
17.  }
```

⑤ 在 comment 模型的 getAll()方法中的 SQL 查询语句中添加 limit 限制。

修改 getAll()方法的参数，接收一个$limit 参数；修改 SQL 查询语句，拼接$limit 条件。

\application\home\model\commentModel.class.php

```
1.   /**
2.   * 留言列表
3.   */
4.   public function getAll($limit) {
5.   //获得排序参数
6.   $order = '';
7.   if (isset($_GET['sort']) && $_GET['sort'] == 'desc') {
8.   $order = ' order by id desc';
9.   }
10.  //拼接 SQL
11.  $sql = "select poster,comment,date,reply from comment $order limit $limit";
12.  //查询结果
13.  $data = $this->db->fetchAll($sql);
14.  return $data;
15.  }
```

⑥ 在视图文件 comment_list.html 中输出分页导航链接。

\application\home\view\comment_list.html

```
1.    <div class= "comments_footer ">
2.        <?php echo $pageList; ?>
3.    </div>
```

⑦ 测试数据分页是否成功。

准备测试数据，分页导航效果如图 5-21 所示。

图 5-21　分页导航效果

从图 5-21 中可以看出，当前页是第 3 页，最多有 6 页。至此，留言列表的分页效果已经实现。

5.4　数据安全处理

在接收到用户提交的表单后，还需要对输入数据进行验证，防止用户输入不合法的数据。数据过滤和防止 SQL 注入是项目中处理数据安全的重点。

5.4.1　数据过滤

微课 5-12
数据过滤

为了防止用户输入的数据非法，需要对每个输入字段进行验证。以下是一种简单的过滤方式，将用户输入的 HTML 代码转换成实体字符。

① 在基础模型类中增加过滤方法，实现对$_POST 数组的过滤。

\framework\model.class.php

```
1.    /**
2.     * 输入过滤
3.     * @param $arr   需要处理的字段
4.     * @param   $func  用于处理的函数
```

```
5.      */
6.    protected function filter($arr, $func) {
7.          foreach ($arr as $v) {
8.                //指定默认值
9.                if (!isset($_POST[$v])) {
10.                     $_POST[$v] = '';
11.               }
12.               //调用处理函数
13.               $_POST[$v] = $func($_POST[$v]);
14.         }
15.   }
```

② 在 comment 模型的 insert()方法中，对输入数据进行过滤。

\application\home\model\commentModel.class.php

```
1.    //输入过滤
2.    $this->filter(array('poster','mail','comment'), 'htmlspecialchars');
3.    $this->filter(array('comment'), 'nl2br');
4.    //接收输入数据
5.    $data['poster'] = $_POST['poster'];
6.    $data['mail'] = $_POST['mail'];
7.    $data['comment'] = $_POST['comment'];
```

在上述代码中，第 2 行通过调用 filter()方法，将$_POST 数组中的 poster、mail 和 comment 元素使用 htmlspecialchars()函数进行了 HTML 实体转换。第 3 行同样调用 filter()方法，使用 nl2br()函数将留言内容中的换行符转换为 HTML 的
标签。

③ 测试过滤功能。在留言中输入 HTML 代码，提交后如图 5-22 所示。

图 5-22　输入数据过滤

从图 5-22 中可以看出，用户输入的 HTML 代码没有被浏览器解析。

上面讲解的是基本的输入过滤，在真实项目中还需要验证每个输入字段的

微课 5-13
防止 SQL 注入

长度、格式等是否符合要求。

5.4.2 防止 SQL 注入

当 PHP 接收到用户提交的表单后，如果没有进行安全处理，直接拼接到 SQL 语句中执行，就会产生严重的安全漏洞。SQL 注入就是利用这一漏洞，通过提交恶意代码，破坏原有的 SQL 语句执行，从而威胁网站的安全。

运用 PDO 预处理语句，可以有效防止 SQL 注入。

① 在 MySQLPDO 类中加入预处理语句的支持。

\framework\MySQLPDL.class.php

```
1.    /**
2.     * 预处理方式执行 SQL
3.     * @param $sql string 执行的 SQL 语句
4.     * @param $data array 数据数组
5.     * @param &$flag bool 是否执行成功
6.     * @return object PDOStatement
7.     */
8.     public function execute($sql,$data,&$flag=true){
9.         $stmt = $this->db->prepare($sql);
10.        $flag = $stmt->execute($data);
11.        return $stmt;
12.    }
```

上述代码中定义了一个 execute()方法，该方法用预处理的方式执行 SQL 语句。参数$sql 表示需要执行的 SQL 语句，参数$data 表示需要保存到数据库中的数据，参数$flag 是可选参数，表示 SQL 是否执行成功。返回结果为 PDOstatement 对象。

在完成预处理执行 SQL 的方法后，将 fetchRow()和 fetchAll()两个方法也替换为预处理的方式，修改后的代码如下。

```
1.    public function fetchRow($sql,$data=array()){
2.        return $this->execute($sql,$data)->fetch(PDO::FETCH_ASSOC);
3.    }
4.    public function fetchAll($sql,$data=array()){
5.        return $this->execute($sql,$data)->fetchAll(PDO::FETCH_ASSOC);
6.    }
```

上述代码将 query()方法修改为更安全的 execute()方法，并增加可选参数$data，用于传送数据。

② 在 comment 模型的 insert()方法中调用预处理执行 SQL 的方法。

\application\home\model\commentModel.class.php

```
1.    // 拼接 SQL 语句
2.    $sql = "insert into comment set ";
```

```
3.    foreach ($data as $k => $v) {
4.    $sql.="$k=:$k,";
5.    }
6.    $sql = rtrim($sql, ','); //删除最右边的逗号
7.    //通过预处理执行 SQL
8.    $this->db->execute($sql,$data,$flag);
9.    //返回是否执行成功
10.   return $flag;
```

上述代码中拼接的 SQL 语句已经改为预处理的格式，然后调用 MySQLPDO 对象中的 execute()方法，将预处理的 SQL 语句和需要保存的数据分开传送，从而实现防止 SQL 注入。

③ 测试系统能否防止 SQL 注入。

在留言中输入 SQL 语句中的特殊字符（如单引号），运行结果如图 5-23 所示。

图 5-23　防止 SQL 注入

从图 5-23 中可以看出，带有特殊字符的留言已经发表成功，系统可以防止 SQL 注入。

5.5　后台模块实现

5.5.1　用户登录

微课 5-14
用户登录

后台是管理员留言的平台，只有管理员有权进入后台。所以在访问后台时，需要先验证管理员的账号和密码，只有登录后才能进入后台。

下面讲解在 MVC 项目中实现后台用户登录。

① 在后台的平台控制器中验证用户是否登录。

\application\admin\controller\platformController.class.php

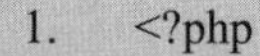

```
1.    <?php
2.    /**
3.     * admin 平台控制器
4.     */
```

```
5.  class platformController{
6.      /**
7.       * 构造方法
8.       */
9.      public function __construct(){
10.         $this->checkLogin();
11.     }
12.     /**
13.      * 验证当前用户是否登录
14.      */
15.     private function checkLogin(){
16.         //login 方法不需要验证
17.         if(CONTROLLER=='admin' && ACTION=='login'){
18.             return ;
19.         }
20.         //通过 SESSION 判断是否登录
21.         session_start();
22.         if(!isset($_SESSION['admin'])){
23.             //未登录跳转到 login 方法
24.             $this->jump('index.php?p=admin&c=admin&a=login');
25.         }
26.     }
27.     /**
28.      * 跳转方法
29.      */
30.     protected function jump($url){
31.         header("Location: $url");
32.         die;
33.     }
34. }
```

在上述代码中，当后台的控制器被实例化时，就会自动调用构造方法，构造方法调用了 checkLogin()方法检查当前用户是否登录，第 21 行～第 25 行代码通过判断 SESSION 验证用户是否登录，未登录时跳转到 admin 控制器中的 login()方法，然后在第 17 行～第 19 行代码中排除了不需要验证的 login()方法。

② 创建 admin 控制器并实现用户登录和退出的方法。

\application\admin\controller\adminController.class.php

```
1.  <?php
2.  /**
3.   * 管理员模块控制器类
4.   */
5.  class adminController extends platformController {
6.      /**
7.       * 登录方法
```

```
8.          */
9.      public function loginAction() {
10.         //判断是否有表单提交
11.         if (!empty($_POST)) {
12.             //实例化 admin 模型
13.             $adminModel = new adminModel();
14.             //调用验证方法
15.             if ($adminModel->checkByLogin()) {
16.                 //登录成功
17.                 session_start();
18.                 $_SESSION['admin'] = 'yes';
19.                 //跳转
20.                 $this->jump('index.php?p=admin');
21.             } else {
22.                 //登录失败
23.                 die('登录失败，用户名或密码错误。');
24.             }
25.         }
26.         //载入视图文件
27.         require('./application/admin/view/admin_login.html');
28.     }
29.     /**
30.      * 退出方法
31.      */
32.     public function logoutAction() {
33.         $_SESSION = null;
34.         session_destroy();
35.         //跳转
36.         $this->jump('index.php?p=admin');
37.     }
38. }
```

在上述代码中，当 loginAction()方法没有收到 POST 请求时，就会载入视图文件显示登录页面，反之，则对接收到的登录表单进行验证。验证成功时创建 SESSION 并跳转到后台默认的控制器和方法，验证失败则输出失败提示并停止脚本。此处可参考前台的跳转方法自行完善后台的页面跳转。

③ 创建 admin 模型并实现 checkByLogin()方法。

\application\admin\model\adminModel.class.php

```
1.  <?php
2.  /**
3.   * admin 模型类
4.   */
5.  class adminModel extends model{
```

```
6.          /**
7.           * 验证登录
8.           */
9.          public function checkByLogin(){
10.                 //过滤输入数据
11.                 $this->filter(array('username','password'),'trim');
12.                 //接收输入数据
13.                 $username = $_POST['username'];
14.                 $password = $_POST['password'];
15.                 //通过用户名查询密码信息
16.                 $sql = 'select password,salt from admin where username=:username';
17.                 $data = $this->db->fetchRow($sql,array(':username'=>$username));
18.                 //判断用户名和密码
19.                 if(!$data){
20.                         //用户名不存在
21.                         return false;
22.                 }
23.                 //返回密码比较结果
24.                 return md5($password.$data['salt']) == $data['password'];
25.         }
26. }
```

在上述代码中，第 11 行代码使用 trim 函数过滤输入数据。第 16 行代码通过用户名查询密码和 salt 信息。第 24 行代码将用户输入的密码加密后同数据库中的加密密码进行比较，即将原文密码与 salt 字符串连接，然后使用 md5()函数加密，从而生成难以逆向破解的加密密码。

④ 在数据库 admin 表中插入管理记录。

```
insert into 'admin' values (null, 'admin', MD5('123456'),'Hcit');
```

在上述 SQL 语句中，管理员的用户名为 admin，密码为 123456，密码的 salt 为 Hcit，密码使用 MD5 的方式进行加密。

⑤ 制作后台登录页面视图文件。

\application\admin\view\admin_login.html

```
1.  <!DOCTYPE html>
2.  <html>
3.      <head>
4.          <meta charset="UTF-8">
5.          <title>留言板后台</title>
6.          <link rel="stylesheet" href="./public/css/admin.css">
7.      </head>
8.      <body>
9.          <div id="box">
```

```
10.                 <h1>留言板后台</h1>
11.                 <div id="loginbox">
12.                     <form method="post" action="">
13.                         用户名：<input name="username" type="text" class="input" />
14.                         密码：<input name="password" type="password" class=
                            "input" />
15.                         <input type="submit" value="登录" class="button" />
16.                     </form>
17.                 </div>
18.             </div>
19.         </body>
20. </html>
```

上述代码是一个简单的 HTML 登录页面，其中外链了后台公用样式文件 admin.css。

⑥ 后台样式文件 admin.css。

\public\css\admin.css

```
1.  body,h1,textarea,input,ul{margin:0;padding:0;}
2.  ul{list-style:none;}
3.  body{background:#eaedee;text-align:center;font-size:13px;}
4.  h1{margin:20px;}
5.  a{text-decoration:none; color:#416FA9;}
6.  a:hover{text-decoration:none; color:#618FC9;}
7.  .button{width:45px;height:22px;margin:0 5px;}
8.  .center{text-align:center;}
9.  #box{color:#666;width:70%;background:#fff;margin:20px  auto;padding:10px  5%
    40px;}
10. #loginbox .input{width:120px;height:18px;}
11. #info{margin-bottom:10px;}
12. #comment .list{text-align:left;margin-bottom:15px;border:1px dotted #999;border-
    bottom:0;}
13. #comment .list li{padding:10px;border-bottom:1px dotted #999;}
14. #comment .right{float:right;}
15. #comment .reply{text-align:left; width:80%;margin:0 auto;}
16. #comment .reply li{padding:10px;}
17. #comment .reply .top{vertical-align:top;}
18. #comment .reply textarea{width:80%;height:50px;}
19. #comment .reply .input{width:150px;}
20. #footer a{border:1px solid #fff;color:#999;padding:2px 4px;margin:0 2px;line-
    height:20px;}
21. #footer a:hover{background:#f0f0f0;border:1px solid #999;}
22. #footer .curr{background:#f0f0f0;border:1px solid #999;}
```

⑦ 测试用户登录功能。

使用浏览器访问后台，运行结果如图 5-24 所示。

图 5-24 后台登录页面

当输入正确的用户名和密码后，单击“登录”按钮提交表单，登录成功后自动跳转到后台 comment 控制器中的 list()方法，说明登录成功。至此就实现了后台用户登录。

5.5.2 留言列表

微课 5-15
后台留言列表

留言列表是后台的默认首页，管理员在留言列表中可以查看留言者的邮箱和 IP 地址等信息，同时能够在列表中通过链接对留言进行管理操作。实现后台留言列表的步骤和前台类似。

① 创建后台 comment 控制器和 listAction()方法。

\application\admin\controller\commentController.class.php

```
1.  <?php
2.  /**
3.   * 留言模块控制器类
4.   */
5.  class commentController extends platformController {
6.      /**
7.       * 留言列表
8.       */
9.      public function listAction() {
10.         //实例化 comment 模型
11.         $commentModel = new commentModel();
12.         //取得留言总数
13.         $num = $commentModel->getNumber();
14.         //实例化分页类
15.         $page = new page($num, $GLOBALS['config'][PLATFORM]['pagesize']);
16.         //取得所有留言数据
17.         $data = $commentModel->getAll($page->getLimit());
18.         //取得分页导航链接
19.         $pageList = $page->getPageList();
20.         require './application/admin/view/comment_list.html';
21.     }
22. }
```

② 创建后台 comment 模型和控制器中用到的相关方法。

\application\admin\model\commentModel.class.php

```
1.  <?php
2.  /**
3.   * comment 模型类
4.   */
5.  class commentModel extends model {
6.      /**
7.       * 留言列表
8.       */
9.      public function getAll($limit) {
10.         //拼接 SQL
11.         $sql = "select id,poster,comment,date,reply,mail,ip from comment order by
            id desc limit $limit";
12.         $data = $this->db->fetchAll($sql);
13.         return $data;
14.     }
15.     /**
16.      * 留言总数
17.      */
18.     public function getNumber() {
19.         $data = $this->db->fetchRow("select count(*) from comment");
20.         return $data['count(*)'];
21.     }
22. }
```

③ 制作后台留言列表视图文件。

\applicaton\admin\view\comment_list.html

```
1.  <!DOCTYPE html>
2.  <html>
3.  <head>
4.      <meta charset="UTF-8">
5.      <title>留言板后台</title>
6.      <link rel="stylesheet" href="./public/css/admin.css">
7.  </head>
8.  <body>
9.  <div id="box">
10.     <h1>后台管理页面</h1>
11.   <div id="info">欢迎您：admin   <a href="index.php?p=admin&c=admin&a=
      logout">退出</a></div>
12.     <div id="comment">
13.         <?php foreach ($data as $v): ?>
14.         <ul class="list">
```

```
15.            <li>作者：<?php echo $v['poster'] ?>  邮箱<?php echo $v['mail'] ?>   IP:
               <?php echo $v['ip']; ?>
16.                  <span class='right'>
17.          <a href="index.php?p=admin&c=comment&a=reply&id=<?php echo $v['ip'];
             ?>">回复/修改</a>
18.          <a href="index.php?p=admin&c=comment&a=deleted&id=<?php echo $v['ip'];
             ?>">删除</a>
19.                    </span>
20.                 </li>
21.                 <li><?php echo $v['comment'] ?></li>
22.                 <li>
23.                       <span class="right">发表时间：<?php echo $v['date'];
                          ?></span>
24.                       管理员回复：<br><?php echo $v['reply']; ?>
25.                 </li>
26.              </ul>
27.          <?php endforeach; ?>
28.       </div>
29.       <div id="footer">
30.          <?php echo $pageList; ?>
31.       </div>
32.    </div>
33.    </body>
34.    </html>
```

④ 在浏览器中访问，运行效果如图 5-25 所示。

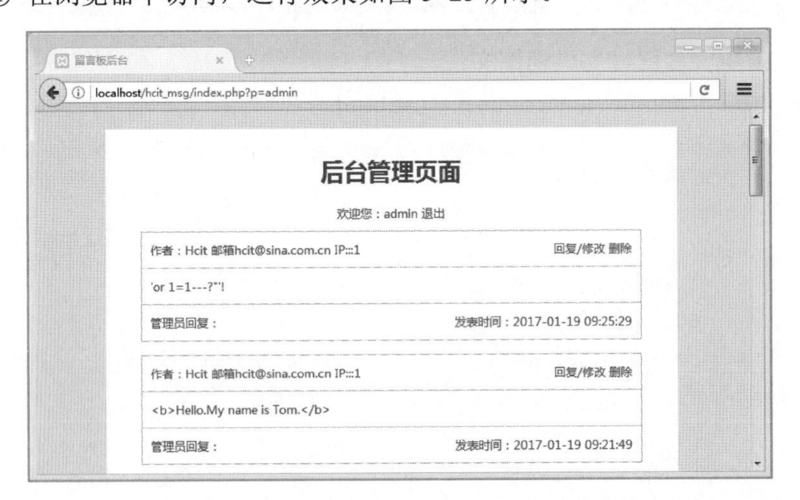

图 5-25 后台留言列表

在图 5-25 中可以看出，留言列表功能已经实现。同时此页面还加入了管理员退出链接，每条留言的回复、修改和删除链接，以便于使用。其中，“退出”指向 amdin 控制器下的 logout 方法；“回复/修改”指向 comment 控制器下的 reply 方法，并传递留言 ID；“删除”指向 comment 控制器下的 delete 方法，并传递留言 ID。

5.5.3 留言回复与修改

微课 5-16
留言回复与修改

留言的回复与修改都是对数据表中的记录进行更新操作。修改时，首先通过 GET 参数传递需要修改的留言 ID，然后在表单中显示该条留言的原数据，当提交表单后更新数据表中的值。实现留言的回复与修改。

① 在 comment 控制器中增加 replyAction()方法和 saveAction()方法，分别用于展示表单和接收表单。

\application\admin\controller\commentController.class.php

```
1.  /**
2.   * 回复/修改
3.   */
4.  public function replyAction() {
5.      if (!isset($_GET['id'])) {
6.          return false;
7.      }
8.      //实例化 comment 模型
9.      $commentModel = new commentModel();
10.     //取得指定 Id 的记录
11.     $data = $commentModel->getById();
12.     if ($data == false) {
13.         die('找不到这条记录。');
14.     }
15.     //载入视图文件
16.     require './application/admin/view/comment_reply.html';
17. }
18. /**
19.  * 更新留言
20.  */
21. public function updateAction() {
22.     if (empty($_POST)) {
23.         return false;
24.     }
25.     //实例化 comment 模型
26.     $commentModel = new commentModel();
27.     //更新记录
28.     if ($commentModel->save()) {
29.         $this->jump('index.php?p=admin&c=comment&a=list');
30.     } else {
31.         die('更新失败。');
32.     }
33. }
```

② 在 comment 模型中增加 getById()方法和 save()方法，分别用于取得指定 ID 记录和更新记录。

\application\admin\model\commentModel.class.php

```
1.  /**
2.   * 取得指定 ID 记录
3.   */
4.  public function getById() {
5.      $id = (int) $_GET['id'];
6.      $sql = "select poster,comment,reply,mail from comment where id=$id";
7.      $data = $this->db->fetchRow($sql);
8.      //处理换行符
9.      if ($data != false) {
10.         $data['comment'] = str_replace('<br />', '', $data['comment']);
11.         $data['reply'] = str_replace('<br />', '', $data['reply']);
12.     }
13.     return $data;
14. }
15. /**
16.  * 更新记录
17.  */
18. public function save() {
19.     //输入过滤
20.     $this->filter(array('id'), 'intval');
21.     $this->filter(array('poster', 'mail', 'comment', 'reply'), 'htmlspecialchars');
22.     $this->filter(array('comment', 'reply'), 'nl2br');
23.     //接收输入变量
24.     $id = $_POST['id'];
25.     $data['poster'] = $_POST['poster'];
26.     $data['mail'] = $_POST['mail'];
27.     $data['comment'] = $_POST['comment'];
28.     $data['reply'] = $_POST['reply'];
29.     //拼接 SQL 语句
30.     $sql = "update comment set ";
31.     foreach ($data as $k => $v) {
32.         $sql.="$k=:$k,";
33.     }
34.     $sql = rtrim($sql, ','); //去掉最右边的逗号
35.     $sql.=" where id=$id";
36.     //通过预处理执行 SQL 语句
37.     $this->db->execute($sql,$data,$flag);
38.     //返回是否执行成功
39.     return $flag;
40. }
```

③ 制作留言回复与修改的视图文件。

\application\admin\view\comment_reply.html

```
1.  <!DOCTYPE html>
2.  <html>
3.  <head>
4.      <meta charset="UTF-8">
```

```
5.          <title>留言板后台</title>
6.          <link rel="stylesheet" href="./public/css/admin.css">
7.     </head>
8.     <body>
9.     <div id="box">
10.         <h1>留言板后台</h1>
11.         <div id="comment">
12.             <form method="post" action="index.php?p=admin&c=comment&a=update">
13.                 <ul class="reply">
14.                     <li>用户：<input name="poster" type="text" class="input"
                        value="<?php echo $data['poster']; ?>"></li>
15.                     <li>邮箱：<input name="mail" type="text" class="input" value=
                        "<?php echo $data['mail']; ?>"></li>
16.                     <li class="top">留言：
17.                         <textarea name="comment"><?php echo $data['comment'];
                            ?></textarea>
18.                     </li>
19.                     <li class="top">回复：
20.                         <textarea name="reply"><?php echo $data['reply']; ?>
                            </textarea>
21.                     </li>
22.                     <li class="center">
23.                         <input type="reset" value="重置" class="button">
24.                         <input type="submit" value="保存" class="button">
25.                     </li>
26.                 </ul>
27.                 <input type="hidden" name="id" value="<?php echo $_GET['id']; ?>">
28.             </form>
29.         </div>
30.     </div>
31.     </body>
32.     </html>
```

④ 测试留言回复与修改功能。运行结果如图 5-26 所示。

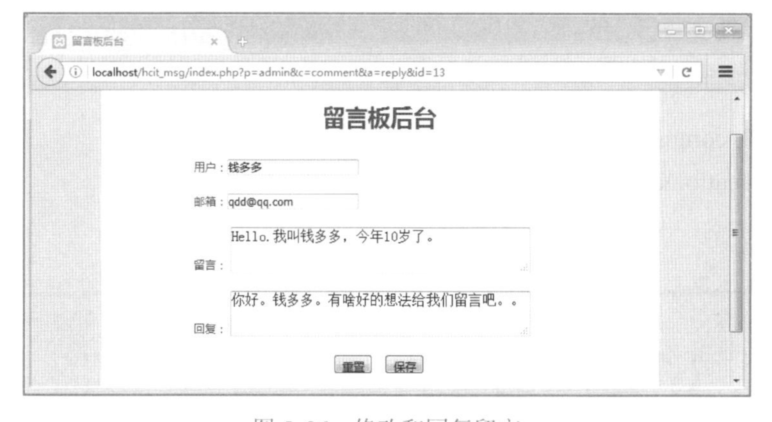

图 5-26 修改和回复留言

从图 5-27 可以看出，留言回复和修改功能已经实现。

图 5-27 前台显示结果

微课 5-17
留言删除

5.5.4 留言删除

留言删除的原理和留言修改类似，都是通过 GET 参数决定需要操作的留言的 ID。下面分步骤实现留言删除的具体过程。

① 在 comment 控制器中增加 deleteAction()方法，用于删除指定 ID 的留言。

\application\admin\controller\commentController.class.php

```
1.  /**
2.   * 删除留言
3.   */
4.  public function deleteAction() {
5.      if (!isset($_GET['id'])) {
6.          return false;
7.      }
8.      //实例化 comment 模型
9.      $commentModel = new commentModel();
10.     //删除指定 ID 记录
11.     if ($commentModel->deleteById()) {
12.         //完成跳转
13.         $this->jump('index.php?p=admin&c=comment&a=list');
14.     } else {
15.         die('删除留言失败。');
16.     }
17. }
```

② 在 comment 模型中增加 deleteById()方法。

\application\admin\model\commentModel.class.php

```
1.  /**
2.   * 删除指定 ID 记录
3.   */
4.  public function deleteById() {
5.      $id = (int) $_GET['id'];
6.      $sql = "delete from comment where id=:id";
7.      //通过预处理执行 SQL 语句
8.      $this->db->execute($sql, array(':id' => $id), $flag);
9.      var_dump($sql);
```

```
10.         return $flag;
11.     }
```

③ 测试删除功能。当删除成功后跳转到后台 comment 控制器中的 list 方法，指定 ID 的留言记录已经从数据库中删除。

至此，留言板项目的后台管理功能已经实现。项目还可以继续扩展更多的功能，如前台用户注册、验证码等，但是项目结构不会发生改变，这也是使用 MVC 框架模式开发的优势之一。

任务 5.2 学生管理系统

ThinkPHP 是一个由国人开发的开源 PHP 框架，是为了简化企业级应用开发和敏捷 Web 应用开发而诞生的。本任务将运用 ThinkPHP 开发学生管理系统，围绕 ThinkPHP 的使用进行详细讲解。

5.6 ThinkPHP 框架

5.6.1 ThinkPHP 框架引入

在开发一个 Web 项目的时候，项目负责人往往需要考虑很多事情。例如，开发时文件的命名规范、文件的存放规则，并提供各类基础功能类。这些准备工作是十分重要且消耗时间的，那么有什么办法可以帮助人们快速完成项目基础搭建呢？

实际在 Web 项目中，可以通过 PHP 框架来解决这个问题。PHP 框架就是一种可以在项目开发过程中，提高开发效率，创建更为稳定的程序，并减少开发者重复编写代码的基础架构。在学生管理系统中，可以使用众多 PHP 框架中的一种—ThinkPHP 框架来演示 PHP 框架在项目中的使用。

ThinkPHP 是一个快速、兼容而且简单的轻量级国产 PHP 开发框架，诞生于 2006 年初，原名 FCS，2007 年元旦正式更名为 ThinkPHP，遵循 Apache2 开源协议发布，从 Struts 结构移植过来并做了改进和完善，同时也借鉴了国外很多优秀的框架和模式，使用面向对象的开发结构和 MVC 模式，融合了 Struts 的思想和 TagLib（标签库）、RoR 的 ORM 映射和 ActiveRecord 模式。

ThinkPHP 可以支持 windows/Unix/Linux 等服务器环境，正式版需要 PHP5.0 以上版本支持，支持 MySQL、PgSQL、Sqlite 多种数据库以及 PDO 扩展。

5.6.2 ThinkPHP 简单使用

微课 5-18
ThinkPHP 简单使用

由于 ThinkPHP 的灵活、高效和完善的技术文档，经过多年的发展，已经成为国内最受欢迎的 PHP 框架。

1. 下载 ThinkPHP

读者可以在 http://www.thinkphp.cn/页面上下载 ThinkPHP 文件压缩包，本

任务将使用 ThinkPHP 中较稳定的 3.2.3 完整版进行讲解，下载页面如图 5-28 所示。

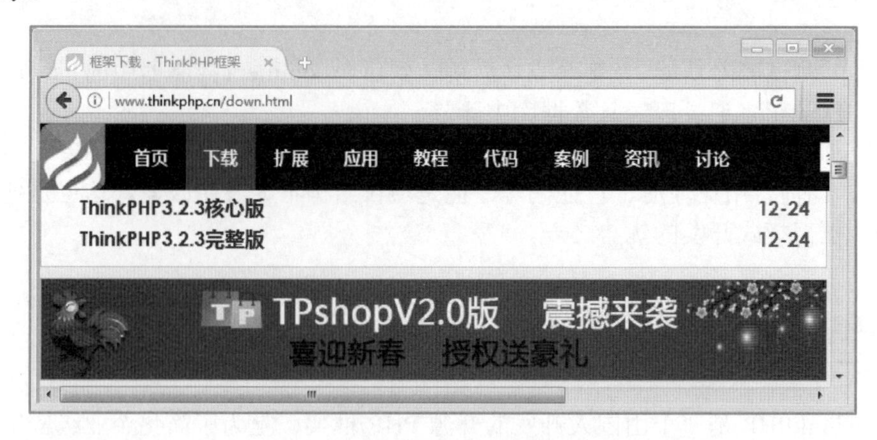

图 5-28 ThinkPHP 下载页面

单击图 5-28 中的“ThinkPHP3.2.3 完整版”超链接，将下载 ThinkPHP 框架压缩包，压缩包解压后有多个文件及文件夹，其中 ThinkPHP 文件夹为 ThinkPHP 框架的核心文件目录。

2. 使用 ThinkPHP

ThinkPHP 不需要安装，只需要将解压的文件放到项目目录下即可，默认情况下，3.2 版本的框架已经自带了一个应用入口文件，通过浏览器访问该入口文件即可，具体步骤如下。

（1）创建项目目录

在 Apache 服务器站点根目录下创建 hcit_student 作为项目的根目录，将解压后的全部文件移动到该目录下，如图 5-29 所示。

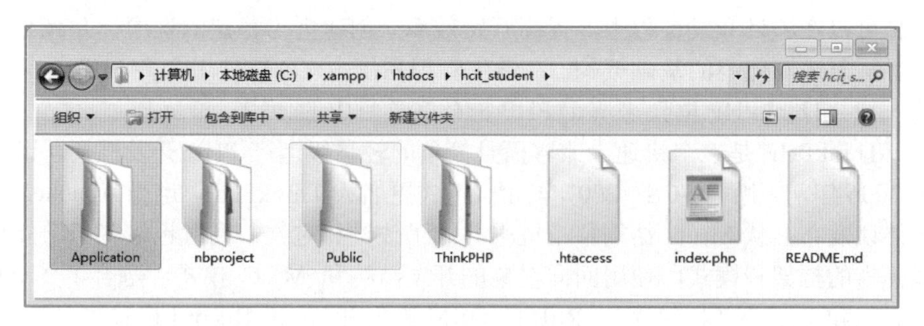

图 5-29 包含 ThinkPHP 框架的项目目录

（2）访问入口文件 index.php

ThinkPHP 框架采用单一入口模式进行项目部署和访问，所有应用都是从入口文件开始的。打开浏览器，访问 http://localhost/hcit_student/index.php/，运行结果如图 5-30 所示。

如果浏览器出现如图 5-30 所示的画面，说明 ThinkPHP 框架已经可以正常使用。此时 ThinkPHP 会在 Application 目录下自动生成几个目录文件，如图 5-31 所示。

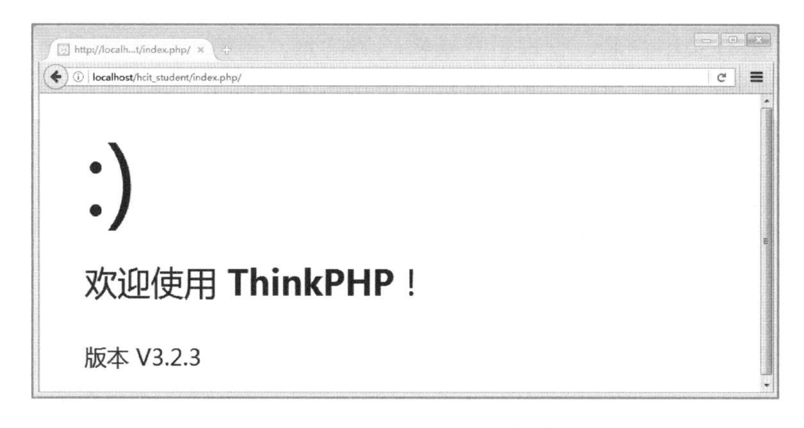

图 5-30　ThinkPHP 运行结果

接下来开发者就可以在相应的目录中编写代码文件了。不过需要注意的是，ThinkPHP3.2 框架要求 PHP 版本在 5.3 以上时才可以使用。

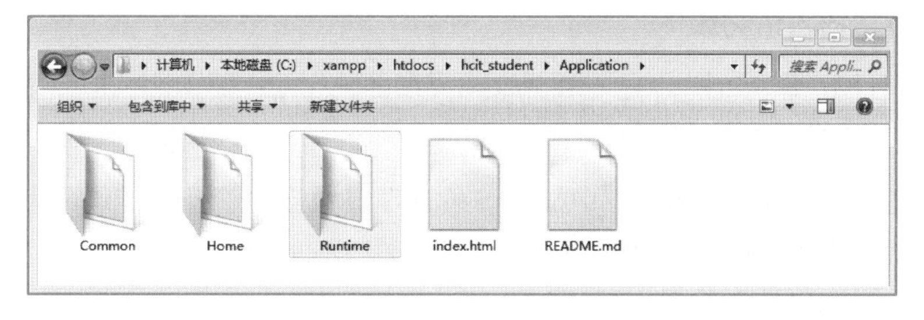

图 5-31　ThinkPHP 自动生成的目录

5.7　管理员登录

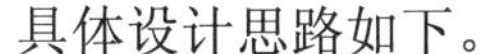

微课 5-19
管理员登录

5.7.1　设计思路

在学生管理系统中，首先要实现一个管理员登录功能。该功能是为了防止没有权限的用户任意登录学生管理系统进行操作。下面就使用 ThinkPHP 框架对这一功能进行快速开发。

具体设计思路如下。

① 创建管理员表，插入管理员信息。

② 在配置文件中配置数据库连接信息。

③ 创建 Admin 模块用于开发后台功能。

④ 在 Admin 模块中创建后台登录控制器，编写 index()方法。

⑤ 编写 login()方法，该方法用来验证管理员是否合法。

⑥ 编写 login.html 视图文件，该文件提供管理员登录表单。

5.7.2　功能实现

（1）创建管理员表，插入管理员信息

为了实现管理员登录功能，需要在数据库中创建一个管理员表。该表用来

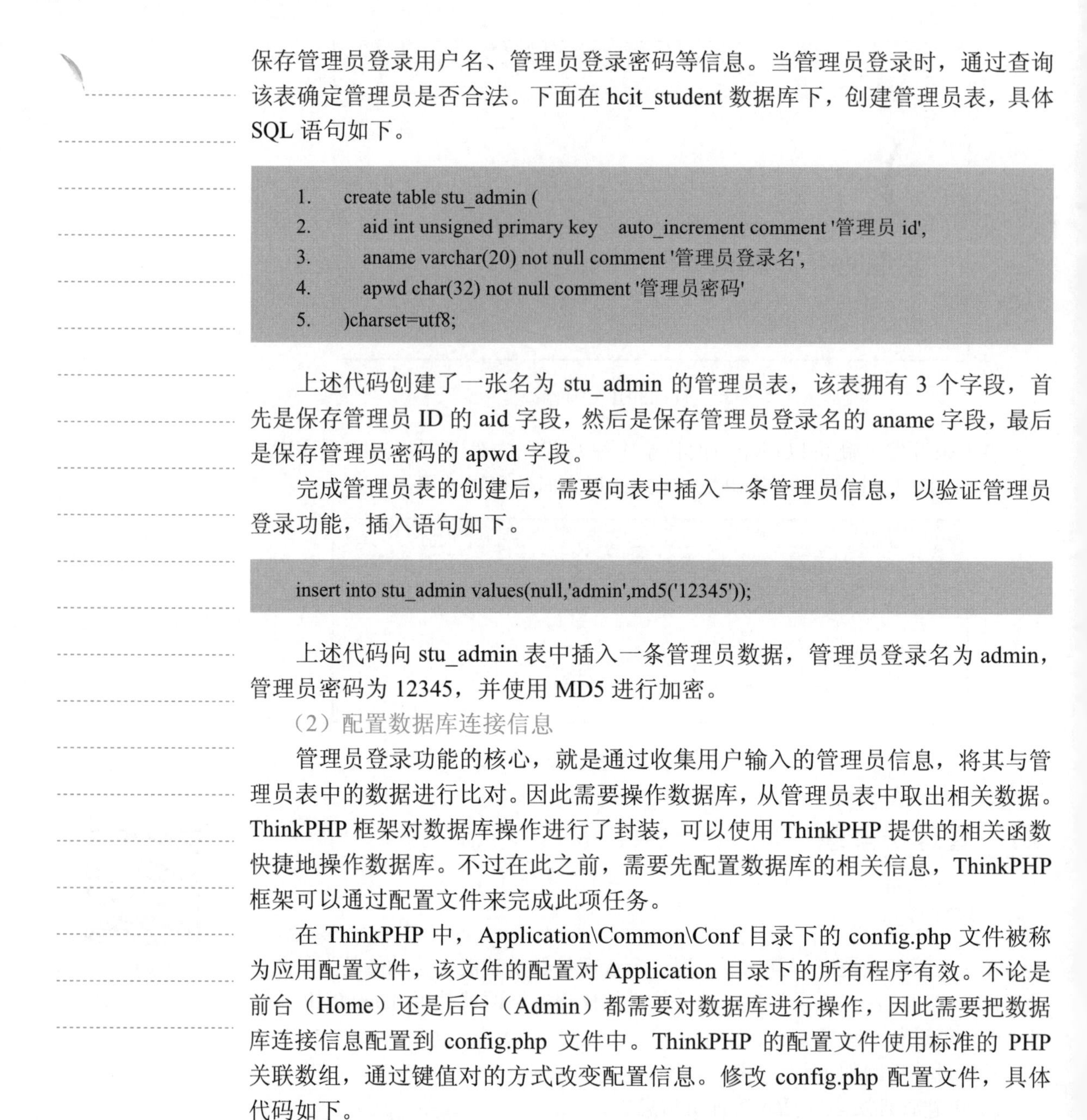

保存管理员登录用户名、管理员登录密码等信息。当管理员登录时，通过查询该表确定管理员是否合法。下面在 hcit_student 数据库下，创建管理员表，具体 SQL 语句如下。

```
1.  create table stu_admin (
2.      aid int unsigned primary key    auto_increment comment '管理员 id',
3.      aname varchar(20) not null comment '管理员登录名',
4.      apwd char(32) not null comment '管理员密码'
5.  )charset=utf8;
```

上述代码创建了一张名为 stu_admin 的管理员表，该表拥有 3 个字段，首先是保存管理员 ID 的 aid 字段，然后是保存管理员登录名的 aname 字段，最后是保存管理员密码的 apwd 字段。

完成管理员表的创建后，需要向表中插入一条管理员信息，以验证管理员登录功能，插入语句如下。

```
insert into stu_admin values(null,'admin',md5('12345'));
```

上述代码向 stu_admin 表中插入一条管理员数据，管理员登录名为 admin，管理员密码为 12345，并使用 MD5 进行加密。

（2）配置数据库连接信息

管理员登录功能的核心，就是通过收集用户输入的管理员信息，将其与管理员表中的数据进行比对。因此需要操作数据库，从管理员表中取出相关数据。ThinkPHP 框架对数据库操作进行了封装，可以使用 ThinkPHP 提供的相关函数快捷地操作数据库。不过在此之前，需要先配置数据库的相关信息，ThinkPHP 框架可以通过配置文件来完成此项任务。

在 ThinkPHP 中，Application\Common\Conf 目录下的 config.php 文件被称为应用配置文件，该文件的配置对 Application 目录下的所有程序有效。不论是前台（Home）还是后台（Admin）都需要对数据库进行操作，因此需要把数据库连接信息配置到 config.php 文件中。ThinkPHP 的配置文件使用标准的 PHP 关联数组，通过键值对的方式改变配置信息。修改 config.php 配置文件，具体代码如下。

```
1.  <?php
2.  return array(
3.      //'配置项'=>'配置值'
4.      'DB_TYPE' => 'mysql', //数据库类型
5.      'DB_HOST' => 'localhost', //服务器地址
6.      'DB_NAME' => 'hcit_student', //数据库名
7.      'DB_USER' => 'root', //用户名
8.      'DB_PWD' => '', //密码
9.      'DB_PORT' => '3306', //端口
```

```
10.        'DB_PREFIX' => 'stu_', //数据库表前缀
11.        'DB_CHARSET' => 'utf8', //数据库编码，默认采用 utf8
12.  );
```

上述代码就是对数据库的简单配置，其中第 4 行～第 11 行代码是完成数据库连接需要的主要参数。其中第 10 行代码用来填写数据表前缀，该功能是考虑到在某些情况下，同一个数据库中存在不同项目的数据表，那么就要通过为表添加前缀来区分所属项目。

（3）创建 Admin 模块

管理员登录功能属于项目的后台功能，因此需要在 Application 目录下的 Admin 模块下进行编写。而 ThinkPHP 默认并没有创建 Admin 模块，需要手动创建 Admin 目录和其子目录，创建目录如图 5-32 所示。

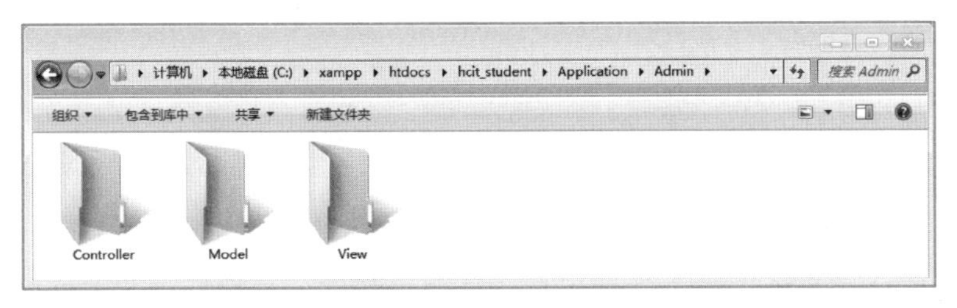

图 5-32 Admin 模块

（4）创建后台登录控制器，编写 index()方法

按下来创建 Application\Admin\Controller\IndexController.class.php 文件，编写 index()方法，具体代码如下。

```
1.  <?php
2.  namespace Admin\Controller; //当前控制器命名空间
3.  use Think\Controller; //引入命名空间
4.  class IndexController extends Controller {
5.        public function index() {
6.              if ($admin_name = session('admin_name')) {
7.                    $this->assign('admin_name', $admin_name);
8.                    $this->display();
9.              } else {
10.                   $this->error('非法用户，请先登录！', U('login'));
11.             }
12.       }
13. }
```

上述代码就是创建了 Admin 模块下的 Index 控制器，其中第 2 行代码表示当前控制器所属的命名空间，第 3 行代码表示要引入的命名空间。

第 5 行～第 12 行代码定义了 index()方法，当用户访问后台模块并且没有指定操作时，系统就会自动调用该方法。这个方法的作用就是，通过 Session 信息判断是否有用户登录，如果有用户登录，则显示视图文件 index.html；如果没有，则跳转到 index 控制器的 login()方法。

（5）编写视图文件 index.html

创建 Application\Admin\View\Index\index.html 视图文件，用来显示登录者的用户名，具体代码如下。

```
1.  <!DOCTYPE html>
2.  <html>
3.      <head>
4.          <title>学生管理系统</title>
5.          <meta charset="UTF-8">
6.          <meta name="viewport" content="width=device-width, initial-scale=1.0">
7.      </head>
8.      <body>
9.          <h2>{$admin_name}，您好！欢迎使用学生管理系统。</h2>
10.     </body>
11. </html>
```

（6）编写 login()方法

在 Application\Admin\Controller\IndexController.class.php 文件中，添加 login()方法，该方法提供了管理员合法性验证功能，具体代码如下。

```
1.  public function login() {
2.      if (IS_POST) {
3.          $adminModel = M('admin');
4.          $adminInfo = $adminModel->create();
5.          $where = array('aname' => $adminInfo['aname']);
6.          if ($realPwd = $adminModel->where($where)->getField('apwd')) {
7.              if ($realPwd == md5($adminInfo['apwd'])) {
8.                  session('admin_name', $adminInfo['aname']);
9.                  $this->success('用户合法，登录中，请稍候', U('index'));
10.             }
11.         }
12.         $this->error('用户名或密码不正确，请重试！');
13.         return;
14.     }
15.     $this->display();
16. }
```

在上述代码中，通过第 2 行代码判断是否有 POST 数据，如果没有，则执行第 15 行代码显示管理员登录表单。当有 POST 数据提交时，使用 M()方法实例化模型类对象，并指定要操作的数据表为 stu_admin 表。在获取了模型对象后，通常使用 create()方法获取来自表单提交的数据。

接下来通过获取的管理员姓名，组合查询条件。在 ThinkPHP 中，模型类提供了指定查询条件的 where()方法，该方法可以接收字符串参数和数组参数两种形式的数据。再通过 getField()方法指定要查询的字段值，最终将属于该管理员姓名的登录密码返回。

最后把查询到的密码与用户输入的密码进行比较，需要注意的是，需要把用户输入的密码使用 MD5 进行加密。如果两者相等，说明用户名、密码合法，那么就把管理员姓名添加到 Session 数组中，并使用 ThinkPHP 提供的 success()方法跳转到 index()方法；如果失败，则使用 error()方法提示错误信息并跳转到上一页面。

ThinkPHP 框架是一种 MVC 框架，有关数据的操作都是通过模型来完成的。而 ThinkPHP 框架的 M()方法就能够快速实例化模型对象。M()方法不论是否有参数，实例化都是 ThinkPHP 框架提供的基础模型类\Think\Model，指定参数是为了告诉 ThinkPHP 下面要操作的表是哪个。

（7）编写 login.html 视图文件

创建 Application\Admin\View\Index\login.html 视图文件，为用户提供登录表单，具体代码如下。

```
1.  <!DOCTYPE html>
2.  <html>
3.      <head>
4.          <title>管理员登录</title>
5.          <meta charset="UTF-8">
6.          <meta name="viewport" content="width=device-width, initial-scale=1.0">
7.      </head>
8.      <body>
9.          <form method="post">
10.             <table>
11.                 <tr><td>用户名</td><td><input type="text" name="aname">
                    </td></tr>
12.                 <tr><td>密码</td><td><input type="password" name="apwd">
                    </td></tr>
13.                 <tr><td colspan="2"><input type="submit" value="登录"></td>
                    </tr>
14.             </table>
15.         </form>
16.     </body>
17. </html>
```

上述代码提供了一个简单的表单界面，其中第 11 行代码提供了一个文本框用来输入管理员登录名，第 12 行代码提供了一个密码框用来输入管理员登录密码。最后表单以 POST 的方式提交给 Index 控制器的 login()方法。

以上就是一个简单的管理员登录功能，打开浏览器访问 http://localhost/hcit_student/index.php/Admin/Index，运行结果如图 5-33 所示。

(a)

(b)

图 5-33 未登录时进行跳转

由于并未登录，因此 index()方法跳转到 login()方法显示登录表单。向表单中输入正确的用户名和密码，运行结果如图 5-34 所示。

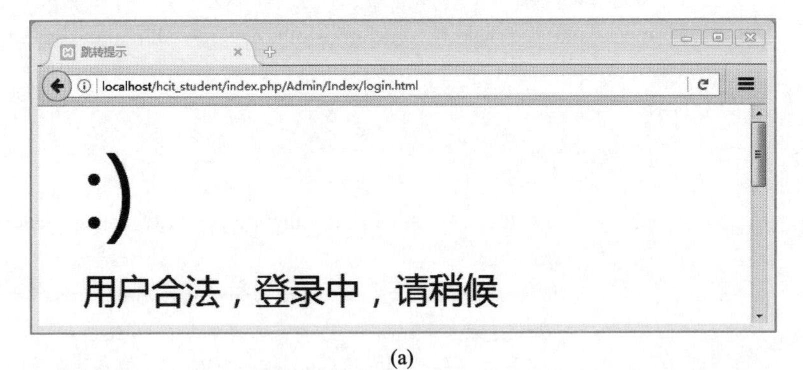

(a)

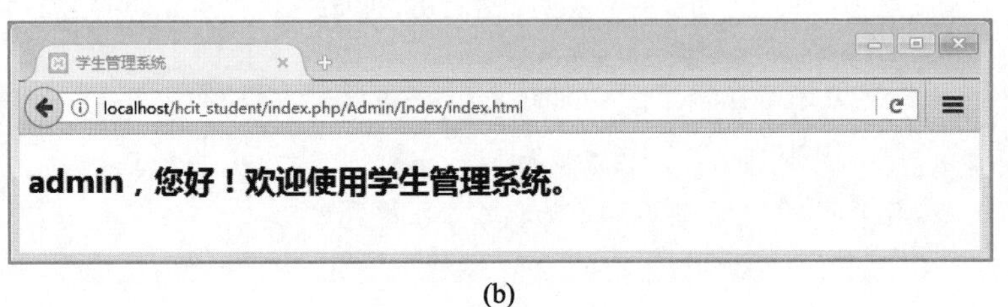

(b)

图 5-34 验证成功跳转

ThinkPHP 是一种单入口的程序，所有的操作都需要访问统一的入口文件 index.php。通过传递参数可以指定需要访问的模块、控制器和方法，例如，/Admin/Index/index 表示访问 Admin 模块 Index 控制器 index 方法。

5.7.3 知识拓展

1. 配置文件

ThinkPHP 框架采用多个配置文件目录的方式，来协同控制框架的相关功能，其中主要配置文件的说明见表 5-4。

表 5-4 ThinkPHP 主要配置文件说明

配置	文件路径	说明
惯例配置	\ThinkPHP\Conf\convention.php	按照大多数的使用对常用参数进行了默认配置
应用配置	\ThinPHP\Common\Conf\config.php	应用配置文件也就是调用所有模块之前都会首先加载的公共配置文件，提供对应用的基础配置
调试配置	\ThinkPHP\Conf\debug.php \Application\Common\Conf\debug.php	如果开启了调试模式，会自动加载框架的调试配置（ThinkPHP\Conf\debug.php）和应用调试配置（Application\Common\Conf\debug.php）
模块配置	\Application\当前模块\Conf\config.php	每个模块会自动加载自己的配置文件

ThinkPHP 的配置文件是自动加载的，配置文件之间的加载顺序为惯例配置→应用配置→调试配置→模块配置。由于后面的配置会覆盖之前的同名配置，所以配置的优先级从右到左依次递减。ThinkPHP 采用这种设计，是为了更好地提高项目配置灵活性，让不同模块能够根据各自需求进行不同配置。

2. 常用配置

（1）数据库配置

由于\Application 下的所有应用都可能会使用数据库，因此将数据库配置保存到\Application\Common\Conf\config.php 中，数据库的配置选项可以在惯例配置（\ThinkPHP\Conf\convention.php）中找到。

（2）默认访问配置

默认情况下，访问 ThinkPHP 的入口文件 index.php，总是会访问到 Home 模块下的 Index 控制器的 index 操作。这是在惯例配置文件中默认定义的，用户可以通过修改配置文件来改变默认访问操作。

打开文件\Application\Common\Conf\config.php，具体修改代码如下。

```
1.  return array(
2.    'DEFAULT_MODULE' => 'Admin', // 默认模块
3.    'DEFAULT_CONTROLLER' => 'Login', // 默认控制器名称
4.    'DEFAULT_ACTION' => 'checkLogin', // 默认操作名称
5.  );
```

此时访问入口文件 index.php，就会访问到 Admin 模块下的 Login 控制器的 checkLogin 操作。

（3）URL 访问模式配置

所谓 URL 访问模式，指的是以哪种形式的 URL 地址访问网站。ThinkPHP 支持的 URL 模式有 4 种，见表 5-5。

表 5-5 URL 访问模式

URL 模式	URL_MODEL 设置	示 例
普通模式	0	http://localhost/index.php?m=home&c=user&a=login
PATHINFO 模式	1	http://localhost/index.php/ home/user/login
REWRITE 模式	2	http://localhost/home/user/login
兼容模式	3	http://localhost/index.php?s=/home/user/login

URL 访问模式的意义在于：可以通过 ThinkPHP 提供的 U 方法自动生成指定统一格式的 URL 链接地址。

3. URL 生成

由于 ThinkPHP 提供了多种 URL 模式，为了使代码中的 URL 根据项目的实际需求而改变，ThinkPHP 框架提供了一个能够根据当前 URL 模式生成相应 URL 地址的函数：U 方法，其语法格式如下 。

```
U('地址表达式',['参数'],['伪静态后缀'],['显示域名']);
```

一般仅需要填写第 1 个参数“地址表达式”即可，具体实例如下。

```
U('User/add');              //生成 User 控制器的 add 操作的 URL 地址
U('Blog/read?id=1');        //生成 Blog 控制器的 read 操作，并且 ID 为 1 的 URL 地址
U('Admin/User/select'); //生成 Admin 模块的 User 控制器的 select 操作的 URL 地址
```

从上述示例可知，当需要生成一个 URL 地址链接的时候，就使用 U 方法，填写相关地址参数即可。

4. 跳转方法

在应用开发中，经常会遇到一些带有提示信息的跳转页面，如操作成功或者操作错误页面，并且自动跳转到另外一个目标页面。系统的\Think\Controller 类内置了两个跳转方法 success()和 error()，用于页面跳转提示。

success()方法用于在操作成功时的跳转，其中第 1 个参数表示提示信息，第 2 个参数表示跳转地址，第 3 个参数表示跳转时间，单位为秒。示例代码如下。

```
$this->success('用户合法，登录中，请稍候', U('index'),5);
```

而 error()方法用于在操作失败时的跳转，其参数和 success()方法相同，当省略第 2 个参数时（跳转地址）时，系统会自动返回到上一个访问的页面。示例代码如下。

```
$this->error('用户名或密码不正确，请重试！');
```

5. 判断请求类型

ThinkPHP 提供了判断请求类型的功能，一方面可以针对请求类型做出不同的逻辑处理，另外一方面，有些情况下需要验证安全性，过滤不安全的请求。ThinkPHP 内置的判断请求类型的常量见表 5-6。

表 5-6 判断请求的常量

常 量	描 述
IS_GET	判断是否是 GET 方式提交
IS_POST	判断是否是 POST 方式提交
IS_PUT	判断是否是 PUT 方式提交
IS_DELETE	判断是否是 DELETE 方式提交
IS_AJAX	判断是否是 AJAX 方式提交
REQUEST_METHOD	当前提交类型

6. 创建数据对象

在开发过程中，经常需要接收表单提交的数据，当表单提交的数据字段非常多的时候，使用$_POST 接收表单数据是非常麻烦的，ThinkPHP 就提供了一个简单的解决方法：create 操作。该操作可以快速地创建数据对象，最典型的应用就是自动根据表单数据创建数据对象，这个优势在数据表的字段较多的情况下尤其明显。

7. session 操作

ThinkPHP 提供了 session 管理和操作的完善支持，全部操作可以通过一个内置的 session 函数完成，该函数可以完成 session 的设置、获取、删除和管理操作。

使用 session 函数十分简单，语法如下。

```
session('name', 'value');        //设置 session
$value= session();               //获取 session 数组中的键名为 name 的值
$value= session('name');         //获取所有的 session 的值
session('name',null);            //删除 session 数组中键名为 name 的值
session(null);                   //清空当前的 session
```

5.8 创建专业和班级

5.8.1 设计思路

微课 5-20
创建专业和班级

大学学生都是以班级为单位进行管理的，而班级又是以专业为单位进行管理。因此在学生管理系统中，首先需要创建相应专业和班级。

具体设计思路如下。

① 创建专业表 stu_major 及班级表 stu_class，并向表中插入测试数据。

② 定义 Major 模型类以获取数据，该数据就是专业及班级信息数据。

③ 创建 Major 控制器，通过该控制器调用 Major 模型，获取专业及班级信息数据。

④ 创建视图文件，完成展示功能。

5.8.2 功能实现

（1）创建专业表 stu_major

stu_major 数据表用来保存专业信息，大学生根据所选专业不同被划分到不

同班级，创建表的 SQL 语句如下。

```
1.	create table stu_major(
2.	major_id int unsigned primary key auto_increment comment '专业 id',
3.	major_name varchar(20) not null comment '专业名'
4.	)charset=utf8;
```

上述 SQL 语句创建了一个简单的专业表，其中只有两个字段。major_id 表示专业 ID，该字段作为数据表的主键，major_name 表示专业名称。

在创建了专业表之后，向该表中插入测试数据，以供添加班级时选择专业，插入的 SQL 语句如下。

```
1.	insert into stu_major values(null,'计算机网络技术');
2.	insert into stu_major values(null,'软件技术');
```

（2）创建班级表 stu_class

stu_class 表用来保存班级信息，通常大学中一个专业下会有多个班级，同一专业的学生会被分配到这些班级下，创建 stu_class 表的 SQL 语句如下。

```
1.	create table stu_class(
2.	class_id int unsigned primary key auto_increment comment '班级 id',
3.	class_name varchar(8) not null comment '班级名',
4.	major_id int unsigned not null comment '专业 id'
5.	)charset=utf8;
```

上述 SQL 语句创建了一个班级表，其中 class_id 字段表示班级 ID，该字段作为数据表的主键。class_name 表示班级名，major_id 表示专业 ID，通过该字段与 stu_major 建立联系。

在创建了班级表之后，向该表中插入测试数据，以供添加学生时选择班级，插入的 SQL 语句如下。

```
1.	insert into stu_class values(null,'20160101',1);
2.	insert into stu_class values(null,'20160102',1);
```

（3）定义模型类以获取数据

在完成专业表和班级表的创建后，先实现专业列表显示功能。该功能的主要作用是，将专业及专业下所有的班级信息显示在页面中。由于专业和班级数据分别保存在两张表中，因此需要进行关联查询。在 ThinkPHP 中提供了一种快速实现关联操作的机制，称为关联模型。通过定义关联模型，可以便捷地实现两张表的关联操作。

创建 stu_major 表的关联模型\Application\Admin\Model\MajorModel.class.php，具体代码如下。

```
1.  <?php
2.  namespace Admin\Model; //该模型类的命名空间
3.  use Think\Model\RelationModel; //引入继承类的命名空间
4.  class MajorModel extends RelationModel {
5.      /**
6.       * 关联定义
7.       * 表示与 class 表进行关联，与 class 表的关系是一对多
8.       */
9.      protected $_link = array('Class' => self::HAS_MANY);
10. }
```

在上述代码中，第 2 行代码用来声明当前模型类的命名空间，由于该模型类在 Admin 模块的 Model 目录下，因此就是 Admin\Model。第 3 行用来引入要继承的父类的命名空间，在 ThinkPHP 中要支持关联模型操作，模型类必须继承 Think\Model\RelationModel 类。

第 4 行～第 10 行代码定义了 Major 模型类，该类继承 RelationModel 类。其中第 9 行代码就是一个简单的关联定义方式，要使用该方式需要数据表遵循 ThinkPHP 内部的数据库命名规范。

在这个关联定义中，Class 表示要关联的模型类名。self 表示当前模型类，也就是 Major 模型类。HAS_MANY 表示两者间的关系是一对多的关系。通过分析可以知道，一个专业下会有多个班级，因此专业和班级的关系应该是一对多的关系。

（4）修改配置文件，显示调试信息

ThinkPHP 提供的数据库操作方法本质也是执行 SQL 语句，只是 SQL 语句无需开发者进行编写，而是在调用相关方法时自动完成 SQL 语句的创建，并做安全处理。ThinkPHP 提供了一个内置调试工具 Trace，该工具可以实时显示当前页面操作的请求信息、运行情况、SQL 执行、错误提示等，并支持自定义显示。开启 Trace 工具只需要对配置文件进行修改，由于该调试工具在项目前台文件及后台文件中都需要使用，因此在 Application\Common\Conf\config.php 中进行修改，具体代码如下。

```
1.  <?php
2.  return array(
3.      'SHOW_PAGE_TRACE'=>true,
4.  );
```

（5）创建控制器完成专业信息展示

下面创建 Major 控制器类 Application\Admin\Controller\MajorController.class.php，通过该控制器调用 Major 模型获取专业及班级数据，具体代码如下。

```
1.  <?php
2.  namespace Admin\Controller;//声明该控制器类的命名空间
3.  use Think\Controller;//引入继承类的命名空间
```

```
4.  class MajorController extends Controller{
5.      /**
6.       * 展示专业和班级数据
7.       */
8.      public function showList(){
9.          //实例化 Major 模型对象，使用 relation 方法时行关联操作
10.         $major_info=D('major')->relation(true)->select();
11.         //使用 assign()方法分配数据
12.         $this->assign('major_info', $major_info);
13.         //显示视图
14.         $this->display();
15.     }
16. }
```

在上述代码中，第 10 行代码通过 D()方法实例化模型类，然后通过关联模型获取专业及班级数据。

（6）创建公共文件

在编写视图页面时，网页的头部和尾部是公共部分，用户可以在模板中使用 ThinkPHP 提供的<include>标签将公共视图包含进行。接下来创建样式表文件、公共文件 header.html（头部文件）和 footer.html（尾部文件）。

① 创建样式表文件 Public\css\style.css，具体代码如下。

```
1.  body,h1{margin:0;padding:0;}
2.  body,input,select{font-family:'Microsoft YaHei';color: #333;}
3.  .top-box,.main{width:98%;max-width:1100px;}
4.  .top{background: #358edd;height:40px;}
5.  .top-box{margin:0 auto;position: relative;min-width:390px;}
6.  .top-box-logo{font-size:18px;font-weight:normal;color:#fff;position:absolute;left:0;
    top:7px;letter-spacing:1px;}
7.  .top-box-nav{text-align:right;color: #fff;line-height:40px;font-size:15px;letter-
    spacing:1px;}
8.  .top-box-nav a{color: #fff;margin-left: 5px;text-decoration: none;}
9.  .main{margin:10px auto 0 auto;font-size:15px;}
10. .main a{color:#185697;text-decoration:none;}
11. .main-left{width:140px;float:left;border-top:#0080c4 4px solid;}
12. .main-left-nav{border:#bdd7f2 1px solid;border-bottom:#0080c4 4px solid;
    background: #ebf7ff url(./../images/leftdhbg.jpg) repeat-y right;margin-left:
    10px;margin-bottom:20px;}
13. .main-left-nav-head{border-bottom:1px #98c9ee solid;display: block;text-align: center;
    position: relative;height:38px;line-height:38px;}
14. .main-left-nav-head div{position:absolute;background: url(./../images/leftbgbt2.jpg)
    no-repeat;width: 11px;height:48px;left:-11px;top:-1px;}
15. .main-left-nav a{display:block;background:#fff;line-height:28px;height:28px;text-
    align:center;border-bottom:1px #98c9ee dotted;}
16. .main-left-nav a:hover{background:#0080c4;color:#fff;}
```

```
17.  .main-footer{clear:both;text-align: center;padding-top:20px;}
18.  .main-footer div{border-top:1px #ddd solid;line-height:26px;padding-top:15px;}
19.  .main-right{margin-left:155px;}
20.  .main-right-login{padding-top:60px;}
21.  .main-right-login table{width:500px;margin:0 auto;}
22.  .main-right-login th{width:20%;text-align:left;}
23.  .main-right-login td{width:80%;}
24.  .main-right-index {padding-top:15px;}
25.  .main-right-index h1{text-indent:20px;font-size: 1.5em;}
26.  .main-right-nav{color: #185697;font-size: 15px;margin-bottom: 10px;font-weight: 100;
     border-bottom: 1px #ddd dotted;line-height: 30px;}
27.  .main-right-titbox{background: url(./../images/bg_n.jpg) repeat-x bottom;overflow:
     hidden;padding: 20px 0 0 0;margin-bottom:15px;}
28.  .main-right-titbox ul{list-style: none;margin:0;padding:0;}
29.  .main-right-titbox ul{float: left;cursor: pointer;line-height: 35px;}
30.  .main-right-titbox a{text-align: center;display: block;padding: 0 15px;
     background: #fff url(./../images/bgnav.jpg) repeat-x;font-weight: 700;overflow: hidden;
     border: 1px #1573b4 solid;border-bottom: 0;position: relative;bottom: -1px;font-size:
     14px;color: #fff;}
31.  .main-right-titsel{margin-bottom:15px;}
32.  .main-right-tita:hover{color:#ff0000;}
33.  .main-right-table table{width:500px;}
34.  .main-right-table th{text-align:left;}
35.  .main-right-addAll .form-text{width:150px;}
36.  .table,.table th,.table td{border:1px solid #cfe1f9;}
37.  .table{border-bottom:#cfe1f9 solid 4px;border-collapse:collapse;
     line-height:38px;width:100%;margin:15px auto;}
38.  .table th{background:#eef7fc;color: #185697;padding:0 6px;}
39.  .table td{padding:0 12px;}
40.  .table tr:hover{background:#f5fcff;}
41.  .table-major{background:#fff;}
42.  .form-btn{height: 26px;border: 1px #949494 solid;padding: 0 10px;
     cursor: pointer;background:#fff;margin-right:10px;}
43.  .form-text{border-top: 1px #999 solid;border-left: 1px #999 solid;border-bottom:
     1px #ddd solid;border-right: 1px #ddd solid;padding: 3px;line-height: 18px;font-size:
     13px;width:200px;}
```

② 创建头部文件 Application\Admin\View\Index\header.html，具体代码如下。

```
1.   <!doctype html>
2.   <html>
3.       <head>
4.           <meta charset="utf-8">
5.           <title>学生管理系统</title>
6.           <link href="__PUBLIC__/css/style.css" rel="stylesheet">
```

```
7.     </head>
8.     <body>
9.         <div class="top">
10.            <div class="top-box">
11.                <h1 class="top-box-logo">学生管理系统</h1>
12.                <div class="top-box-nav">
13.                    欢迎您！<a href="#">我的信息</a> <a href="#">密码修改</a>
                          <a href="__MODULE__/Index/logout">安全退出</a>
14.                </div>
15.            </div>
16.        </div>
17.        <div class="main">
18.            <div class="main-left">
19.                <div class="main-left-nav">
20.                    <div class="main-left-nav-head">
21.                        <strong>院系专业</strong><div></div>
22.                    </div>
23.                    <a href="__MODULE__/Major/showList">专业列表</a>
24.                    <a href="#">添加专业</a>
25.                    <div class="main-left-nav-head">
26.                        <strong>学生管理</strong><div></div>
27.                    </div>
28.                    <div class="main-left-nav-list">
29.                        <div><a href="__MODULE__/Student/showList">学
                          生列表</a></div>
30.                        <div><a href="__MODULE__/Student/add">添加学
                          生</a></div>
31.                        <div><a href="__MODULE__/Student/addAll">批量
                          添加</a></div>
32.                    </div>
33.                    <div class="main-left-nav-head">
34.                        <strong>系统设置</strong><div></div>
35.                    </div>
36.                    <div class="main-left-nav-list">
37.                        <div><a href="#">修改密码</a></div>
38.                    </div>
39.                    <div class="main-left-nav-head">
40.                        <strong>教学系统</strong><div></div>
41.                    </div>
42.                </div>
43.            </div>
44.            <div class="main-right">
```

在上述代码中，__PUBLIC__是一种在模板中使用的替换语法，表示 public 目录路径，__MODEL__表示 Admin 模块的路径。

③ 创建尾部文件 Application\Admin\View\Index\footer.html，具体代码如下。

```
1.  </div>
2.  <div class="main-footer">
3.      <div>学生管理系统　本项目仅供学习使用</div>
4.  </div>
5.  </div>
6.  </body>
7.  </html>
```

经过划分头部和尾部两个文件，就将一个完整的 HTML 页面分成了两部分，而中间的部分就是随着访问的页面发生变化的内容，当在视图页面中引入时，可以使用如下代码。

```
1.  <include file="Index/header"/>    <!--引入头部文件-->
2.                                    <!--变化的内容-->
3.  <include file="Index/footer"/>    <!--引入尾部文件-->
```

（7）创建视图文件，完成展示功能

数据获取及分配工作完成后，最后需要完成的就是视图文件。创建 Application\Admin\View\Major\showList.html，视图文件代码如下。

```
1.  <include file="Index/header"/>
2.  <h2 class="main-right-nav">院系专业&gt;专业列表</h2>
3.  <div class="main-right-titbox">
4.      <ul><li><a href="#">专业列表</a></li></ul>
5.  </div>
6.  <table class="table">
7.      <tr><th>专业</th><th>班级</th><th>操作</th></tr>
8.      <notempty name="major_info">
9.          <foreach name="major_info" item="v">
10.             <foreach name="v.Class" item="vv" key="k">
11.                 <tr align="center">
12.                 <if condition="($k eq 0)">
13.                     <td rowspan="{$v.Class|count}" class="table-major">
                        {$v.major_name}</td>
14.                 </if>
15.                 <td width="40%"><a href="__MODULE__/Student/showList/
                    class_id/{$vv.class_id}">
                     {$vv.class_name}</a></td>
16.                 <td><div align="center">编辑　删除</div></td>
17.                 </tr>
18.             </foreach>
19.         </foreach>
20.     <else/>
```

```
21.            <tr><td colspan="3">查询的结果不存在！</td></tr>
22.        </notempty>
23.    </table>
24.    <include file="Index/footer"/>
```

在上述代码中，通过第 8 行代码的 notempty 标签来判断$major_info 变量是否存在，如果不存在，则执行第 20 行的代码；如果存在，则执行第 9 行～第 19 行的代码。

由于获取到的$major_info 变量是一个二维数组，因此需要通过两次 foreach 遍历。而 ThinkPHP 模板语法中的 foreach 标签提供了数组遍历功能，foreach 标签的 name 属性表示要遍历的数组名，item 可以看做遍历得到的数组元素。所以首先通过第 9 行～第 19 行代码组成的第 1 层遍历，获取到二维数组中的每个元素，这些元素还是数组。因此还需要通过第 10 行～第 18 行代码组成的第 2 层遍历，此时获取到的元素就是所需要的数据了。

以上就完成了专业及班级显示功能的开发，打开浏览器，访问 http://localhost/hcit_student/index.php/Admin/Major/showList，运行结果如图 5-35 所示。

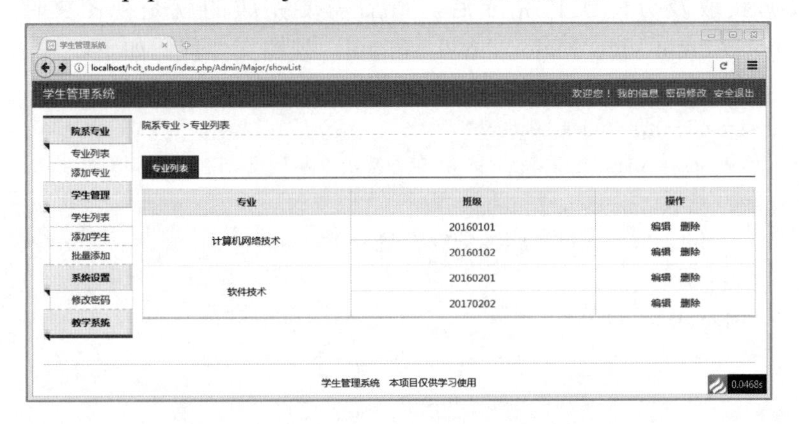

图 5-35 专业信息列表

图 5-35 右下角的按钮就是 Trace 工具。单击该按钮，显示结果如图 5-36 所示，在 SQL 标签下可以查看已经执行的 SQL 语句。

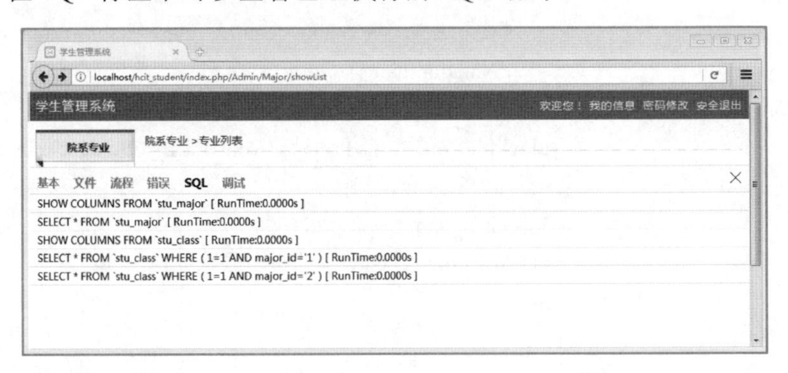

图 5-36 调试信息

5.8.3 知识拓展

1. 实例化模型

ThinkPHP 中实例化模型有 3 种方式，见表 5-7。

表 5-7 实例化模型的 3 种方式

方 法	示 例
D 方法	$model= D('User') ;
M 方法	$model= M('User') ;
直接实例化	$model= new \Home\Model\UserModel();

（1）D 方法实例化

D 方法的作用就是实例化一个模型类对象，该方法只有一个参数，参数值就是模型的名称。D 方法也可以不带参数直接使用，当不传递任何参数进行实例化时，得到的是 ThinkPHP 提供的基础模型类\Think\Model 的实例。当传递了模型名，而该模型类又存在的时候，实例化得到的就是这个模型类的实例。

（2）M 方法实例化

M 方法和 D 方法用法一样，所不同的是，M 方法不论是否有参数，实例化的都是 ThinkPHP 框架提供的基础模型类\Think\Model 的实例，实际上 D 方法在没有找到定义的模型类时，也会自动实例化基础模型类。因此在不涉及自定义模型操作的时候，建议使用 M 方法而不使用 D 方法。

（3）直接实例化

顾名思义，直接实例化就是和实例化其他类库文件一样实例化模型类。

```
$Goods= new \Home\Model\GoodsModel();
$User= new \Admin\Model\UserModel();
```

这样就可以获取到指定模型类的对象，并通过这个对象操作指定的数据表。

2. 数据读取

读取数据表数据是项目中最常用的数据操作，在 ThinkPHP 中，find、select 以及 getField 操作都用于读取数据。

（1）find 操作

find 操作会在 SQL 语句最后添加一个限定条件 LIMIT 1，表示仅取出一条数据，并且这条数据以一维数组的形式返回。

（2）select 操作

select 操作与 find 操作的区别就在于，select 操作生成的 SQL 语句中没有 LIMIT 语句，并且数据是以二维数组的形式返回，因此 select 操作能够获取更多条数据。

（3）getField 操作

getField 操作是从数据表中读取指定字段，并以字符串的形式返回。读取字段值其实就是获取数据表中某个列的多个或单个数据。

3. 关联模型

利用关联模型可以很轻松地完成数据表的关联 CURD 操作，目前支持的关联关系有 4 种，见表 5-8。

表 5-8 关联关系说明

关联关系	说明
HAS_ONE	表示当前模型拥有一个子对象，如每个员工都有一个人事档案，这是一种一对一的关系
BELOGNS_TO	表示当前模型从属于另外一个父对象，如每个用户都属于一个部门，这也是一种一对一的关系
HAS_MANY	表示当前模型拥有多个子对象，如每个用户有多篇文章，这是一种一对多的关系
MANY_TO_MANY	表示当前模型可以属于多个对象，而父对象则可能包含有多个子对象，通常两者之间需要一个中间表类约束和关联。如每个用户可以属于多个组，每个组可以有多个用户，这是一种多对多的关系

4. ThinkPHP 模板标签

（1）<notempty>

notempty 标签用来判断模板变量是否为空值，只有当变量非空时，才执行<notempty>中的代码。相当于 PHP 中的!empty()。notempty 标签格式如下。

```
<notempty name="username">username 不为空</notempty>
```

需要注意的是，name 属性表示模板变量名，但不需要$符号。与 notempty 标签相对的还有 empty 标签。

（2）<foreach>

foreach 标签通常用于查询数据集（select 方法）的结果输出，通常模型的 select 方法返回的结果是一个二维数组，可以直接使用 foreach 标签进行输出。

（3）<if>

if 标签用来在视图中替代 PHP 中的 if 判断语句，语法格式如下。

```
1.  <if condition="$num eq 100">
2.  {$name}等于 100
3.  <else/>
4.  {$name}不等于 100
5.  </if>
```

上述代码对应 PHP 代码如下。

```
1.  if ($name == 100) {
2.      echo "{$name}等于 100";
3.  } else {
4.      echo "{$name}不等于 100";
5.  }
```

在 if 标签中，通过 condition 属性的表达式来进行判断，可以支持 eq、lt、gt 等判断表达式，但是不支持带有>、<等符号的用法，因为会混淆模板解析。

5. ThinkPHP 模板替换

在视图文件，链接是必不可少的组成部分。而链接地址通常都比较长，ThinkPHP 就提供了一些特殊字符，用以代替链接中的部分地址，特殊字符及替换规则见表 5-9。

表 5-9 特殊字符及替换规则

特殊字符	替换描述
__ROOT__	会替换成当前网站的地址（不含域名）
__APP__	会替换成当前应用的 URL 地址（不含域名）
__MODULE__	会替换成当前模块的 URL 地址（不含域名）
__CONTROLLER__	会替换成当前控制器的 URL 地址（不含域名）
__ACTION	会替换成当前操作的 URL 地址（不含域名）
__SELF__	会替换成当前的页面 URL
__PUBLIC__	会替换成当前网站的公共目录，通常是/Public/

需要注意的是，特殊字符替换操作仅针对内置的模板引擎有效，并且这些特殊字符严格区分大小写。

5.9 学生列表功能

微课 5-21
学生列表功能

5.9.1 设计思路

完成专业及班级管理功能后，下面就需要完成学生列表功能。学生列表功能主要是根据不同班级，把这个班的全部学生的基本信息以列表的形式展示到页面中，方便查看。

具体的设计思路如下。

① 创建学生表，向学生表中插入数据，用来测试学生列表功能。

② 获取专业班级信息，确定当前选择的班级。

③ 根据当前选择的班级，获取班级所属的学生信息。

④ 在视图页面中以下拉菜单形式显示专业班级。

⑤ 在视图页面中以列表形式显示学生信息。

5.9.2 功能实现

（1）创建学生表 stu_student，并插入测试数据

要完成学生列表功能，首先需要获取学生数据。因此需要创建一个学生表，来保存学生数据。创建 stu_student 表的 SQL 语句如下。

```
1.    create table stu_student(
2.    student_id int unsigned primary key auto_increment,
3.    student_number int unsigned unique key,
4.    student_name varchar(20) not null,
5.    student_birthday date not null,
6.    student_gender enum('男','女') not null default '男',
7.    class_id int unsigned not null
```

```
8.    )charset=utf8;
```

上述SQL语句创建了一个学生表，其中student_id表示学生ID，这是学生的唯一标识。student_number表示学生学号，该字段使用unique key进行唯一性约束。student_name表示学生姓名，student_birthday表示学生出生日期，采用date类型进行保存。student_gender表示学生性别，采用enum枚举类型，仅有两个值“男”、“女”，并设置默认值为“男”。class_id表示学生所属班级，就是通过该字段与班级表建立联系。

接下来向学生表中添加测试数据，SQL语句如下。

```
1.    insert into stu_student values
2.    (null,'2016010101','张三','1998-8-10','男',1),
3.    (null,'2016010102','李四','1999-5-20','女',1),
4.    (null,'2016010201','王五','1997-12-10','男',2);
```

（2）创建Student控制器，编写学生信息展示功能

学生都是以班级为单位的，要显示学生信息，首先需要确定班级。因此需要查询学生所属班级的ID，再根据班级ID获取到学生信息。

下面就创建\Application\Admin\Controller\StudentController.class.php文件，编写showList()方法，具体代码如下。

```
1.    <?php
2.    namespace Admin\Controller; //声明该模型的命名空间
3.    use Think\Controller; //引入继承的命名空间
4.    class StudentController extends Controller {
5.        /**
6.         * 学生列表展示功能
7.         */
8.        public function showList() {
9.            $model = M('student'); //实例化 student 模型对象
10.           $class_id=I('param.class_id',1);
                          //使用 I 方法接收参数 class_id,当没有收到时使用默认值 1
11.           $where=array('class_id'=>$class_id);//以数组的形式组合查询条件
12.           $student_info=$model->where($where)->select();
                                 //通过模型类获取指定班级 ID 的学生信息
13.           $this->assign('class_id',$class_id);//把班级 ID 分配到视图页面
14.           $this->assign('student_info',$student_info);//把学生信息分配到视图页面
15.                   //实例化 Major 模型对象，使用 relation 方法进行关联操作
16.           $major_info=D('major')->relation(true)->select();
17.           $this->assign('major_info',$major_info);
                   //把专业及班级信息分配到视图页面
18.           $this->display();//显示视图
19.       }
```

```
20.  }
```

在上述代码中，第 9 行代码用来实例化 student 模型对象，第 10 行使用 ThinkPHP 提供的 I 方法获取传递的班级 ID，如果没有传递则使用默认值 1。第 11 行代码组合了查询条件，再通过第 12 行代码调用模型对象的 where()方法和 select()方法获取学生信息，最后在第 14 行代码将学生信息分配到视图页面。

可在学生信息列表中添加快速修改功能。当学生信息修改完成后跳转回当前页面，因此在第 13 行代码中将班级 ID 分配到视图页面。同时还要能够切换班级查看其他班级的学生信息，所以需要获取专业和班级信息，因此在第 16 行代码通过 Major 的关联模型获取数据，并在第 17 行代码把专业及班级信息分配到视图页面。

（3）创建视图文件，用来展现学生信息

创建\Application\Admin\View\Student\showList.html 视图文件，具体代码如下。

```
1.   <include file="Index/header" />
2.   <h2 class="main-right-nav">学生管理 &gt; 学生列表</h2>
3.   <div class="main-right-titbox">
4.       <ul><li><a href="#">学生列表</a></li></ul>
5.   </div>
6.   <form method="post">请选择班级：
7.       <select name="class_id">
8.           <foreach name="major_info" item="v">
9.               <foreach name="v.Class" item="vv">
10.                  <option value="{$vv.class_id}"
11.              <eq name="class_id" value="$vv.class_id">selected</eq>>
12.              {$v.major_name} {$vv.class_name}</option>
13.          </foreach>
14.      </foreach>
15.  </select>
16.  <input type="submit" value="确定" class="form-btn" />
17.  </form>
18.  <table class="table">
19.      <tr><th>学号</th><th>姓名</th><th>出生年月</th><th>性别</th><th>操作
         </th></tr>
20.      <notempty name="student_info">
21.          <foreach name="student_info" item="v">
22.              <tr align="center">
23.                  <td>{$v.student_number}</td>
24.                  <td>{$v.student_name}</td>
25.                  <td>{$v.student_birthday}</td>
26.                  <td>{$v.student_gender}</td>
27.                  <td><div align="center"><a href="#">编辑</a>   
28.                      <a href="#">删除</a></div></td>
```

```
29.                 </tr>
30.             </foreach>
31.             <else/>
32.             <tr align="center"><td colspan="5">查询的结果不存在！</td></tr>
33.         </notempty>
34.     </table>
35.     <div><a href="#" class="main-right-tita">添加学生</a></div>
36.     <include file="Index/footer" />
```

上述代码中，第 7 行～第 15 行代码组成了选择班级的下拉菜单。通过两个 foreach 标签的嵌套，得到“专业名”+“班级名”的下拉菜单，并使用 eq 标签判断当前选择的班级是哪一个，使用 selected 让其默认被选中。第 18 行～第 34 行代码就组成了学生信息列表，其中使用 notempty 标签判断学生信息是否存在，如果不存在，则执行第 32 行代码，如果存在，则执行第 21 行～第 30 行代码遍历输出学生信息。

以上就完成了学生列表，打开浏览器，访问 http://localhost/hcit_student/index.php/Admin/Student/showList，运行结果如图 5-37 所示。

图 5-37 学生信息列表

5.9.3 知识拓展

1. 输入过滤

在多数情况下，网站系统的漏洞主要来自于对用户输入内容的检查不严格，因此对输入数据的过滤势在必行。ThinkPHP 提供了 I 方法用于安全地获取用户输入的数据，并能够针对不同的应用需求设置不同的过滤函数。其语法格式如下。

```
I('变量类型.变量名',[ '默认值'],[ '过滤方法']);
```

在上述语法格式中，变量类型是指请求方式或者输入类型，具体见表 5-10。变量类型不区分大小写，变量名严格区分大小写。“默认值”和“过滤方法”均为可选参数，“默认值”的默认值为空字符串，“过滤方法”的默认值为 htmlspecialchars，可通过 DEFAULT_FILTER 配置项修改。

表 5-10 I 方法的变量类型

变量类型	含义
get	获取 GET 参数
post	获取 POST 参数
param	自动判断请求类型获取 GET 或 POST 参数
request	获取$_REQUEST 参数
session	获取$_SESSION 参数
cookie	获取$_COOKIE 参数
server	获取$_SERVER 参数
globals	获取$GLOBALS 参数
path	获取 PATHINFO 模式的 URL 参数

为了使读者更好地学习 I 方法的使用，接下来演示几种 I 方法的使用示例。

（1）获取 GET 变量

```
1.  //使用 I 方法实现
2.  echo I('get.name');
3.  //使用原生语法实现
4.  echo isset($_GET['name']) ? htmlspecialchars($_GET['name']) : '';
```

在上述代码中，I 方法和原生语法都完成了同样的操作，即获取$_GET 数组中的 name 元素，并进行 HTML 实体转义处理，当 name 元素不存在时返回空字符串。

（2）获取 GET 变量并指定默认值

```
1.  //使用 I 方法实现
2.  echo I('get.id',0);
3.  echo I('get.name','guest');
4.  //使用原生语法实现
5.  echo isset($_GET['id']) ? htmlspecialchars($_GET['id']) : 0;
6.  echo isset($_GET['name']) ? htmlspecialchars($_GET['name']) : 'guest';
```

在上述代码中，当$_GET 数组中 ID 元素不存在时，返回 0；当$_GET 数组中 name 元素不存在时，返回 guest。

（3）获取 GET 变量并指定过滤参数

```
1.  //使用 I 方法实现
2.  echo I('get.name','','trim');
3.  echo I('get.name','','trim,htmlspecialchars');
4.  //使用原生语法实现
5.  echo isset($_GET['name']) ? trim($_GET['name']) : '';
6.  echo isset($_GET['name']) ? htmlspecialchars(trim($_GET['name'])) : '';
```

在上述代码中，I 方法可以使用多个过滤方法，将方法名用逗号隔开即可。

ThinkPHP 会按前后顺序依次调用过滤方法对变量进行处理。

（4）配置默认过滤方法

需要在配置文件中添加配置项。

'DEFAULT_FILTER'=>'trim,htmlspecialchars',

然后在调用 I 方法时即可省略过滤方法。

```
1.  //使用 I 方法实现
2.  echo I('get.name',);
3.  //使用原生语法实现
4.  echo isset($_GET['name']) ? htmlspecialchars(trim($_GET['name'])) : '';
```

（5）不使用任何过滤方法

```
1.  //使用 I 方法实现
2.  echo I('get.name', '', '');
3.  echo I('get.name', '', false);
4.  //使用原生语法实现
5.  echo isset($_GET['name']) ? $_GET['name'] : '';
```

在上述代码中，当 I 方法的过滤参数设置为空字符串或 false 时，程序将不进行任何过滤。

（6）获取整个$_GET 数组

```
1.  //使用 I 方法实现
2.  I('get., '', 'trim');
3.  //使用原生语法实现
4.  array_map('trim',$_GET);
```

在上述代码中，使用 get.（省略变量名）可以获取整个$_GET 数组。数组中的每个元素都会经过过滤方法的处理。

（7）自动判断请求类型获取变量

```
1.  //使用 I 方法实现
2.  I('param.name', '', 'trim');
3.  I('name', '', 'trim');
4.  //使用原生语法实现
5.  if (!empty($_POST)) {
6.      echo isset($_POST['name']) ? trim($_POST['name']) : '';
7.  } else if (!empty($_GET)) {
8.      echo isset($_GET['name']) ? trim($_GET['name']) : '';
9.  }
```

在上述代码中，param 是 ThinkPHP 特有的自动判断当前请求类型的变量获取方式。由于 param 是 I 方法默认获取的变量类型，因此 I('param.name')可以简写为 I('name')。

2. 跨控制器调用

所谓跨控制器调用，指的是一个控制器中调用另一个控制器的某个方法。在 ThinkPHP 中有 3 种方式实现跨控制器调用：直接实例化、A 方法实例化、R 方法实例化。

（1）直接实例化

直接实例化就是通过 new 关键字实例化相关控制器，代码如下。

```
1.   $goods=new GoodsController();//直接实例化 Goods 控制器
2.   $info=$goods->info();//调用 Goods 控制器类的 info()方法
```

需要注意的是，如果实例化的控制器与当前控制器不在同一目录下，需要指定命名空间。例如，要实例化 Admin 模块下的 User 控制器，代码如下。

```
1.   $user=new \Admin\Controller\UserController();//直接实例化 Admin 模块下 User 控制器
```

（2）A 实例化

ThinkPHP 提供了 A 方法实例化其他控制器，使用方法如下。

```
1.   $goods=A('Goods');//A 方法实例化 GoodsController 类
2.   $info=$goods->info();//调用 Goods 控制器类的 info()方法
```

从上述代码可以看出，A 方法相对直接实例化的方式简洁很多，仅需要传入控制器名即可。A 方法同样可以实例化其他模块下的控制器，代码如下。

```
1.   $user=A('Admin/User');//A 方法实例化 Admin 模块下的 User 控制器
2.   $info=$user->info();//调用 User 控制器类的 info()方法
```

（3）R 方法实例化

R 方法的使用与 A 方法基本一致，唯一不同的是，R 方法可以在实例化控制器的时候把操作方法一并传递过去，如此就省略了调用操作方法的步骤，代码如下。

```
1.   $info=R('Admin/User/info');
```

3. 比较标签

比较标签用于简单的变量比较，基本语法如下。

```
1.   <比较标签  name="变量" value="值">
2.   内容
3.   </比较标签>
```

上述代码的含义是，当 name 属性中表示的变量其值与 value 中值相同时，执行“内容”。

微课 5-22
学生添加功能

5.10 学生添加功能

5.10.1 设计思路

实现了学生信息查看功能，还需要实现学生添加功能，该功能主要实现向指定班级添加学生信息。

具体的设计思路如下。

① 修改视图文件，增加“添加学生”超链接。

② 修改 Student 控制器，添加 add()方法，该方法用来实现学生添加功能。

③ 创建视图文件 add.html，该文件用来提供学生添加表单。

5.10.2 功能实现

（1）修改视图页面，增加“添加学生”超链接。

在学生列表页面增加“添加学生”超链接，修改代码如下。

```
1.  <table class="table">
2.  <!--  学生列表部分  -->
3.  </table>
4.  <div><a href="__CONTROLLER__/add/class_id/{$class_id}" class="main-right-
    tita">添加学生</a></div>
```

在上述代码中，第 4 行代码就在学生列表下创建了“添加学生”超链接。由于该视图文件属于 Student 目录，因此只需要使用__CONTROLLER__来表示 Student 控制器即可。在链接的最后携带当前学生列表所属的班级 ID，以便添加学生时确定其班级。

（2）修改 Student 控制器，添加 add()方法

add()方法主要实现两大功能，一是在没有 POST 数据提交时显示添加表单页面，一是在有 POST 数据提交时处理提交数据。具体代码如下。

```
1.      /**
2.     * 学生信息添加
3.     */
4.  public function add() {
5.      $class_id = I('get.class_id'); //获取学生所属班级
6.      if (IS_POST) {//判断是否有 POST 表单提交
7.          $model = M('Student'); //实例化 Student 模型类
8.          $model->create(); //获取要添加的学生信息
9.          if ($model->add()) {//执行模型类的 add()方法，完成数据添加
10.             //当添加成功后，提示信息并跳转到学生所属的列表页
11.             $this->success('学生添加成功，正在跳转，请稍候！', U("showList?
                class_id={$class_id}"));
12.             return;
13.         }
```

```
14.                 $this->error('学生添加失败，请重新输入！');
                                        //添加失败，则返回到上一页面
15.                 return;
16.             }
17.             //实例化 Major 模型对象，使用 relation 方法进行关联操作
18.             $major_info = D('major')->relation(true)->select();
19.             $this->assign('major_info', $major_info); //将专业班级信息分配到视图页面中
20.             $this->assign('class_id', $class_id);//将班级 ID 分配到视图页面中
21.             $this->display(); //显示视图文件
22.     }
```

在上述代码中，首先通过第 5 行代码的 I 方法获取到学生所属班级 ID。然后在第 6 行判断是否有 POST 请求，如果没有，则执行第 17 行～第 21 行代码。其中第 18 行代码用来获取所有的专业及班级信息，第 19 行代码将专业及班级信息分配到视图页面中。第 20 行代码将获取到的班级 ID 分配到视图页面，最后执行第 21 行代码显示视图页面。

当有 POST 数据提交时，执行第 6 行～第 18 代码。首先通过第 7 行代码，获取 Student 模型类的实例。然后执行第 8 行代码，使用模型类的 create()方法获取表单数据。最后执行第 9 行代码，使用模型类的 add()方法，将获取的学生信息添加到数据库中。当添加成功时，执行第 11 代码，提示添加成功并跳转到学生所属的班级列表；当执行失败时，提示添加失败并跳转到上一页面。

（3）创建添加学生的表单页面

最后需要完成的就是添加学生的表单页面，该页面路径为\Application\Admin\View\Student\add.html，具体代码如下。

```
1.    <include file="Index/header" />
2.    <h2 class="main-right-nav">学生管理 &gt;学生添加</h2>
3.    <div class="main-right-table">
4.     <form method="post">
5.         <table class="table">
6.             <tr><th>学号：</th>
7.                 <td><input type="text" class="form-text" name="student_number"
                   required></td>
8.             </tr>
9.             <tr><th>姓名：</th>
10.                <td><input type="text" class="form-text" name="student_name"
                   required>
11.            </tr>
12.            <tr> <th>出生年月：</th>
13.                <td><input type="text" class="form-text" name="student_birthday"
                   required></td>
14.            </tr>
15.            <tr> <th>性别：</th>
```

```
16.                 <td><select name="student_gender"><option value="男">男</option>
17.                         <option value="女">女</option></select></td>
18.             </tr>
19.             <tr><th>所属班级：</th>
20.                 <td><select name="class_id">
21.                         <foreach name="major_info" item="v">
22.                             <foreach name="v.Class" item="vv">
23.               <option value="{$vv.class_id}" <eq name="class_id" value="$vv.
              class_id">selected</eq>>
24.                                 {$v.major_name}{$vv.class_name}</option>
25.                             </foreach>
26.                         </foreach>
27.                     </select></td>
28.             </tr>
29.             <tr>
30.                 <td colspan="2" align="center">
31.                     <input type="submit" value="确认输入" class="form-btn">
32.                     <input type="reset" value="重新填写" class="form-btn"></td>
33.             </tr>
34.         </table>
35.     </form>
36. </div>
37. <include file="Index/footer" />
```

在上述代码中，第 4 行～第 35 行代码组成了一个添加学生的表单页面。其中第 21 行～第 26 行代码对获取的专业和班级信息进行遍历，并以下拉菜单的形式显示到页面中以供选择。

以上就完成了学生添加功能，打开浏览器，访问 http://localhost/hcit_student/index.php/Admin/Student/add/class_id，并向表单中输入一条学生信息，学号：2016101004，姓名：李刚，出生年月：1990-10-10，性别：男，所属班级：计算机网络技术 20160101，结果如图 5-38 所示。

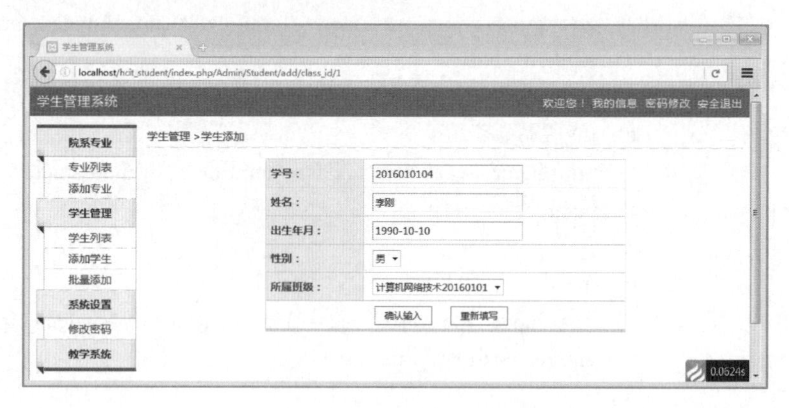

图 5-38　学生添加页面

单击“确认输入”按钮添加学生数据，当学生添加成功后，会提示相关信息并跳转到学生所属班级列表结果，如图 5-39 所示。

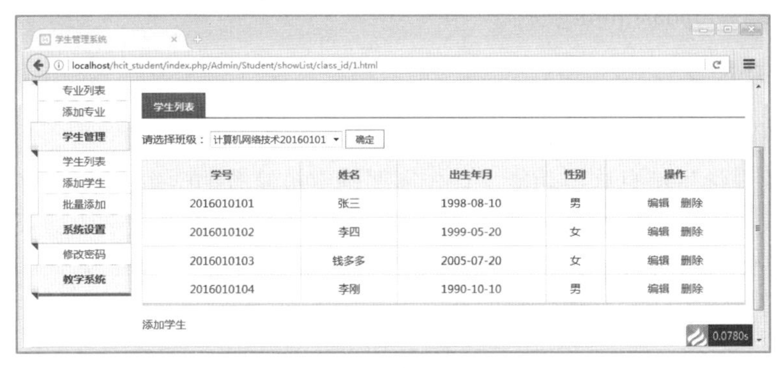

图 5-39 学生数据添加成功

5.10.3 知识拓展

1. 添加数据

ThinkPHP 的数据写入使用 add 操作，使用示例如下。

```
1.  $User=M('User');//实例化 User 对象
2.  $data['name']='ThinkPHP';
3.  $data['email']='ThinkPHP@hcit.edu.cn';
4.  $User->add($data);
```

需要注意的是，在使用 add 操作前如果有 create 操作，add 操作可以不需要参数，否则必须传入要添加的数据作为参数。如果$data 中写入了数据表中不存在的字段数据，则会被直接过滤。

2. 批量添加数据

如果要一次添加多条数据，ThinkPHP 还提供了 addAll 操作，使用示例如下。

```
1.  //批量添加数据
2.  $dataList[]=array('name'=>'ThinkPHP1',email=>'ThinkPHP1@hcit.edu.cn');
3.  $dataList[]=array('name'=>'ThinkPHP2',email=>'ThinkPHP2@hcit.edu.cn');
4.  $User->addAll($dataList);
```

5.11 学生信息修改

5.11.1 设计思路

微课 5-23
学生信息修改

学生信息可能会存在录入错误、班级变动等情况，因此还需要具有学生信息修改功能。该功能要求能够获取学生当前信息并展示到表单页面，然后根据需要修改相关数据，最后提交数据完成修改。

具体的设计思路如下。

① 修改学生列表页面，完成“编辑”超链接。

② 修改 student 控制器，增加 update()方法。

③ 编写 update.html 文件。

5.11.2 功能实现

① 修改学生列表页面，完成“编辑”超链接。

要实现学生信息修改功能，首先需要确定被修改的学生。而在学生列表页面已经获取到了学生的全部信息，包括学生 ID。因此可以修改学生列表页面“编辑”超链接，将该链接指向 Student 控制器的 update()方法，并把学生 ID 以 GET 参数传递给该方法。具体代码如下。

```
1.  <td>
2.      <div align = "center">
3.          <a href = "__CONTROLLER__/update/student_id/{$v.student_id}">编辑
            </a>  
4.          <a href = "#">删除</a>
5.      </div>
6.  </td>
```

在上述代码中，第 3 行代码就是“编辑”超链接的 URL 地址组成。由于该页面属于 Student 控制器，因此使用__CONTROLLER__代替控制器部分，update 表示要调用的方法，student_id/{$v.student_id}表示传递的学生 ID。

② 修改 Student 控制器，增加 update()方法。

```
1.   /**
2.    * 学生信息修改
3.    */
4.   public function update() {
5.       $model = M('Student'); //获取 Student 模型对象
6.       $where = array('student_id' => I('get.student_id')); //组合查询条件
7.       if (IS_POST) {//判断是否有 POST 数据，如果有则说明需要进行数据更新
8.           $student_info = $model->create(); //使用 create 方法获取表单数据
9.           if ($model->save() !== false) {//使用 save 方法进行数据更新
10.              //更新成功，则提示相关信息并跳转到当前学生所属班级的学生
                 列表页
11.              $this->success('学生信息更新成功，正在跳转，请稍候！',
12.                  U("showList?class_id={$student_info['class_id']}"));
13.              return;
14.          }
15.          //更新失败，提示相关信息并跳转到上一页面
16.          $this->error('学生信息更新失败，请重新输入！');
17.          return;
18.      }
19.      //根据查询条件获取学生信息，由于是单条数据，因此使用 find 方法
20.      $student_info = $model->where($where)->find();
```

```
21.         //判断该学生是否存在，如果不存在则提示错误信息并返回上一页面
22.         if (!isset($student_info)) {
23.             $this->error('查询学生信息不存在，请重新选择！');
24.             return;
25.         }
26.         $major_info = D('major')->relation(true)->select(); //获取专业及班级信息
27.         $this->assign('student_info', $student_info); //将学生信息分配到视图页面
28.         $this->assign('major_info', $major_info); //将专业和班级信息分配到视图页面
29.         $this->display(); //显示视图
30.     }
```

在上述代码中，首先通过第 5 行代码获取 Student 模型的对象，然后通过第 6 行代码组合查询条件。接着判断是否有 POST 数据提交，当有 POST 数据提交就表示有学生数据需要更新。此时执行第 8 行～第 17 行代码，首先通过第 8 行代码的 create()方法获取更新后的表单数据，然后使用 save()方法更新该学生数据，并根据执行结果判断是否更新成功。

如果没有 POST 数据提交，则执行第 19 行～第 29 行代码。首先通过第 20 行代码，获取要更新的学生数据。然后在第 22 行代码判断查询的学生信息是否存在，如果不存在，则提示错误信息并返回上一页面；如果存在，则执行第 26 行代码。最后获取的专业班级信息，以及要修改的学生信息分配到视图页面。

③ 编写 update.html 文件。

update()方法完成后，就需要编写提供更新表单的视图页面 update.html，该页面路径为\Application\Admin\View\Student\update.html，具体代码如下。

```
1.  <include file="Index/header" />
2.  <h2 class="main-right-nav">学生管理 &gt; 学生修改</h2>
3.  <div class="main-right-table">
4.      <form method="post">
5.          <input type="hidden" name="student_id" value="{$student_info.student_id}"/>
6.          <table class="table">
7.              <tr><th>学号：</th>
8.                  <td><input value="{$student_info.student_number}" type="text"
9.                      class="form-text" name="student_number" required></td>
10.             </tr>
11.             <tr><th>姓名：</th>
12.                 <td><input value="{$student_info.student_name}" type="text"
13.                     class="form-text" name="student_name" required></td>
14.             </tr>
15.             <tr><th>出生年月：</th>
16.                 <td><input value="{$student_info.student_birthday}" type="text"
17.                     class="form-text" name="student_birthday" required></td>
18.             </tr>
19.             <tr><th>性别：</th><td><select name="student_gender">
20.                         <option value="男" <eq name="student_info.student_
```

```
                    gender"
21.                     value="男">selected</eq> >男</option>
22.                 <option value="女" <eq name="student_info.student_
                    gender"
23.                     value="女">selected</eq> >女</option>
24.             </select></td>
25.         </tr>
26.         <tr><th>所属班级：</th><td><select name="class_id">
27.                 <foreach name="major_info" item="v">
28.                     <foreach name="v.Class" item="vv">
29.                         <option value="{$vv.class_id}" <eq name=
                            "student_info.class_id"
30.                                 value="$vv.class_id">selected</eq>>
31.                         {$v.major_name}{$vv.class_name}</option>
32.                     </foreach>
33.                 </foreach>
34.             </select></td>
35.         </tr>
36.         <tr><td colspan="2" align="center">
37.             <input type="submit" value="确认更新" class="form-btn">
38.             <input type="reset" value="重新填写" class="form-btn">
39.           </td>
40.         </tr>
41.     </table>
42.   </form>
43. </div>
44. <include file="Index/footer" />
```

以上就完成了学生信息修改功能，打开浏览器，访问 http://localhost/hcit_student/index.php/Admin/Student/showList?class_id=1，运行结果如图 5-40 所示。

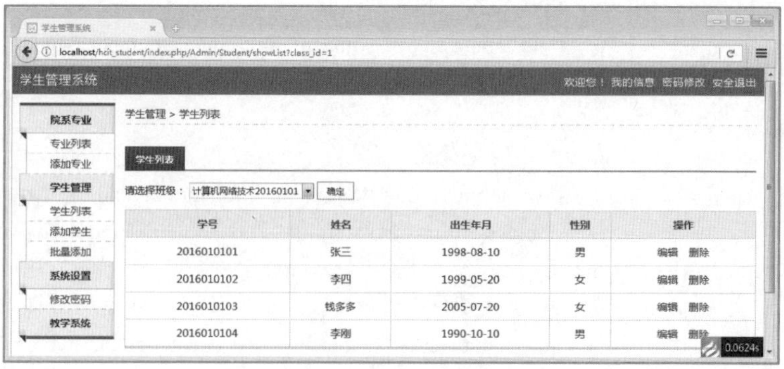

图 5-40　学生列表视图

单击“张三”这名学生后面的“编辑”超链接，运行结果如图 5-41 所示。

图 5-41　学生信息修改页面

对“张三”这名同学所属班级进行修改，页面如图 5-42 所示。单击“确认更新”按钮，更新结果如图 5-43 所示。

图 5-42　修改学生所属班级

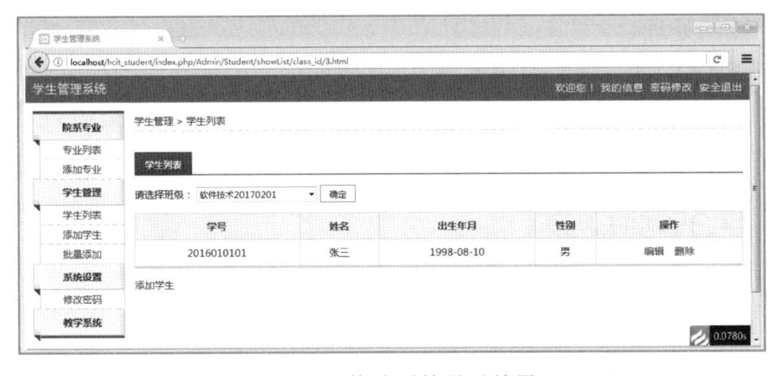

图 5-43　修改后的显示结果

5.11.3　知识拓展

1. 修改数据

ThinkPHP 同样提供了数据更新的方法：save()，该方法需要传入一个数组参数，数组的键表示要修改的数据。也可以把要修改的数据赋给模型对象，这样就不需要为 save()方法传入参数了。

save()方法的返回值是数据表中受影响的行数，如果返回 false 表示更新失败，因此一定要使用恒等来判断是否更新成功。

需要注意的是，为了保证数据库的安全，避免出错而更新整个数据表，在没有任何更新条件的情况下，数据对象本身也不包含主键字段的话，save()方法不会更新任何记录。

2. **模型的连贯操作**

什么是连贯操作？举个简单的例子，假设现在有一个 User 表，详细字段见表 5-11。

表 5-11 User 表结构

字段名	字段类型	字段说明
id	int	主键、int 类型、自增
username	varchar(20)	可变长度字符串、非空
createtime	char(10)	定长字符串、非空
gender	enum('男', '女')	枚举类型、非空

如果要从中查询所有性别为“男”的记录，并希望查询结果按照用户创建时间进行排序，就可以这样编写代码。

```
1.    $model=M('User');
2.    $model->where("genter='男'")->order("createtime")->select();
```

其中，where、order 被称为连贯操作，并且连贯操作的调用顺序并没有先后。值得一提的是，select 操作并不属于连贯操作。

where 操作定义的是 SQL 语句的筛选条件，其参数除了可以使用上述字符串条件的形式，还可以使用数组条件的形式。数组条件形式是 ThinkPHP 推荐使用的形式，因为它在处理多个筛选条件时非常方便，而且还可以对条件数据进行安全性的处理。

ThinkPHP 的连贯操作有很多，可以有效地提高数据存取的代码清晰度和开发效率，并且支持所有的 CURD 操作。有关连贯操作的更多内容请参考 ThinkPHP 官方手册。

微课 5-24
学生信息删除

5.12 学生删除功能

5.12.1 设计思路

当一个学生信息由于某些原因需要被注销时，就需要学生删除功能。该功能的作用是，根据指定 ID 删除相应学生数据。

具体的设计思路如下。

① 修改学生列表页面，完成“删除”超链接。

② 修改 student 控制器，增加 delete()方法。

5.12.2 功能实现

（1）修改学生列表页面，完成“删除”超链接

与学生修改功能类似，要完成学生删除功能。首先需要获取被删除的学生

ID。因此，同样需要修改学生列表页面的“删除”超链接，将该链接指向 student 控制器的 delete()方法，并把学生 ID 以 GET 参数传递给该方法。具体代码如下。

```
1.    <td>
2.    <div align="center">
3.    <a href="__CONTROLLER__/update/student_id/{$v.student_id}">编辑</a>
4.    <a href="__CONTROLLER__/delete/student_id/{$v.student_id}/class_id/{$v.class_id}"
5.              onclick="javascript:if (confirm('确定要删除此信息吗？')) {
6.                      return true;
7.                  }
8.            return false;">删除</a>
9.    </div>
10.   </td>
```

在上述代码中，第 3 行～第 8 行代码就是“删除”超链接的 URL 地址组成。同样使用__CONTROLLER__代替控制器部分，delete 表示要调用的方法，student_id/{$v.student_id}表示传递的学生 ID。由于数据删除是十分危险的操作，因此为了避免误操作，为该链接添加一个 onclick 事件。当单击“删除”超链接时，首先弹出确认删除的对话框，单击“是”按钮才执行删除操作，单击“否”按钮则返回，不进行任何操作。

（2）修改 student 控制器，增加 delete()方法

在完成了学生列表页面的“删除”超链接后，就需要在 Student 控制器中实现 delete()方法，来完成学生数据的删除操作。具体代码如下。

```
1.    /**
2.     * 学生删除功能
3.     */
4.    public function delete(){
5.        $model=M('Student');//获取 Student 模型对象
6.        $where=array('student_id'=>I('get.student_id'));//组合删除条件
7.        $class_id=I('class_id');//获取班级 ID,用于删除成功跳转
8.        $res=$model->where($where)->delete();//使用 delete 方法进行删除
9.        if($res===false){//判断删除是否成功，当返回值为 false 时，表示删除失败
10.           $this->error('删除失败，正在返回，请稍候！');
11.           return;
12.       }elseif ($res===0) { //当返回值为 0 时，表示要删除的数据不存在
13.           $this->error('要删除的学生信息不存在，请重新选择！');
14.           return;
15.       }
16.       //不为 false、0 时，则表示删除成功，跳转到被删除学生所属班级的学生列表页
17.       $this->success('删除成功，正在跳转，请稍候！',U("showList?class_id={$class_id}"));
18.       return;
19.   }
```

在上述代码中，首先通过第 5 行获取 Student 模型的对象，然后通过第 6 行代码组合查询条件。接着通过 I 方法获取当前要删除的学生所属班级 ID，该 ID 在删除成功并跳转页面时提供参数，以跳转到该班级对应的学生列表下。之

后执行第 8 行代码，使用 delete()方法执行删除操作。最后判断执行结果，提示相应信息并跳转到指定页面。

以上就完成了学生删除功能，打开浏览器，访问 http://localhost/hcit_student/index.php/Admin/Student/showList，运行结果如图 5-44 所示。

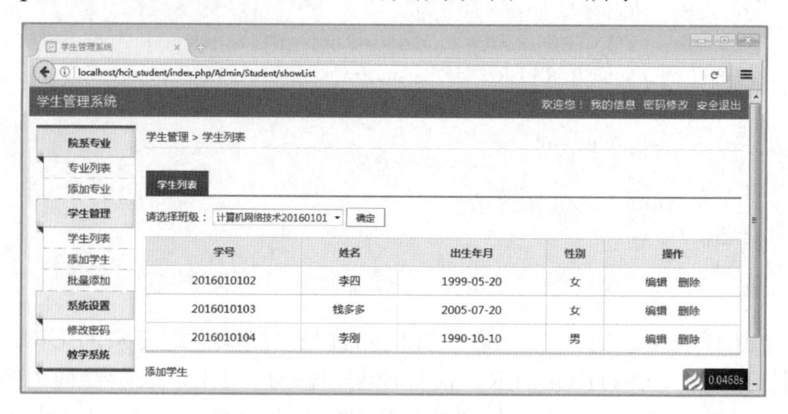

图 5-44 学生列表页

单击“删除”超链接，删除“李四”这位同学的信息，运行结果如图 5-45 所示。

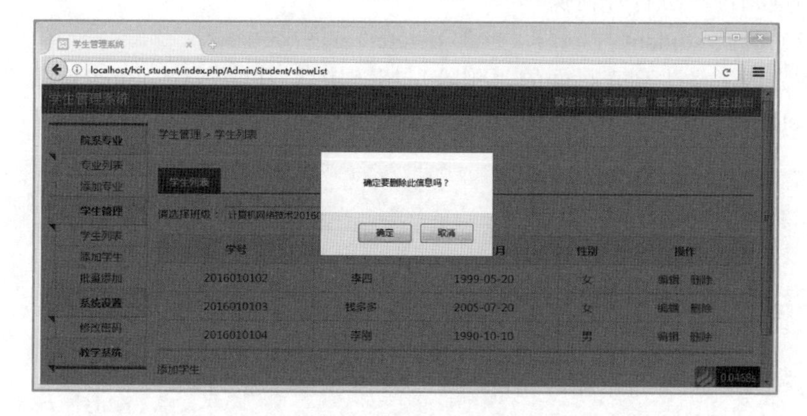

图 5-45 提示删除窗口

单击“确定”按钮，运行结果如图 5-46 所示。

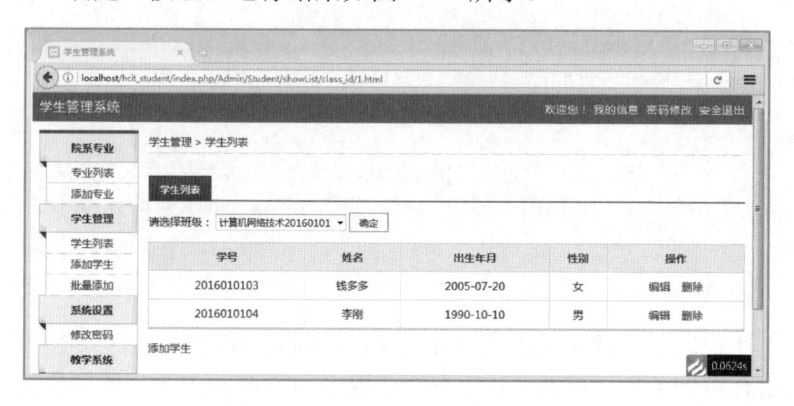

图 5-46 删除成功后学生列表页

5.12.3 知识拓展

删除数据

ThinkPHP 提供的数据删除方法是 delete 操作，delete 操作可以删除单个数据，也可以删除多个数据，这取决于删除条件，使用示例如下。

```
1.    $model=M('User');//实例化 Model 对象
2.    $model->where('id=5')->delete();//删除 ID 为 5 的用户数据
3.    $model->delete('1,2,5');//删除主键为 1、2 和 5 的用户数据
4.    $model->where('status=0')->delete();//删除所有 status 字段值为 0 的用户数据
```

delete 操作的返回值是删除的记录数，如果删除失败则返回 false，如果没有删除任何数据则返回 0。

单元小结

本单元通过开发留言板系统、学生管理系统两个较为完整的 PHP 应用程序，基本阐述了 PHP 项目的开发流程，让读者更加明了、直观地了解项目的开发思想。通过本单元的学习，读者可以在今后的项目开发中举一反三。

参 考 文 献

[1] 刘万辉. PHP 动态网站开发实例教程[M]. 北京：高等教育出版社，2014.
[2] 传智播客高教产品研发部. PHP 网站开发实例教程[M]. 北京：人民邮电出版社，2015.
[3] 传智播客高教产品研发部. PHP 程序设计高级教程[M]. 北京：人民邮电出版社，2015.
[4] Robin Nixon. PHP、MySQL 与 JavaScript 学习手册[M]. 北京：中国电力出版社，2015.
[5] 兄弟连 IT 教育. 跟兄弟连学 PHP（精要版）[M]. 北京：电子工业出版社，2017.
[6] 张工厂. PHP+MySQL 动态网站开发从入门到精通[M]. 北京：清华大学出版，2017.
[7] 刘增杰. PHP 7 从入门到精通[M]. 北京：清华大学出版社，2017.
[8] 牟奇春，汪剑. PHP 动态网站开发项目教程[M]. 北京：人民邮电出版社，2016.
[9] 程文彬，李树强. PHP 程序设计（慕课版）[M]. 北京：人民邮电出版社，2016.
[10] 软件开发技术联盟. PHP 开发实例大全[M]. 北京：清华大学出版社，2016.

资源服务提示

欢迎访问职业教育数字化学习中心——“智慧职教”（www.icve.com.cn），以前未在本网站注册的用户，请先注册。用户登录后，在首页或“课程”频道搜索本书对应课程“PHP动态网站开发实例教程（软件技术资源库）”进行在线学习。注册用户也可以在“智慧职教”首页或扫描本页右侧提供的二维码下载“智慧职教”移动客户端，通过该客户端选择本课程进行在线学习。

扫描下载官方APP